"十四五"普通高等教育系列教材

FPGA SHUZILUOJI YU X~~~~~~~~~~
SHIYAN JIAOCHENG

FPGA数字逻辑与系统设计
实验教程

主 编 杨建华

副主编 冯 蓉

编 写 马 超 于小宁

主 审 张俊涛

中国电力出版社
CHINA ELECTRIC POWER PRESS

内 容 提 要

本书为"十四五"普通高等教育系列教材。

本书共分 7 章，主要内容包括概述、VHDL 语言基础、Quartus II 设计基础、FPGA 平台原理图方式数字逻辑实验、VHDL 数字系统设计基础实验、VHDL 数字系统设计综合实验、数字系统设计项目实践案例等。内容由易到难，由浅入深，特别是在综合设计实验和项目实践部分精选部分具有较强工程背景的实践项目。为部分综合设计性实验提供设计思路和原理图，以培养学生独立思考问题的能力，充分调动学生的创造性思维。

本书可以作为高等院校的电子工程、通信工程、计算机等相关专业本科的 EDA 实验、数字逻辑与系统设计实验指导教材，也可以作为研究生或者从事电子产品开发等领域的工程技术人员的自学 EPA 技术参考书。

图书在版编目（CIP）数据

FPGA 数字逻辑与系统设计实验教程/杨建华主编. —北京：中国电力出版社，2024.3（2025.1重印）
ISBN 978-7-5198-7883-2

Ⅰ.①F⋯　Ⅱ.①杨⋯　Ⅲ.①硬件描述语言－数字电路－计算机辅助设计－高等学校－教材
Ⅳ.①TN790.2

中国国家版本馆 CIP 数据核字（2024）第 032311 号

出版发行：中国电力出版社
地　　址：北京市东城区北京站西街 19 号（邮政编码 100005）
网　　址：http://www.cepp.sgcc.com.cn
责任编辑：冯宁宁（010-63412537）
责任校对：黄　蓓　郝军燕
装帧设计：赵姗姗
责任印制：吴　迪

印　　刷：北京锦鸿盛世印刷科技有限公司
版　　次：2024 年 3 月第一版
印　　次：2025 年 1 月北京第二次印刷
开　　本：787 毫米×1092 毫米　16 开本
印　　张：19
字　　数：470 千字
定　　价：58.00 元

前　　言

随着电子技术和信息技术的不断发展，数字电路在电子产品和系统中应用占比越来越大。在数字电路设计中，大规模可编程逻辑器件得到越来越广泛的应用，特别是在通信高速接口、信息处理与计算等高速数据处理领域，其硬件并行执行的特点具有无法替代的优势。在人工智能、大数据处理等领域越来越多的设计者采用 FPGA 进行硬件电路设计以提高运行速度和实时性。

本书主要介绍了原理图数字逻辑实验，硬件描述语言数字系统，设计实验与实践案例，也简要介绍了相关软硬件工具和设计流程。目前很多学校数字电路教学还是以传统 TTL 或者 CMOS 中小规模集成电路芯片为主要研究对象，基于 FPGA 的大规模集成电路应用教学相对较少。面对新工科高等工科教育人才培养目标主要特征，非常有必要加强基于 FPGA 的现代数字电子技术的理论和实践教学，以培养学生的工程科技创新能力和解决复杂工程问题的能力。目前市面上的数字逻辑与系统相关实验实践类教材，有的侧重基础，以验证性实验内容为主；有的虽然有综合设计内容，但是没有兼顾数字逻辑基础和工程项目实践案例，具有一定的局限性。编写本教材的目的是满足基于 FPGA 的数字逻辑基础设计、较复杂数字系统设计以及完整项目案例设计实验与实践教学需求，培养学生的基础实践能力、工程和科技创新能力以及解决复杂工程问题的能力。全书共七章，主要内容如下：

第 1 章　概述。本章概述了数字逻辑与系统设计实验所涉及的主要技术与工具，包括 EDA 技术概述；硬件描述语言；FPGA 和 CPLD 以及其主要厂商和开发工具；Modelsim 仿真软件，通过实例展示其使用方法；数字系统设计的主要流程等。

第 2 章　VHDL 语言基础。介绍了 VHDL 的程序基本结构、语言要素、基本语句和状态机等内容。

第 3 章　Quartus II 设计基础。介绍了 QUARTUS II 13.0 的特点、设计流程、安装步骤、开发环境以及设计方法入门。通过具体实验案例介绍了基于原理图、VHDL、状态机、LPM、混合模式等几种常见的设计方式。

第 4 章　FPGA 平台原理图方式数字逻辑实验。设计了 9 个基于原理图方式的数字逻辑电路实验项目。

第 5 章　VHDL 数字系统设计基础实验。设计了 12 个基于 VHDL 的数字系统基础实验项目。

第 6 章　VHDL 数字系统设计综合实验。设计了 19 个基于 VHDL 的数字系统综合实验项目。

第 7 章　数字系统设计项目实践案例。设计了既接近工程实际又在复杂度、工作量上适当裁减，适合实验教学的项目实践案例。包括常规较复杂数字逻辑控制工程案例、数字信号处理案例和图像采集、传输与预处理案例。

附录 A　DE0_CV FPGA 实验平台。

附录 B　GW48 EDA/SOPC 实验平台。

附录 C　部分实验参考程序。

本书由西安工业大学和西安工商学院教师编写，杨建华担任主编，冯蓉担任副主编，马超、于小宁参与编写。

冯蓉、马超、于小宁参加了本书的编写、编辑、图形绘制、软件调试工作，本书的编写过程中，参阅和引用了许多专家和学者的文献、资料和相关书籍、Alteva 官网资料、康芯公司和正点原子的培训资料，无法一一尽述，在此向他们表示衷心的感谢。本书的编写得到西安工业大学国家级电工电子实验教学示范中心的大力支持，同时也得到中国电力出版社的大力支持，在此一并表示感谢。为了方便教学，本书配有相关实验案例的源代码资料，任课教师可以扫描书中二维码或发邮件至 35385699@qq.com 索取。

由于编者水平有限，编写时间仓促，书中不妥和错误之处，恳请广大读者指正，便于本书的修订和完善。

编　者

2023 年 7 月

目　录

第1章 概　　述

本章概要介绍数字逻辑与数字系统设计所依托的 EDA 技术，包括可编程逻辑器件、常用开发硬件描述语言、软件工具以及开发流程。

1.1　EDA 技 术 概 述

电子设计自动化（Electronic Design Automation，EDA）是以计算机为工作平台，以 EDA 软件为开发环境，以大规模可编程逻辑器件为设计载体实现既定的电子电路设计功能的一种技术。EDA 技术使得电子电路设计者的工作仅限于利用硬件描述语言和 EDA 软件平台来完成对系统硬件功能的实现，极大地提高了设计效率，减少设计周期，节省设计成本。EDA 是在 20 世纪 90 年代初从计算机辅助设计（CAD）、计算机辅助制造（CAM）、计算机辅助测试（CAT）和计算机辅助工程（CAE）的概念发展而来的。一般把 EDA 技术的发展分为 CAD、CAE 和 EDA 三个阶段。全球各 EDA 公司致力于推出兼容各种硬件实现方案和支持标准硬件描述语言的 EDA 工具软件，有效地将 EDA 技术推向成熟。今天，EDA 技术已经成为电子设计的重要工具，无论是设计芯片还是设计系统，如果没有 EDA 工具的支持都将是难以完成的。EDA 工具已经成为现代电路设计师的重要武器，正在起着越来越重要的作用。

利用 EDA 技术进行数字系统设计具有以下几个特点：

（1）全自动化：用软件方式设计的系统到硬件系统的转换，是由开发软件自动完成。

（2）开发效率更高：设计中的错误和内容更新只需要修改相关代码，重新进行综合适配下载等操作就可完成。不需要改动硬件电路。

（3）开放性和标准化：现代 EDA 工具普遍采用标准化和开放性框架结构，任何一个 EDA 系统只要建立了一个符合标准的开放式框架结构，就可以接纳其他厂商的 EDA 工具一起进行设计工作。这样可以实现各种 EDA 工具间的优化组合，并集成在一个易于管理的统一环境之下，实现资源共享，有效提高设计效率，有利于大规模、有组织地设计开发工作。

（4）操作智能化：可以使设计人员不必深入学习许多的专业知识，还可以免除许多推导运算即可获得优化的设计结果。

（5）成果规范化：采用硬件描述语言可以支持从数字系统到门级的多层次的硬件描述。

（6）更完备的库：EDA 要具有强大的设计能力和更高的设计效率，必须配有丰富的库，比如元器件图形符号库、元器件模型库、工艺参数库、标准单元库、可复用的电路模块库、IP 库等。在电路设计的各个阶段，EDA 系统需要不同层次、不同种类的元器件模型库的支持。

1.2　FPGA/CPLD 概述

1.2.1　FPGA/CPLD 简介

可编程逻辑器件（Programmable Logic Device，PLD），它是一种数字集成电路的半成品，在其芯片上按照一定的排列方式集成了大量的门和触发器等基本逻辑单元，用户可以利用某种开发工具对其进行加工即按照实际要求将这些片内的元件连接起来（此过程称为编程），使之完成一定的逻辑功能，从而成为一个可在实际电子系统中使用的专用集成电路，目前应用最广泛的 PLD 主要是 FPGA 和 CPLD。1985 年 Xilinx 公司首家推出了现场可编程逻辑器件（FPGA），它是一种新型的高密度 PLD，采用 CMOS-SRAM 工艺制作。其结构和阵列型 PLD 不同，它的内部由许多独立的可编程逻辑模块组成，逻辑模块之间可以灵活地相互连接，具有密度高、编程速度快、设计灵活和可再配置设计能力等许多优点。FPGA 出现以后立即受到全球范围内广大电子工程师的普遍欢迎，并得到迅速发展。FPGA 的内部结构示意图如图 1-1 所示，概括起来主要包含四大部分：

（1）可编程输入/输出模块 I/OB。位于芯片内部四周，主要由逻辑门、触发器和控制单元组成。在内部逻辑阵列和外部芯片封装引脚之间提供一个可编程接口。

（2）可配置逻辑模 CLB。FPGA 的核心阵列，用于构造用户指定的逻辑功能，每个 CLB 主要由查找表 LUT、触发器、数据选择器和控制单元组成。

（3）可编程开关矩阵。位于 CLB 之间，用于传递信息，编程后形成连线网络，提供 CLB 之间、CLB 与 I/OB 之间的连线。

（4）互连资源 ICR，连接 FPGA 内部的各个功能模块，实现各功能模块之间的通信。

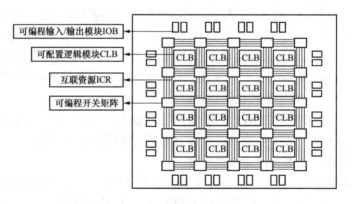

图 1-1　FPGA 的内部结构示意图

20 世纪 80 年代末，Lattice 公司提出在系统可编程技术后，相继出现一系列具备在系统可编程能力的复杂可编程逻辑器件（CPLD），CPLD 是在 EPLD 的基础上发展起来的，它采用 EECMOS 工艺制作，增加了内部连线，改进了内部体系结构，因其性能更好，设计更加灵活，其发展也非常迅速。同以往的 PAL、GAL 等相比较，FPGA 和 CPLD 的规模较大，可以代替几十甚至几千块通用 IC 芯片。在外围电路不动的情况下用不同程序就可以实现不同的电路功能。CPLD 和 FPGA 在结构和应用上具有以下特点：

（1）结构。FPGA 是由逻辑功能块排列为阵列，并由可编程的内部连线连接这些功能块来实现一定的逻辑功能。CPLD 是由可编程与或门阵列以及宏单元构成。

（2）集成度。FPGA 比 CPLD 的集成度更高，同时也具有更复杂的布线结构和逻辑实现。

（3）适合结构。CPLD 组合逻辑功能很强，FPGA 更适合设计复杂的时序逻辑。

（4）功耗。CPLD 比 FPGA 的功耗大，集成密度越高越明显。

（5）速度 CPLD 的速度优于 FPGA。由于 FPGA 是门级编程，且逻辑块之间是采用分布式互连；而 CPLD 是逻辑级编程，且逻辑块互连是集总式的。因此 CPLD 比 FPGA 有较高的速度和较大的时间可预测性。

（6）编程方式。目前，CPLD 主要是基于 EEPROM 或者 FLASH 存储器编程，编程次数达 1 万次，其优点是系统断电后编程信息不丢失。CPLD 又分为在编程器编程和在系统编程两种，在系统编程器件的优点是：不需要编程器可先将器件装焊于印制板，再经过编程电缆进行编程，编程、调试和维护很方便。FPGA 大部分是基于 SRAM 编程，其缺点是编程数据信息在系统断电后丢失，每次上电时，需从器件的外部存储器或者计算机中将编程信息数据写到 SRAM 中。优点是可进行任意次数的编程，并在工作中快速编程，实现板级和系统级的动态配置，因此可称为在线重配置器件。

（7）使用方便性。在使用方便性上，CPLD 比 FPGA 好，CPLD 的编程工艺采用 EEPROM 或者 FLASH 技术，无须外部存储器芯片，使用简单，保密性好。基于 SRAM 编程的 FPGA，其编程信息需存放在外部存储器上，需外部存储芯片，使用方法相对复杂，保密性差。

1.2.2　FPGA/CPLD 主要厂商及开发工具

目前全球有十几家生产 FPGA/CPLD 的公司，主流的三家厂商是：Altera 公司、Xilinx 公司、Lattice 公司，其中 Xilinx（被 AMD 收购）和 Altera（被英特尔收购）两家占到约 80%以上的市场份额。国内 FPGA 厂商有紫光同创、上海安路、京微齐力、广东高云等企业，常用的 FPGA/CPLD 开发工具有集成开发工具和专业开发工具两种类型。

1. 集成开发工具

此种类型的开发工具是芯片制造商为配合自己的 FPGA/CPLD 芯片而推出的一种集成开发环境，能够完成其 FPGA/CPLD 开发的所有工作，包括设计输入、仿真、综合、布线、下载等。此类开发工具应用在其公司的 FPGA/CPLD 芯片上，能提高设计效率，优化设计结果，充分利用芯片资源。其缺点是综合能力较差，不支持其他器件厂商出品的器件。由 Altera 公司、Xilinx 公司、Lattice 公司开发的集成开发工具有：

Altera 公司：MAX＋plusⅡ、QuartusⅡ；

Xilinx 公司：ISE、Vivado；

Lattice 公司：IspLEVER。

2. 专业开发工具

此种类型的开发工具能进行更为复杂和更高效率的设计。一般有专业的设计输入、专业的逻辑综合器、专业的仿真器等。

（1）专业的设计输入工具：Mentor 公司的 HDL Designer Series，通用编辑器 UltraEdit，Innovada 公司的 Visual HDL。

（2）专业的逻辑综合器：Synplicity 公司的 Synplify 和 Synplify Pro，Synopsys 公司的 FPGA Express、FPGA Complier 等。

（3）专业的仿真器：Mentor 的子公司的 Modelsim，Cadance 公司的 NC-Verilog/NC-VHDL 等。

1.3　硬件描述语言简介

硬件描述语言 HDL 是 EDA 技术中的重要组成部分，硬件描述语言 HDL（Hardware Description Language）是一种用形式化方法来描述数字电路和数字逻辑系统的语言。数字逻辑电路设计者可利用这种语言来描述自己的设计思想，然后利用 EDA 工具进行仿真，再自动综合到门级电路，最后用 ASIC 或 FPGA 实现其功能。常用的硬件描述语言有 AHDL、VHDL 和 VerilogHDL，而 VHDL 和 Verilog HDL 是当前最流行的并成为 IEEE 标准的硬件描述语言。VHDL 是超高速集成电路硬件描述语言（Very-High-Speed Integrated Circuit Hardware Description Language）的缩写。VHDL 作为 IEEE 标准的硬件描述语言和 EDA 的重要组成部分，经过十几年的发展、应用和完善，以其强大的系统描述能力、规范的程序设计结构、灵活的语言表达风格和多层次的仿真测试手段，在电子设计领域受到了普遍的认同和广泛的接受，成为现代 EDA 领域的首选硬件设计语言。其主要特点如下：

（1）VHDL 具有强大的功能，覆盖面广，描述能力强。

（2）VHDL 有良好的可读性。

（3）VHDL 具有良好的可移植性。

（4）使用 VHDL 可以延长设计的生命周期。

（5）VHDL 支持对大规模设计的分解和已有设计的再利用。

（6）VHDL 有利于保护知识产权。

Verilog HDL 也是目前应用最为广泛的硬件描述语言，并被 IEEE 采纳 IEEE#1064-1995（即 Verilog-1995）标准，并于 2001 和 2005 分别升级为 Verilog-2001 和 SysemVerilog-2005 标准。Verilog HDL 可以用来进行各种层次的逻辑设计，也可以进行数字系统的逻辑综合、仿真验证和时序分析。Verilog HDL 适合算法级（Algorithm）、寄存器传输级（RTL）逻辑级（Logic）、门级（Gate）和版图级（Layout）等各个层次的电路设计和描述。采用 Verilog HDL 进行电路设计的最大优点是其与工艺无关性，这使得设计者在进行电路设计时可以不必过多考虑工艺实现的具体细节，只需要根据系统设计的要求施加不同的约束条件，即可设计出实际电路。实际上，利用计算机的强大功能，在 EDA 工具的支持下，把逻辑验证与具体工艺库相匹配，将布线及延迟计算分成不同的阶段来实现，从而减少了设计者的繁重劳动。

Verilog HDL 和 VHDL 都是用于电路设计的硬件描述语言，并且都已成为 IEEE 标准。Verilog HDL 也具有与 VHDL 类似的特点，稍有不同的是 Verilog HDL 早在 1983 年就已经推出，至今已有 40 年的应用历史，因而 Verilog HDL 拥有广泛的设计群体，其设计资源比 VHDL 丰富。另外 Verilog HDL 是在 C 语言的基础上演化而来的，因此只要具有 C 语言的编程基础，就很容易学会并掌握这种语言。

1.4　Modelsim　概　述

1.4.1　Modelsim 简介

Modelsim 仿真工具是 Mentor 公司开发的业界最优秀的 HDL 语言仿真软件，它支持 Verilog HDL、VHDL 以及它们的混合仿真，是进行 FPGA/CPLD 设计的 RTL 级和门级电路仿真的首选。其编译仿真速度快，编译的代码与平台无关，比 Quartus II 自带的仿真器功能强大，是目前业界最通用的仿真器之一。它可以将整个程序分步执行，使设计者直接看到程序下一步要执行的语句，而且在程序执行的任何步骤、任何时刻都可以查看任意变量的当前值，可以在 dataflow 窗口查看某一单元或模块的输入输出的连续变化等。

Modelsim 有几种不同的版本：SE、PE、LE 和 OEM，其中集成在 Actel、Atmel、Altera、Xilinx 以及 Lattice 等 FPGA 厂商设计工具中的均是其 OEM 版本。比如为 Altera 提供的 OEM 版本是 Modelsim-Altera，为 Xilinx 提供的版本为 Modelsim XE。SE 版本为最高级别的版本，在功能和性能方面比 OEM 版本强很多。Modelsim 专业版具有快速的仿真性能和最先进的调试能力，全面支持 Windows、Linux 和 UNIX 平台。

Modelsim 的主要特点是：

（1）RTL 级和门级优化，本地编译结构，编译仿真速度快。

（2）单内核 VHDL 和 Verilog 混合仿真。

（3）集成了性能分析、波形比较、代码覆盖等功能。

（4）C 和 Tcl/tk 接口，C 调试。

Modelsim 的功能更偏重仿真，不能指定编译的器件，不具有编程下载能力。在时序仿真时无法编辑输入波形，不像 MAX＋Plus Ⅱ 和 Quartus Ⅱ 那样可以自行设置输入波形、仿真后自行产生输出波形，而需要在源文件中就确定输入，如编写测试程序来完成初始化、模块输入工作，或者通过外部宏文件提供激励，这样才能看到仿真模块的时序波形图。

1.4.2　Modelsim 仿真分类

（1）功能仿真：功能仿真（Function Simulation）是对源代码进行编译，检验在语法上是否正确，发现错误，并且提供出错的原因，设计者可以根据提示进行修改。编译通过后，仿真器再根据输入信号产生输出，根据输出可以判断功能是否正确。如果不正确，则需要反复修改代码，直到语法和功能都达到要求。功能仿真只验证在功能上是否正确（称为前仿真），在时序上不做验证。在做功能仿真时还需要注意，信号通过某个网络时是存在延迟的，而在功能仿真时不会体现出来，输入信号的改变会立即在输出端反映出来。所以必须牢记功能仿真和时序仿真是有区别的，这一点十分重要。

（2）时序仿真：又称为后仿真，是在电路已经映射到特定的工艺环境后，将电路的路径延迟和门延迟考虑后，来比较电路行为是否还能够在一定条件下满足设计构想。

1.4.3　使用 ModelSim 的仿真

ModelSim 可以对 Verilog HDL 和 VHDL 描述的设计实体进行功能仿真和时序仿真，但是时序仿真需要 FPGA 厂商专业设计工具如 Quartus Ⅱ 综合之后的网表文件 .vo 才能进行。

ModelSim 仿真操作过程有两种方法：一是通过 Quartus Ⅱ 调用 ModelSim，Quartus Ⅱ 在编译之后自动把仿真需要的 .vo 文件及仿真库加到 ModelSim 中，操作简单；二是在 ModelSim 中建立仿真项目，手动加入 Quartus Ⅱ 编译生成的网表文件和仿真库。Modelsim 常用命令见表 1-1。

表 1-1　　　　　　　　　　　　　　　　　　**Modelsim 常用命令**

命令	解　　　释
vsim work.实体名	启动仿真
force clk 0 0，1 10 － r 20	设置仿真时钟为 50MHz（时间单位为 ns）
view wave	打开波形窗口
add wave － hex *	添加信号到波形中。其中*表示添加设计中的所有信号，-hex 表示以十六进制来表示波形传口中的信号值

命令	解　释
run 3us	开始仿真（run 2000 则表示运行 2000 个单位时间的仿真）
quit -sim	退出仿真，退出命令

基本的仿真步骤包括：

（1）建立工程。

（2）编写主程序和测试程序。

（3）编译。

（4）仿真。

（5）观察波形。

下面结合两个实际例程对 Modelsim 仿真软件的使用进行详细描述。

1.4.4　十进制加法计数器的 Modelsim 单独仿真

（1）启动 Modelsim SE，出现如图 1-2 所示的界面，点击 Jumpstart 按钮，出现如图 1-3 所示的选项，可以选择 Create a Project 或者 Open a project，也可以选择进行关闭，通过点击菜单栏 File→New→Project，显示如图 1-4 所示的对话框，由于选择十进制加法计数器的实验，所以命名为 counter10，在 Project Location 中选择工作目录，在 Default Library Name 中填写设计所需编译到的库名（默认 work），然后单击 OK 按钮。

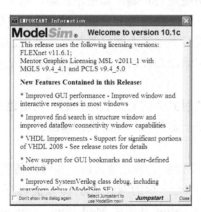

图 1-2　启动 Modelsim

图 1-3　Modelsim SE 启动选项

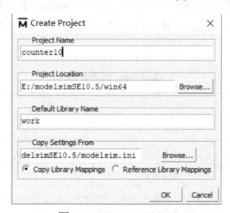

图 1-4　Create a Project

这里说明一下，一般在建立工程（project）前，先建立一个工作库（library），一般将这个 library 命名为 work 文件。尤其是第一次运行 modelsim 时，是没有这个 work 文件的，project 一般都是在这个 work 文件下面工作的，所以有必要先建立这个 work 文件。如果在 library 中有 work 文件，就不必执行上一步骤了，直接新建工程。

（2）工程添加项目，如图 1-5 所示单击不同的图标为工程添加所需要的项目，这里单击 Greate New File 来创建源程序文件。

图 1-5　Add items to the Project 窗口

（3）在出现如图 1-6 所示的 Greate Project File 对话框之后，在 File Name 中输入需要的文件名（如 counter10，该文件名可与工程名不同），在 Add file as type 中选择文件类型为 Verilog，在 Folder 中选择文件存放路径，一般为所建工程所在路径，即默认 Top Level，然后单击 OK 按钮。

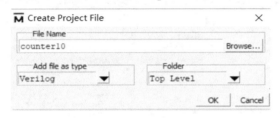

图 1-6　Greate Project File 对话框

（4）文件建立后，在左侧的工作区（Workspace）中就会出现该文件的相关信息，如图 1-7 所示。其中的状态项（Status）显示为问号，表明文件尚未经过编译。此时双击工作区中的文件，就可以在右侧出现的主窗口中进行 Verilog 源代码的编写了，如图 1-8 所示。编写完成后务必先保存再编译。

图 1-7　界面提示信息

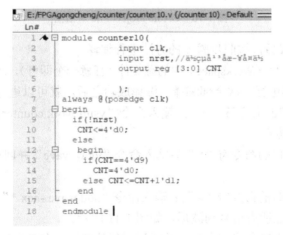

图 1-8　代码编写窗口

（5）文件保存完就可以进行编译了。右键单击工作区（Workspace）中的源文件 counter10.v，选择 Compile→Compile All，对所选文件进行编译（也可以选择 Compile→Compile selected 编译选中的文件），也可以单击按钮 来编译源文件。若编译成功，则在命令行窗口中会显示成功的提示信息；若程序出错，则在该窗口中会显示相应的错误提示，显示为红色。双击红色的错误提示，ModelSim SE 就会自动定位到源文件出错的位置。

（6）编译成功后就可以进行功能仿真了，首先编写测试程序（testbench），每一个主程序都要配套编写一个测试程序，testbench 是给主程序提供时钟和信号激励，使其正常工作，产生波形图等功能。采用 testbench 的方式对 Verilog 源文件进行仿真，在原来的工程中，右键单击工作区中的源文件（counter10.v），接着选择 Add to Project→New File，在工程中添加测试文件，操作界面如图 1-9 所示。添加完成之后会出现如图 1-10 所示的 Greate Project File 对话框（测试文件名为 counter10_test）。这样就把 counter10_test. Verilog 加载到了 project 中，双击 counter10_test.v 在右边的程序编辑区中编写代码。

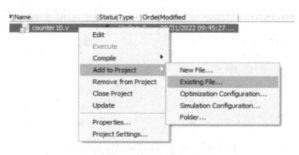

图 1-9　添加测试文件

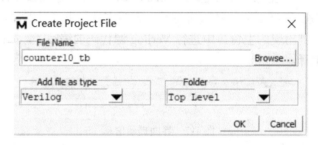

图 1-10　Greate Project File 对话框

（7）代码编写完成后，按照步骤 5 的方法进行编译。

（8）右键单击工作区（Workspace）中的源文件（任意一个即可），选择"Compill→Compile All"，对所有选文件再进行一次全部编译。编译成功之后，就可以进行仿真了。

（9）在命令行窗口的命令符">"后输入命令"vsim work.counter10_test"并回车，即对生成的 testbench 进行仿真。

（10）在命令行窗口的命令符">"后输入命令"view wave"并回车，即可打开波形显示窗口。

（11）在命令行窗口的命令符">"后输入命令"add wave -hex *"并回车（注意 hex 与 * 之间有个空格），即添加所有信号到波形，如图 1-11 所示。

（12）在进行了以上准备步骤之后，就可以进行仿真了，在命令行窗口的命令符">"后输入命令"run 3us"并回车，即可看到仿真结果（"run"是 ModelSim SE 中的运行命令，其后面一般紧跟仿真的时间长度）。仿真结果如图 1-12 所示。

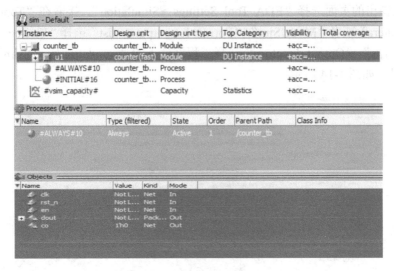

图 1-11　添加待测信号

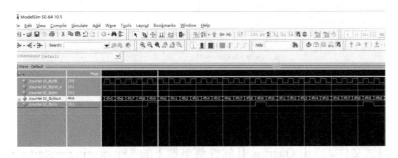

图 1-12　仿真输出结果图

其中（9）、（10）、（11）、（12）的步骤也可以通过界面手动操作的方式实现。

1.4.5　十进制加法计数器 Quartus-Modelsim 联调仿真

（1）建立 Quartus 工程。本实验案例使用"十进制计数器"为例进行演示，如图 1-13 所示。

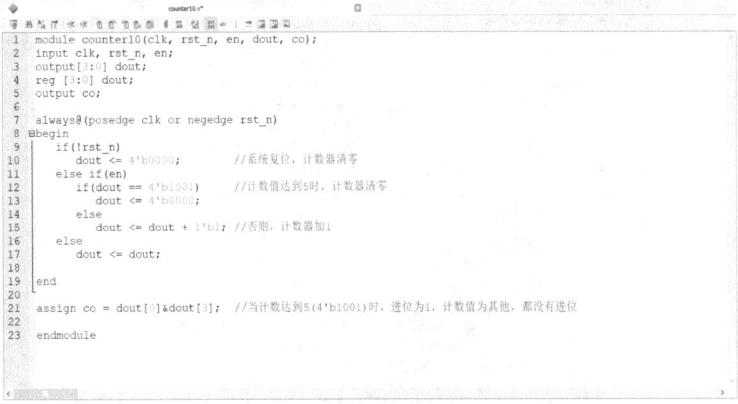

```verilog
module counter10(clk, rst_n, en, dout, co);
input clk, rst_n, en;
output[3:0] dout;
reg [3:0] dout;
output co;

always@(posedge clk or negedge rst_n)
begin
   if(!rst_n)
      dout <= 4'b0000;       //系统复位，计数器清零
   else if(en)
      if(dout == 4'b1001)    //计数值达到5时，计数器清零
         dout <= 4'b0000;
      else
         dout <= dout + 1'b1; //否则，计数器加1
   else
      dout <= dout;
end

assign co = dout[0]&dout[3]; //当计数值达到5(4'b1001)时，进位为1，计数值为其他，都没有进位

endmodule
```

图 1-13　Quartus 工程

（2）ModelSim-Altera 联调仿真的配置。接下来对工程进行编译，编译通过之后，开始配置与 ModelSim-Altera 联调相关的一些参数。首先在 Quartus Ⅱ 的菜单栏中选择 "Assignments→Settings"，在弹出的页面选择 "EDA Tool Settings→Simulation"。接着在 "Tool name" 选择 "ModelSim-Altera" 或者 "ModelSim"，"Format for output netlist" 选择 "Verilog HDL"，"Time scale" 选择 "1ps"，"Output directory" 选择工程文件下的 "simulation/modelsim" 文件夹，然后点击 "OK"。如图 1-14 所示。

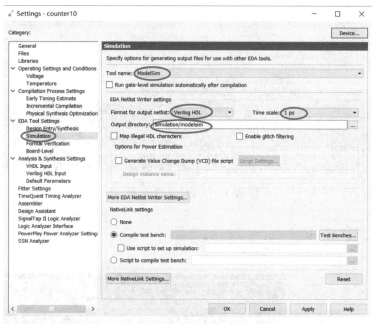

图 1-14　配置界面

（3）生成测试文件。点击 Quartus Ⅱ 软件菜单栏下的 "Processing→Start→Start Test Bench Template Writer"，等待一会，自动生成 testbench 文件，如图 1-15 所示。

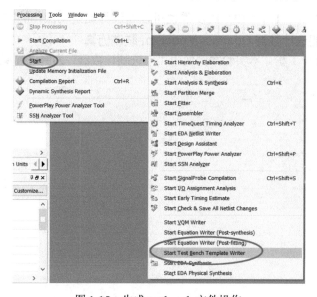

图 1-15　生成 testbench 文件操作

（4）编写测试文件。接着使用 Quartus Ⅱ软件打开刚刚生成的仿真文件，文件存放在配置页面设置的路径“simulation/modelsim”下，仿真文件如图 1-16 所示。编写测试文件，修改需要观测的信号，然后保存。

```
`timescale 1ns/1ps
module counter10_tb;
reg clk, rst_n, en;
wire[3:0] dout;
wire co;
//时钟设计周期为2ns
always
begin
    #1 clk = ~clk;
end
//初始化
initial
begin
    clk = 1'b0;
    rst_n = 1'b1;
    en = 1'b0;
    #2 rst_n = 1'b0;
    #2 rst_n = 1'b1; en = 1'b1;     //计数使能信号有效，且不复位
end
counter10 u1(.clk(clk), .rst_n(rst_n), .en(en), .dout(dout), .co(co));
endmodule
```

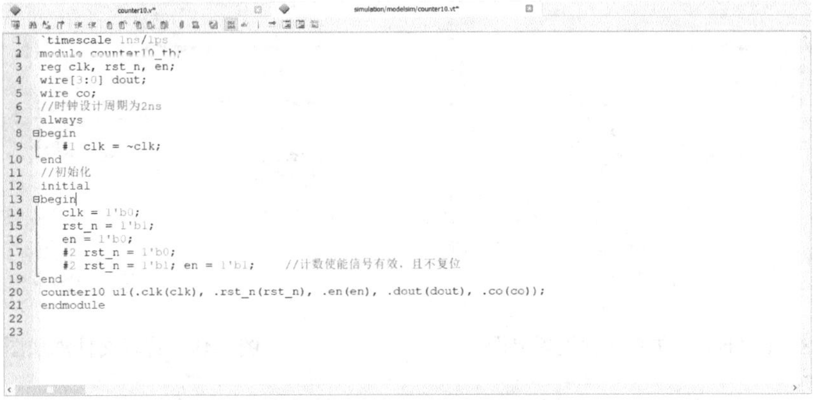

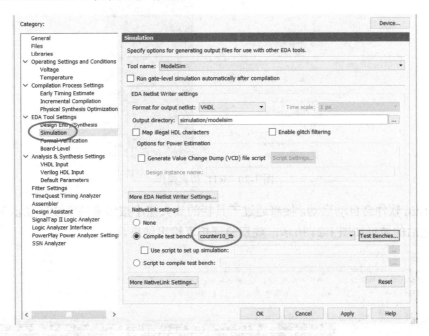

图 1-16　Testbeech 文件程序图

（5）添加测试文件。接着点击 Quartus Ⅱ软件菜单栏中“Assignments→Settings”，在弹出的页面中点击“EDA Tool Settings→Simulation”选项，然后在“NativeLink settings”中选择“Compile test bench”，如图 1-17 所示。

图 1-17　添加测试文件设置界面

在如图 1-18 所示的页面中的“Test bench name”填写创建的 testbench 文件的实体名，即“counter10_tb”，在“Top level module in test bench”也填写“counter10_tb”，接下来需要添加编写好的 testbench 文件，点击 File name 后面的“…”添加，操作完后如图 1-19 所示，点击“OK”，完成文件的添加。

图 1-18　Test bench 仿真文件设置界面　　　　　图 1-19　仿真文件添加图

（6）Quartus-Modelsim 联调仿真。点击 Quartus Ⅱ 软件菜单栏中"Tools→Run Simulation Tool→RTL Simulation"进行行为级仿真，如图 1-20 所示。

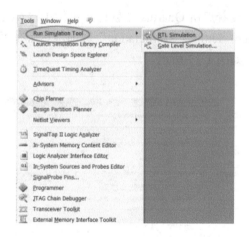

图 1-20　RTL 仿真操作

Modelsim 软件会自动启动，接着通过工具栏的放大缩小按钮来调整波形显示区域时间刻度。调整之后的波形如图 1-21 所示，观察验证仿真输出结果。

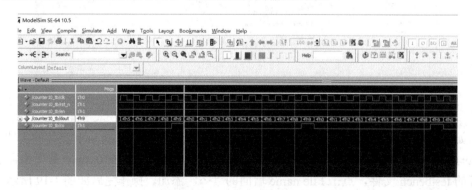

图 1-21　Modelsim 仿真输出

1.5　SignalTap II 软件工具概述

SignalTap II 是一款功能强大且极具实用性的 FPGA 片上 debug 调试工具软件，它集成在 Altera 公司提供的 FPGA 开发工具 Quartus II 中。SignalTap II 全称 SignalTap II Logic Analyzer，是第二代系统级调试工具，可以捕获和显示实时信号，观察在系统设计中硬件和软件之间的互相作用。Quartus II 软件可以选择要捕获的信号、开始捕获的时间，以及要捕获多少数据样本，并将数据从器件的存储器块通过 JTAG 端口传送至 SignalTap II Logic Analyzer，将实时数据提供给工程师帮助 debug 调试。下面详细介绍如何使用 SignalTap II 工具来分析项目工程。

（1）首先打开之前建立好的工程（以十进制计数器为例），点击软件菜单栏中的"Tool →SignalTap II Logic Analyzer"，工作界面如图 1-22 所示。

图 1-22　SingalTap II 工作界面图

（2）添加观察信号。鼠标双击图 1-22 中的"信号节点列表"的空白区域，弹出如图 1-23 所示的页面。

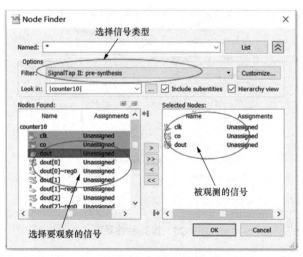

图 1-23　观察信号界面

在信号节点选择页面首先将 Filter：设置为 SignalTap Ⅱ：pre-synthesis，再点击 List，此时 Nodes Found 区域就会出现工程代码中的信号，然后将本工程中的所有信号添加到右侧 Selected Nodes 一栏中，按照以上的步骤操作完之后，直接点击 OK 按钮，完成信号的添加，如图 1-24 所示。

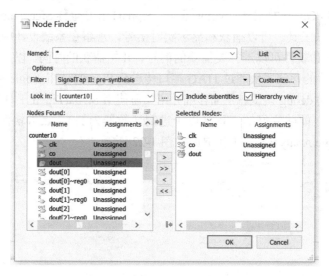

图 1-24　添加信号界面

（3）添加采样时钟。添加完信号之后，接下来在信号配置页面中，添加采样时钟。

（4）设置采样深度。采样深度在信号配置栏目内的"Sample depth"中设置，默认值是 128，本次实验将其改为 8K。采样深度=采样速率×采样时间，采样深度的值越大，信号所能观察的时间长度就越长，但同时消耗 RAM 资源也就越大，若采样深度设置过大，可能会导致 RAM 空间不足以至于编译无法通过。设置之后的界面如图 1-25 所示。

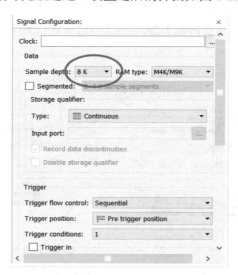

图 1-25　添加时钟界面

按照上面的步骤配置完以后，需要保存该分析文件，在文件名处输入与 module 名相一致的名称，存储路径默认在工程目录下，接着点击"保存"，会弹出是否将分析文件添加至工程的页面，点击 YES 按钮即可。

（5）Singal Tap 信号分析。返回到 Quartus 软件界面，在工程文件导航窗口可以看到 File 一栏多了一个 counter.stp 文件，这个文件就是刚才添加至工程中的分析文件，接着对整个工程进行全局编译，编译完成之后，将 USB Blaster 下载器一端连接到电脑，另一端连接到开发系统的 JTAG 接口。重新回到 SignalTap Ⅱ 软件界面的 JTAG 配置部分如图 1-26 所示，点击 JTAG 配置窗口中的 Setup 按钮，添加 USB-Blaster［USB-0］驱动，这时候点击 Scan Chain 按钮，就会自动识别到 FPGA 芯片。点击图 1-26 中椭圆画圈"…"的地方，选择工程所在路径下的 counter.sof 文件，然后点击 Open 按钮。接着点击图 1-26 中的下载按钮，程序下载完成之后，点击 SignalTap 软件工具栏中的开始分析图标，如图 1-27 所示，SignalTap 软件就一直刷新采集到的波形，如图 1-28 所示。

图 1-26　下载程序界面

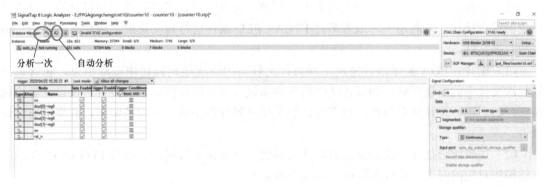

图 1-27　信号分析界面

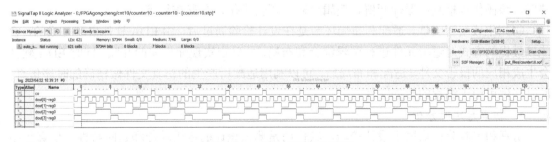

图 1-28　嵌入式采集波形图

1.6　数字系统设计开发流程简介

数字系统设计开发的主要流程如图 1-29 所示，主要包括以下步骤。

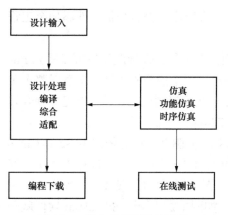

图 1-29   数字系统开发的流程

1. 设计准备

认真阅读实验指导书，深入理解实验题目所提出的任务与要求；查阅有关的技术资料，学习相关的基本知识；分析开发系统的电路模式及输入输出资源，以选取合适的输入输出方案；对于综合实验任务，应画出设计原理图；编写出硬件描述语言程序。

2. 设计输入

包括原理图输入、HDL 文本输入等几种方式。HDL 文本输入和原理图输入好比高级语言和汇编语言的关系，HDL 的可移植性好，使用方便，但效率不如原理图输入；原理图输入可控性好，效率高，比较直观，但是设计大规模 PLD 时显得很烦琐，移植性差。在 TOP-down 设计方法中，描述器件总体功能的模块放置在最上层，称为顶层设计；描述器件最基本功能的模块放置在最下层，称为底层设计。可以在任何层次使用原理图或者硬件描述语言进行描述。通常做法是：在顶层设计中，使用原理图输入法表达连接关系和芯片内部逻辑到管脚的接口；在底层设计中，使用 HDL 描述各个模块的逻辑功能。

3. 设计处理

设计处理是数字系统开发的流程的中心环节，在该阶段，编译软件将对设计输入文件进行逻辑综合优化，并利用一片或者多片 FPGA/CPLD 器件进行自动适配，最后产生可用于编程的数据文件。

（1）编译：EDA 编译器首先从工程设计文件间的层次结构描述中提取信息，包含每个低层次文件中的错误信息，如设计文件的各种错误，并及时标出错误的位置，供设计者排除纠正，然后进行设计规则检查，检查设计有无超出器件资源或者规定的限制，并将给出编译报告。

（2）逻辑综合优化。综合就是将电路的高级语言转换成低级的、可与 FPGA/CPLD 的基本结构相对应的网表文件或者程序，由综合器完成。

（3）适配和布局。利用适配器可将综合后的网表文件针对某一确定的目标器件进行逻辑映射，该操作包括底层器件配置、逻辑分割、逻辑优化、布局布线等。

（4）生成编程文件。适配和布局环节是在设计检验通过后，由 EDA 软件自动完成的，它能以最优的方式对逻辑元件进行逻辑综合和布局，并确定实现元件间的互联，同时 EDA 软件会生成相应的报告文件。适配和布局后，可以利用适配所产生的仿真文件做精确的时序仿真，同时产生可用于编程的数据文件。

4. 仿真与定时分析

仿真和定时分析均属于设计校验，其作用是测试设计的逻辑功能和延时特性。仿真包括功能仿真和时序仿真。定时分析器可通过三种不同的分析模式分别对传播延时、时序逻辑性能和建立/保持时间进行分析。

5. 编程与验证

用得到的编程文件通过编程电缆配置 CPLD/FPGA，加入实际激励信号，进行在线测试。

第 2 章　VHDL 语 言 基 础

硬件描述语言是系统逻辑描述的主要表达方式，常见的 HDL 语言有 VHDL、Verilog HDL 和 AHDL 等。VHDL（Very-High-Speed Integrated Circuit Hardware Description Language）语言诞生于 1982 年，1987 年被 IEEE 确认为标准硬件描述语言，并公布了 VHDL 的标准版本 IEEE 1076—1987（VHDL 87）；1993 年 IEEE 对 VHDL 进行了修订，从更高的抽象层次和系统描述能力上扩展 VHDL 的内容，公布了修订版 IEEE 1076—1993（VHDL 93）。VHDL 主要用于描述数字系统的结构、行为、功能和接口。VHDL 除含有许多硬件特征的语句外，其语言的形式、描述风格与句法结构类似于一般的计算机高级语言。VHDL 语言的主要特征表现在如下几个方面：

（1）VHDL 具有较强的行为描述能力，设计方法灵活，有良好的可读性。

（2）VHDL 有丰富的仿真语句和库函数，使得在设计的早期就能查验设计系统的功能可行性。

（3）VHDL 支持大规模系统设计。

（4）VHDL 对设计的描述具有独立性，与工艺无关，生命周期长。

任何一种硬件描述语言的源程序都需经过行为级→RTL 级→门电路级的转化，才能被适配器接受。

VHDL 与 Verilog HDL 语言主要有以下几个不同：

（1）VHDL 适于描述行为级、RTL 级；Verilog 适于描述 RTL 级、门电路级。

（2）VHDL 综合过程复杂，Verilog 综合过程简单。

（3）VHDL 是一种高级描述语言，适用于电路高级建模；Verilog 是一种低级描述，适用于描述门级电路，易于控制电路资源。

学习 VHDL 过程中，要采用多维并发的思维模式进行思考问题，并应尽可能地理解 VHDL 语句与相应的硬件电路之间的对应关系。本章将主要介绍 VHDL 语言的基本语法、程序结构和描述方式。

2.1　VHDL 基 本 结 构

一个相对完整的 VHDL 程序或者称为电路模块通常包含四个主要组成部分：接口部分（实体 Entity）、描述部分（结构体 Architecture）、参数部分库（Library）和（程序包 Package）和配置部分。如图 2-1 所示。

实体：用于描述所设计的系统的外部接口信号特征，是设计实体经封装后对外的一个通信接口。

结构体：用于描述系统内部的结构和行为，建立输入和输出之间的逻辑关系。

库、程序包使用说明：对需引用的资源库及程序包进行说明，类似于 C 语言中的.h 头文件引用，用于打开（调用）本设计实体将要用到的库、程序包；程序包存放各个设计模块共

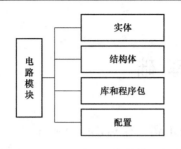

图 2-1 VHDL 设计模块组成示意图

享的数据类型、常数和子程序等；库是专门存放预编译程序包的地方。

配置说明语句：主要用于以层次化的方式对特定的设计实体进行元件例化，或是为实体选定某个特定的结构体。

简单的设计实体可以是一个与门电路（AND Gate），复杂的设计实体可以是一个微处理器或一个数字电子系统。一般情况下，一个完整的 VHDL 语言程序至少要包含程序包、实体和结构体三个部分。下面是一个 4 位二进制加法器的 VHDL 描述。

```
LIBRARY IEEE;                        --库、程序包调用
USE IEEE.STD_LOGIC_1164.ALL;
USE  IEEE.STD_LOGIC_UNSIGNED.ALL;
USE  IEEE.STD_LOGIC_ARITH.ALL;

ENTITY cnt_4b IS                     -- 实体 cnt_4b
PORT(
    clock,rst,ena:  IN   STD_LOGIC;
                dout:OUT  STD_LOGIC_VECTOR(3 DOWNTO 0);
                cout:OUT  STD_LOGIC);
END;

ARCHITECTURE one OF cnt_4b  IS           --结构体
SIGNAL  cnt:STD_LOGIC_VECTOR(3 DOWNTO 0);
BEGIN
    dout<=cnt;
    cout<=cnt(3)and cnt(2)and cnt(1)and cnt(0);
PROCESS(clock,rst,ena)
BEGIN
   IF rising_edge(clock)THEN
       IF rst='0' THEN
           cnt<="0000";
       ELSif ena='1'   THEN
           cnt<=cnt+1;
       END IF;
    END IF;
END PROCESS;
END ARCHITECTURE ONE;
```

2.1.1 实体

实体由实体名、类型表、端口表、实体说明部分和实体语句部分组成。根据 IEEE 标准，实体组织的一般格式为：

```
ENTITY 实体名 IS
        [GENERIC(类型表);]     --可选项
        [PORT(端口表);]        --必需项
        实体说明部分;          --可选项
           [BEGIN
            实体语句部分;]
END [ENTITY] [实体名];
```

1. 实体说明

实体说明单元必须以语句 "ENTITY 实体名 IS" 开始，以语句 "END ENTITY 实体名；" 结束。实体名是设计者自己给设计实体的命名，可作为其他设计实体对该设计实体进行调用时用。二选一选择器的实体描述为：

```
ENTITY mux21a IS
PORT ( a, b, s: IN BIT;
            y: OUT BIT);
END ENTITY mux21a;
```

2. 类型说明

类型说明是实体说明中的可选项，放在端口说明之前，其一般书写格式为：

GENERIC {[CONSTANT]名字表:数据类型[:=静态表达式],...}例如：

GENERIC（m：TIME：=3ns），这个参数说明是指在 VHDL 程序中，结构体内的参数 m 的值为 3ns。类型说明和端口说明是实体说明的组成部分，用于说明设计实体和外部通信的通道。利用外部通信通道，参数的类型说明为设计实体提供信息。参数的类型用来规定端口的大小、I/O 引脚的指派、实体中子元件的数目和实体的定时特性等信息。

3. PORT 端口说明

端口说明是对设计实体与外部接口的描述，是设计实体和外部环境动态通信的通道，其功能对应于电路图符号的一个引脚。实体说明中的每一个 I/O 信号被称为一个端口，一个端口就是一个数据对象。端口可以被赋值，也可以当作变量用在逻辑表达式中。定义实体的一组端口称作端口说明（port declaration）。端口说明的组织结构必须有一个名称、一个通信模式和一个数据类型。端口说明的一般格式为：

```
Port(端口名,端口名：端口模式 数据类型
     ⋮
     端口名,端口名：端口模式 数据类型);
```

端口名是设计者为实体的每一个对外通道（系统引脚）所取的名字，一般用几个英文字母组成；端口模式（端口方向）是指这些通道上的数据流动方式，即定义引脚是输入还是输出等；数据类型是指端口上流动的数据的表达格式。4 种端口模式及模式说明见表 2-1。

表 2-1　　　　　　　　　　　　　**4 种端口模式及模式说明**

端口模式	端口模式说明
IN	输入仅允许数据流入端口，传输方向是从外部进入实体
OUT	输出仅允许数据流从实体内部输出，传输方向是离开实体到实体外部
buffer	缓冲模式的端口与输出模式的端口类似，只是缓冲模式允许内部引用该端口的信号。缓冲端口既能用于输出，也能用于反馈
inout	双向模式，在设计实体的数据流中，有些数据是双向的，数据可以流入该设计实体，也有数据从设计实体流出，这时需要将端口模式设计为双向端口。如计算机的 PCI 总线的地址/数据复用总线、DMA 控制器数据总线等

VHDL 语言的 IEEE 1706—1993 标准规定，EDA 综合工具支持的数据类型为布尔型（boolean）、位型（bit）、位矢量型（bit-vector）和整数型（integer）。由 IEEE std_logic_1164 所约定的、由 EDA 工具支持和提供的数据类型为标准逻辑（standard logic）类型。标准逻辑

类型也分为布尔型、位型、位矢量型和整数型。为了使 EDA 工具的仿真、综合软件能够处理这些逻辑类型，这些标准库必须在实体中声明或在 USE 语句中调用。VHDL 是与类型高度相关的语言，不允许将一种数据类型的信号赋予另一种数据类型的信号。

2.1.2　结构体

结构体（ARCHITECTURE）是设计实体的一个重要部分，结构体将具体实现一个实体。结构体不能单独存在，它必须有一个界面说明，即一个实体。在电路中，如果实体代表一个器件符号，则结构体描述了这个符号的内部行为。结构体语句格式为：

```
ARCHITECTURE  结构体名 OF 实体名 IS
        [说明语句]  --内部信号,常数,数据类型,函数等的定义
        BEGIN
        [结构体描述语句]
END [ARCHITECTURE] [结构体名];
```

说明语句是对结构体的功能描述语句中将要用到的信号（SIGNAL）、数据类型（TYPE）、常数（CONSTANT）、元件（COMPONENT）、函数（FUNCTION）和过程（PROCEDURE）等加以说明的语句。在一个结构体中说明和定义的数据类型、常数、元件、函数和过程只能用于这个结构体中，若希望其能用于其他的实体或结构体中，则需要将其作为程序包来处理。

结构体描述设计实体的具体逻辑行为，它包含两类语句：（1）并行语句：并行语句总是在进程语句（PROCESS）的外部，语句的执行与书写顺序无关，总是同时被执行。（2）顺序语句：顺序语句总是在进程语句（PROCESS）的内部，该语句是顺序执行的。一个结构体可以包含几个类型的子结构描述：BLOCK（块）描述、PROCESS（进程）描述、SUNPROGRAMS（子程序）描述。下面是 D 触发器结构体描述：

```
ARCHITECTURE bhv OF DFF1 IS
SIGNAL Q1 : STD_LOGIC ;
BEGIN
PROCESS (CLK,Q1)
BEGIN
  IF CLK'EVENT AND CLK = '1'  THEN Q1 <= D ;
  END IF;
END PROCESS ;
    Q <= Q1 ;
END bhv;
```

结构体中定义的参数（信号、变量等）名称不能与其所属实体的端口名重名。结构体的结束语句也可以写成 END 结构体名，或者简写为 END。一个实体可以有多个结构体（反之不成立），多个结构体代表实体实现的多种方式，同一个实体的各结构体之间地位等同，可以采用配置语句将特定的某个结构体关联到实体，这样使同一个实体可以设计为多种实现功能。在综合时，配置语句是不可综合的，所以尽量每个实体仅一个结构体表述完整，这样比较清晰，整体化。

2.1.3　库（LIBRARY）、程序包（PACKAGE）和 USE 语句

1. 库（LIBRARY）

库（LIBRARY）是专门用于存放预先编译好的程序包的地方，它实际上对应一个文件目录，程序包的文件就存放在此目录中。库名与目录名的对应关系可以在编译程序中指定，库的说明总是放在设计单元的最前面。例如，对 IEEE 标准库的调用格式为 LIBRARY IEEE。

　　VHDL 程序中常用的库有 STD 库、IEEE 库和 WORK 等。其中 STD 和 IEEE 库中的标准程序包是由提供 EDA 工具的厂商提供的，用户在设计程序时可以用相应的语句调用。

　　（1）IEEE 库。IEEE 标准库是存放用 VHDL 语言编写的多个标准程序包的目录，IEEE 库中的程序包有 STD_LOGIC_1164，STD_LOGIC_ARITH，STD_LOGIC_UNSIGNED 和 STD_LOGIC_SIGNED 等程序包。其中 STD_LOGIC_1164 是 IEEE 标准的程序包，定义了 STD_LOGIC 和 STD_LOGIC_VECTOR 等多种数据类型，以及多种逻辑运算符子程序和数据类型转换子程序等。STD_LOGIC_ARITH 和 STD_LOGIC_UNSINGED 等程序包是 SYNOPSYS 公司提供的，包中定义了 SIGNED 和 UNSIGNED 数据类型以及基于这些数据类型的运算符子程序。用户使用包中的内容，需要用 USE 语句加以说明。

　　（2）STD 库。STD 库是 VHDL 语言标准库，库中定义了 STANDARD 和 TEXTIO 两个标准程序包。STANDARD 程序包中定义了 VHDL 的基本的数据类型，如字符（CHARACTER）、整数（INTEGER）、实数（REAL）、位型（BIT）和布尔量（BOOLEAN）等。用户在程序中可以随时调用 STANDARD 包中的内容，不需要任何说明。TEXTIO 程序包中定义了对文本文件的读和写控制的数据类型和子程序。用户在程序中调用 TEXTIO 包中的内容，需要 USE 语句加以说明。

　　（3）WORK 库。WORK 库是 VHDL 的现行工作库，用于存放用户设计和定义的一些单元和程序包。在使用该库时无须进行任何说明。

　　2. 程序包（PACKAGE）

　　程序包定义了一组标准的数据类型说明、常量说明、元件说明、子程序说明和函数说明等，它是一个用 VHDL 语言描写的一段程序，可以供其他设计单元调用。它如同 C 语言中的 *.H 文件一样，定义了一些数据类型说明和函数说明。

　　在一个设计单元中，在实体部分所定义的数据类型、常数和子程序在相应的结构体中是可以被使用的，但是在一个实体的说明部分和结构体部分中定义的数据类型、常量及子程序不能被其他设计单元的实体和结构体使用。程序包就是为了使一组类型说明、常量说明和子程序说明对多个设计单元都可以使用而提供的一种结构。程序包分为两大类，即 VHDL 预定义标准程序包和用户定义的程序包。VHDL 设计中常用的标准程序包的名称和内容见表 2-2。用户定义的程序包是设计者把预先设计好的电路单元设计定义在一个程序包中，放在指定的库中，以供其他设计单元调用，如果在设计中要使用某个程序包中的内容时，可以用 USE 语句打开该程序包。

表 2-2　　　　　　　　　　**IEEE 两个标准库 STD 和 IEEE 中的程序包**

IEEE 两个标准库 STD 和 IEEE 中的库、程序包名	程序包名	定义的内容
STD	STANDARD TEXTIO	定义 VHDL 的数据类型，如 BIT，BIT_VECTOR 等 TEXT 读写控制数据类型和子程序等
IEEE	STD_LOGIC_1164	定义 STD_LOG， STD_LOGIC_VECTOR 等
STD_LOGIC_ARITH		定义有符号与无符号数据类型，基于这些数据类型的算术运算符，如"＋""－""*""/" SHL，SHR 等
STD_LOGIC_SIGNED		定义基于 STD_LOGIC 与 STD_LOGIC_VECTOR 数据类型上的有符号的算术运算
STD_LOGIC_UNSIGNED		定义基于 STD_LOGIC 与 STD_LOGIC_VECTOR 类型上的无符号的算术运算

用户在用到标准程序包中内容时，除了 STANDARD 程序包以外，都要在设计程序中加以说明，库和包的说明格式：

```
LIBRARY  库名；
USE 库名.程序包名.项目名.all
```

例如：USE IEEE.STD_LOGIC_1164.ALL。

2.2　VHDL 语言要素

在 VHDL 模块结构中出现的主要语言要素包括：数据对象、数据类型、运算符等，本节将主要介绍这些语言要素。

2.2.1　标识符

标识符用来定义常数、变量、信号、端口、子程序或参数的名字，由字母（A～Z, a～z）、数字（0～9）和下划线"_"字符组成。VHDL 基本的标识符组成规则如下：

（1）标识符由 26 个英文字母、数字 0，1，2，…，9 及下划线"_"组成。

（2）标识符必须是以英文字母开头。

（3）标识符中不能有两个连续的下划线"_"，标识符的最后一个字符不能是下划线。

（4）标识符中的英文字母不区分大小写。

（5）标识符字符最长可以是 32 个字符。

（6）不能使用关键字作为标识符。

例如：CLK3,M4,DATA0,MX_1,NOT_Q 是合法的标识符。
　　　9AD,_WQ,NA__C,DB-C,DB_ 等是非法的标识符。

注意：EDA 工具综合、仿真时，不区分大小写，ENTITY，ARCHITECTURE，END，BUS，USE，WHEN，WAIT，IS 等关键字在程序书写时，一般大写或黑体，使得程序易于阅读，易于检查错误。

2.2.2　关键字

关键字（keyword）是 VHDL 中具有特别含义的单词，只能作为固定的用途，用户不能用其作为标识符。例如：ABS，ACCESS，AFTER，ALL，AND，ARCHITECTURE，ARRAY，ATTRIBUTE，BEGIN，BODY，BUFFER，BUS，CASE，COMPONENT，CONSTANT，DISCONNECT，DOWNTO，ELSE，ELSIF，END，ENTITY，EXIT，FILE，FOR，FUNCTION，GENERIC，GROUP，IF，INPURE，IN，INOUT，IS，LABEL，LIBRARY，LINKAGE，LOOP，MAP，MOD，NAND，NEW，NEXT，NOR，NOT 等。

2.2.3　数据对象

VHDL 的数据类似于一种容器，接受不同数据类型的赋值。VHDL 常用的数据对象包括常量、变量和信号三种，其中常量和变量与常规程序设计语言中的含义类似，而信号则具有更多的硬件特性，是 VHDL 中最有特色的语言要素之一。

1. 常量

常量是一个固定的值，主要是为了使设计实体中的常数更容易阅读和修改。常数一旦被赋值就不能再改变，因而具有全局性意义。一般格式：

CONSTANT　常量名:数据类型:= 表达式;

例如：Constant Vcc:real:=3.3;　　　　　　 --定义 Vcc 的数据类型是实数,赋值为 3.3V。

　　　 Constant bus_width:integer := 16;　--定义总线宽度为常数 16。

常量所赋的值应和定义的数据类型一致，常量的使用范围取决于它被定义的位置：

（1）程序包中定义的常量具有最大的全局化特性，可以用在调用此程序包的所有设计实体中。

（2）设计实体中定义的常量，其有效范围为这个实体定义的所有的结构体。

（3）设计实体中某一结构体中定义的常量只能用于此结构体。

（4）结构体中某一单元定义的常量，如一个进程中，这个常量只能用在该进程中。

2. 变量

变量可以多次赋值，且不能将信息带出对它定义的结构，只能在进程语句、函数语句和过程语句结构中使用，因此是一个局部量。变量的赋值是直接的，非预设的，分配给变量的值立即成为当前值，变量不能表达"连线"或存储元件，不能设置传输延迟量。变量的主要作用是在某一算法描述中作为临时的数据存储单元，只有数学上的含义，类似于其他软件语言中的变量，变量定义语句格式：

Variable 变量名:数据类型:=初始值;

Variable count: integer 0 to 255:=20 ;-- 定义 count 整数变量,变化范围 0~255,初始值为 20。

变量的初值可用于仿真，但综合时被忽略。

变量赋值语句格式：

目标变量名:= 表达式;

　　x:=5.0;　　　　　　 -- 实数变量赋值为 5.0

　　Y:=1.5+x;　　　　　 -- 运算表达式赋值,注意表达式必须与目标变量的数据类型相同

　　A(2 to 5):=("1001");　--位矢量赋值

变量使用注意事项：

（1）赋值语句右方的表达式必须是一个与目标变量有相同数据类型的数值。

（2）变量不能用于硬件连线和存储元件。

（3）变量的适用范围仅限于定义了变量的进程或子程序中。

（4）若将变量用于进程之外，则必须将该值赋给一个相同的类型的信号，即进程之间传递数据靠的是信号。

3. 信号 Signal

信号是描述硬件系统的基本数据对象，它类似于连接线。它除了没有数据流动方向说明以外，其他性质与实体的端口（Port）概念一致。信号通常在构造体、程序包和实体中说明。

信号定义格式为:Signal　信号名：数据类型 :=初始值

信号初始值的设置不是必需的，而且初始值仅在 VHDL 的行为仿真中有效。

例如：SIGNAL　temp: STD_LOGIC:='0';

　　　SIGNAL　flaga, flagb: BIT;

　　　SIGNAL　date: STD_LOGIC_VECTOR (15 DOWNTO 0);

在程序中信号的使用注意事项：

（1）信号值的代入采用"<="代入符，而且信号代入时可以附加延时。

（2）变量赋值时用"：＝"，不可附加延时。

（3）信号的初始赋值符号仍是"：＝"。

（4）信号是一个全局量，它可以用来进行进程之间的通信；变量只在定义后的顺序域可见。

（5）信号在结构体中声明；变量在进程中声明。

（6）信号和变量赋值生效的时间不同：信号：进程结束时；变量：立即生效。

（7）进程对信号敏感，对变量不敏感。

（8）信号与端口的区别：除没有方向说明外，信号与实体的端口"PORT"概念相似。端口是一种隐形的信号，是一种有方向的信号。即输出端口不能读出数据，只能写入数据；输入端口不能写入数据，只能读出数据。信号本身无方向，可读可写。

（9）顺序结构如进程内信号赋值属于顺序赋值，且同一信号可以多次赋值，但只有最后的赋值语句被执行，完成相应的赋值操作；并行结构如结构体中的信号赋值属于并行赋值，各赋值操作独立并行地发生，且不允许同一目标信号进行多次赋值。

2.2.4　数据类型

在 VHDL 中，定义了三种数据对象，即信号、变量和常数，每一个数据对象都必须具有确定的数据类型，只有相同的数据类型的两个数据对象才能进行运算和赋值，为此 VHDL 定义了多种标准的数据类型，而且每一种数据类型都具有特定的物理意义。

VHDL 的数据类型较多，根据数据用途分类可分为标量型、复合型、存取型和文件型。标量型包括整数类型、实数类型、枚举类型和时间类型，其中位（BIT）型和标准逻辑位（STD_LOGIC）型属于枚举类型。复合型主要包括数组（ARRAY）型和记录（RECORD）型，存取类型和文件类型提供数据和文件的存取方式。这些数据类型又可以分为两大类：VHDL 程序包中预定义的数据类型和用户自定义的数据类型。

1. VHDL 的预定义数据类型

在 VHDL 标准程序包 STANDARD 中定义好，实际使用过程中，已自动包含进 VHDL 源文件中，不需要通过 USE 语句显式调用。

（1）布尔（Boolean）类型。一个布尔量具有真（TRUE）和假（FALSE）两种状态。布尔量没有数值的含义，不能用于数值运算，它的数值只能通过关系运算产生。例如，在 IF 语句中，A>B 是关系运算，如果 A＝3，B＝2，则 A>B 关系成立，结果是布尔量 TRUE，否则结果为 FALSE。

VHDL 中，布尔数据类型的定义格式为：TYPE BOOLEAN IS（FALSE，TRUE）。

（2）位（BIT）数据类型。位数据类型的位值用字符 '0' 和 '1' 表示，将值放在单引号中，表示二值逻辑的 0 和 1。这里的 0 和 1 与整数型的 0 和 1 不同，可以进行算术运算和逻辑运算，而整数类型只能进行算术运算。位数据类型的定义格式为：TYPE BIT is （'0'，1）；

例如：RESULT : OUT BIT;
　　　　RESULT<= '1'; 将 RESULT 引脚设置为高电平。

（3）位矢量（BIT_VECTOR）数据类型。位矢量是基于 BIT 数据类型的数组，VHDL 位向量的定义格式为：

TYPE BIT_VECTOR is array (NATURAL range <>)of BIT;

使用位向量必须注明位宽，即数组的个数和排列顺序，位向量的数据要用双引号括起来。例如"1010"，X"A8"。其中 1010 是四位二进制数，用 X 表示双引号里的数是十六进制数。例如：SIGNAL A：BIT_VECTOR（4 DOWNTO 0）；

```
A <= "01110" ;
```

表示 A 是四个 BIT 型元素组成的一维数组，数组元素的排列顺序是 A4－0，A3＝1，A2＝1，A1＝1，A0＝0。

（4）字符（CHARACTER）数据类型。在 STANDARD 程序包中预定义了 128 个 ASCⅡ 码字符类型，字符类型用单引号括起来，如'A''b''1'等，与 VHDL 标识符不区分大小写不同，字符类型中的字符大小写是不同的，如'A'和'a'不同。

（5）字符串（STRING）。在 STANDARD 程序包中，字符串的定义是：

```
TYPE STRING is array (POSITIVE range <>)of CHARACTER;
```

字符串数据类型是由字符型数据组成的数组，字符串必须用双引号括起来。例如：

```
CONSTANT STR1 :STRING := "Hellow world";定义常数 STR1 是字符串,初值是"Hellow world ".
```

与 C 语言类似，字符类型用单引号括起来，而字符串必须用双引号括起来。

（6）整数（INTEGER）数据类型。整数数据类型与数学中整数的定义是相同的，整数类型的数据代表正整数、负整数和零。VHDL 整数类型定义格式为：TYPE INTEGER IS RANGE -2147483648 TO 2147483647。实际上一个整数是由 32 位二进制码表示的带符号数的范围。正整数（POSITIVE）和自然数（NATURAL）是整数的子类型，定义格式为：

```
SUBTYPE POSITIVE IS INTEGER RANGE 0 TO INTEGER'HIGH ;
SUBTYPE NATURE IS INTEGER RANGE 1 TO INTEGER'HIGH .
```

其中 INTEGER.HIGH 是数值类属性，代表整数上限的数值，也即 2147483647。所以正整数表示的数值范围是 0～2147483647，自然数表示的数值范围是 1～2147483647。

实际使用过程中为了节省硬件组件，常用 RANGER…TO…限制整数的范围。例如：

```
SIGNAL   A :INTEGER;             --信号 A 是整数数据类型
VARIABLE B :INTEGER RANGE 0 TO 10; --变量 B 是整数数据类型,变化范围 0 到 10。
SIGNAL   C :INTEGER RANGE 1 TO 8;  --信号 C 是整数数据类型,变化范围 1 到 8。
```

在实际应用中，VHDL 仿真器将 Integer 作为有符号数处理，而 VHDL 综合器将 Integer 作为无符号数处理。

（7）实数（REAL）数据类型。VHDL 实数数据类型与数学上的实数相似，VHDL 的实数就是带小数点的数，分为正数和负数。实数有两种书写形式即小数形式和科学计数形式，不能写成整数形式。例如：

1.0，1.0E4，-5.2 等实数是合法的。实数数据类型的定义格式为：TYPE REAL is range -1.0e38 to 1.0e38；例如：SIGNAL A，B，C：REAL；A<=5.0；B<=3.5E5；C<=－4.5。

通常情况下，实数类型仅能在 VHDL 仿真器中使用，VHDL 综合器不支持实数，因为实数类型的实现相当复杂，目前在电路规模上难以承受。

（8）时间（TIME）数据类型，VHDL 中唯一的预定义物理类型是时间。完整的时间类型包括整数和物理量单位两部分，整数和单位之间至少留一个空格，如 55ms、20ns。

STANDARD 程序包中定义时间如下：

```
TYPE time IS RANGE 一2147483647  TO  2147483647
units
        fs ;                       -- 飞秒，VHDL 中的最小时间单位
        ps = 1000 fs ;             -- 皮秒
        ns = 1000 ps ;             -- 纳秒
        us = 1000 ns ;             -- 微秒
        ms = 1000 us ;             -- 毫秒
        sec = 1000 ms ;            -- 秒
        min = 60 sec ;             -- 分
        hr = 60 min ;              -- 时
end units ;
```

（9）错误等级（SEVERITY_LEVEL）。在 VHDL 仿真器中，错误等级用来指示设计系统的工作状态，共有四种可能的状态值：

NOTE（注意）、WARNING（警告）、ERROR（出错）、FAILURE（失败）。在仿真过程中，可输出这四种值来提示被仿真系统当前的工作情况。STANDARD 程序包中定义如下：

```
TYPE SEVERITY_LEVEL IS (NOTE,WARNING,ERROR,FAILURE)。
```

2. IEEE 预定义标准逻辑位与矢量

在 IEEE 库的程序包 STD_LOGIC_1164 中，定义了两个非常重要的数据类型，即：标准逻辑位 STD_LOGIC，标准逻辑矢量 STD_LOGIC_VECTOR。

（1）标准逻辑位 STD_LOGIC 数据类型。在 IEEE 库程序包 STD_LOGIC_1164 中的数据类型 STD_LOGIC 的定义如下所示：

```
TYPE STD_LOGIC IS ('U','X','0', '1','Z','W','L','H','-')。
'U':未初始化的。    'X':强未知的。
'0':强 0。          '1':强 1。
'Z':高阻态。        'W':弱未知的。
'L':弱 0。          'H':弱 1。
'-':忽略。
```

由 Std_Logic 类型代替 Bit 类型可以完成数字系统的精确模拟，并可实现常见的三态总线电路。

（2）标准逻辑位向量（STD_LOGIC_VECTOR）数据类型。STD_LOGIC_VECTOR 是基于 STD_LOGIC 数据类型的标准逻辑一维数组，和 BIT_VECTOR 数组一样，使用标准逻辑位向量必须注明位宽和排列顺序，数据要用双引号括起来。例如：SIGNAL SA1：STD_LOGIC_VECTOR（3 DOWNTO 0）；

```
SA1 <= "0110" ;
```

在 IEEE_STD_1164 程序包中，STD_LOGIC_VECTOR 数据类型定义格式为：

```
TYPE Std_Logic_Vector IS ARRAY(NATURAL RANGE <>)OF std_logic。
```

（3）其他预定义的数据类型。在 STD_LOGIC_ARITH 程序包中定义了无符号（UNSIGNED）和带符号（SIGNED）数据类型，这两种数据类型主要用来进行算术运算。定义格式为：

```
TYPE UNSIGNED is array(NATURAL range <>)of STD_LOGIC;
TYPE SIGNED is array(NATURAL range <>)of STD_LOGIC;
```

1）无符号（UNSIGNED）数据类型。无符号数据类型是由 STD_LOGIC 数据类型构成的一维数组，它表示一个自然数。在一个结构体中，当一个数据除了执行算术运算之外，还

要执行逻辑运算，就必须定义成 UNSIGNED，而不能是 SIGNED 或 INTEGER 类型。例如：

```
SIGNAL DAT1 :UNSIGNED(3 DOWNTO 0);
DAT1 <= "1001";
```

定义信号 DAT1 是四位二进制码表示的无符号数据，数值是 9。

2）带符号（SIGNED）数据类型。带符号（SIGNED）数据类型表示一个带符号的整数，其最高位用来表示符号位，用补码表示数值的大小。当一个数据的最高位是 0 时，这个数表示正整数，当一个数据的最高位是 1 时，这个数表示负整数。例如：

```
VARIABLE DB1, DB2 : SIGNED(3 DOWNTO 0);
DB1 <= "0110" ;
DB2 <= "1001" ;
```

定义变量 DB1 是 6，变量 DB2 是−7。

3. 用户自定义的数据类型

在 VHDL 中，用户可以根据设计需要，自己定义数据的类型，称为用户自定义的数据类型。利用用户自己定义数据类型可以使程序便于阅读。用户自定义的数据类型可以通过两种途径来实现，一种方法是通过对预定义的数据类型做一些范围限定而形成的一种新的数据类型。这种定义数据类型的方法有如下几种格式：

TYPE 数据类型名称 IS 数据类型名 RANGE 数据范围；例如：

TYPE DATA IS INTEGER RANGER 0 TO 9；定义 DATA 是 INTEGER 数据类型的子集，数据范围是 0～9。

SUBTYPE 数据类型名称 IS 数据类型名 RANGE 数据范围；例如：

SUBTYPE DB IS STD_LOGIC_VECTOR（7 DOWNTO 0）；定义 DB 是 STD_LOGIC_VECTOR 数据类型的子集，位宽 8 位。

另一种方法是在数据类型定义中直接列出新的数据类型的所有取值，称为枚举数据类型。定义该种数据类型的格式为：TYPE 数据类型名称 IS（元素 1，元素 2，…）。

例如：TYPE BIT IS（.0.，.1.）；定义 BIT 数据类型，取值 0 和 1。

TYPE STATE_M IS（STAT0，STAT1，STAT2，STAT3）；定义 STATE_M 是数据类型，表示状态变量 STAT0，STAT1，STAT2，STAT3。在 VHDL 中，为了便于阅读程序，可以用符号名来代替具体的数值，前例中 STATE_M 是状态变量，用符号 STAT0，STAT1，STAT2，STAT3 表示四种不同的状态取值是 00，01，10，11。例如定义一个"WEEK"的数据类型用来表示一个星期的七天，定义格式为：TYPE WEEK IS（SUN，MON，TUE，WED，THU，FRI，SAT）。

使用枚举数据类型定义后，综合器会自动将字符类型从 0 开始进行二进制编码，编码的位数由枚举元素个数决定。

4. 数组（ARRAY）的定义

数组是将相同类型的单个数据元素集合在一起所形成的一个新的数据类型。它可以是一维数组（一个下标）和多维数组（多个下标），下标的数据类型必须是整数。前面介绍的位向量（BIT_VECTOR）和标准逻辑位向量（STD_LOGIC_VECTOR）数据类型都属于一维数组类型。数组定义的格式为：TYPE 数据类型名称 IS ARRAY 数组下标的范围 OF 数组元素的数。

　　VHDL 多维数组定义，多维数组声明即将第一维的数组作为第二维数组的元素定义即可。TYPE 1 维数据类型名称 IS ARRAY 数组下标的范围 OF 数组元素的数据类型。

　　TYPE 2 维数据类型名称 IS ARRAY 数组下标的范围 OF 上面所定义的 1 维数据类型；根据数组元素下标的范围是否指定，把数组分为非限定性数组和限定性数组两种类型。

　　非限定性数组不具体指定数组元素下标的范围，而是用 NATURAL RANGER<>表示，当用到该数组时，再定义具体的下标范围。如前面介绍的位向量（BIT_VECTOR）和标准逻辑位向量（STD_LOGIC_VECTOR）数据类型等在程序包中预定义的数组属于非限定性数组。例如，在 IEEE 程序包中定义 STD_LOGIC_VECTOR 数据类型的语句是：

```
TYPE std_logic_vector IS ARRAY ( NATURAL RANGE <>)OF std_logic;
```

　　没有具体指出数组元素的下标范围，在程序中用信号说明语句指定。

　　例如：SIGNAL DAT：STD_LOGIC_VECTOR（3 DOWNTO 0）；限定性数组的下标的范围用整数指定，数组元素的下标可以是由低到高，如 0 TO 3，也可以是由高到低，如 7 DOWNTO 0，表示数组元素的个数和在数组中的排列方式。例如：

```
TYPE D IS ARRAY(0 TO 3)OF STD_LOGIC;
TYPE A IS ARRAY(4 DOWNTO 1)OF BIT;
```

　　定义数组 D 是一维数组，由四个 STD_LOGIC 型元素组成，数组元素的排列顺序是 D（0），D（1），D（2），D（3）。A 数组是由四个元素组成的 BIT 数据类型，数组元素的排列顺序是 A（4），A（3），A（2），A（1）。

2.2.5　数据类型的转换

　　在 VHDL 语言中，不同类型的数据是不能进行运算和赋值的。为了实现不同类型的数据赋值，就要进行数据类型的转换。转换函数在 VHDL 语言程序包中定义。在程序包 STD_LOGIC_1164、STD_LOGITH_ARITH 和 STD_LOGIC_ UNSIGNED 中提供的数据类型变换函数见表 2-3。例如把 INTEGER 数据类型的信号转换为 STD_LOGIC_VECTOR 数据类型的方法是：

```
SIGNAL A : INTEGER RANGER 0 TO 15;
SIGNAL B : STD_LOGIC_VECTOR(3 DOWNTO 0);
需要调用 STD_LOGIC_ARITH 程序包中的函数 CONV_STD_LOGIC_VECTOR
```

　　调用的格式是：B<=CONV_STD_LOGIC_VECTOR（A，4）。

表 2-3　　　　　　　　　　　　　　　数据类型变换函数

数据类型变换函数程序包	函数名称	功能
STD_LOGIC_1164	TO_BIT（A） TO_BITVECTOR（A） TO_STDLOGIC（A） TO_STDLOGICVECTER（A）	由 STD_LOGIC 转换为 BIT 由 STD_LOGIC_VECTOR 转换为 BIT_VECTOR 由 BIT 转换为 STD_LOGIC 由 BIT_VECTOR 转换为 STD_LOGIC_VECTOR
STD_LOGIC_ARITH	CONV_INTEGER（A） CONV_UNSIGNED（A） CONV_STD_LOGIC_VECTOR（A，位长）	由 UNSIGNED，SIGNED 转换为 INTEGER 由 SIGNED，INTEGER 转换为 UNSIGNED 由 INTEGER，UNSDGNED，SIGNED 转换为 STD_LOGIC_VECTOR
STD_LOGIC_UNSIGNED	CONV_INTEGER（A）	由 STD_LOGIC_VECTOT 转换为 INTEGER

2.2.6　运算符

与高级语言一样，VHDL 语言的表达式也是由运算符和操作数组成的。VHDL 标准预定义了四种运算符，即逻辑运算符、算术运算符、关系运算符、移位运算符和连接运算符，并且定义了与运算符相应的操作数的数据类型。VHDL 运算符见表 2-4。

表 2-4　　　　　　　　　　　　　**VHDL 运 算 符**

类型	操作符	功能	操作数数据类型
逻辑运算符	AND	逻辑与	BIT，BOOLEAN，STD_LOGIC
	OR	逻辑或	BIT，BOOLEAN，STD_LOGIC
	NAND	逻辑与非	BIT，BOOLEAN，STD_LOGIC
	NOR	逻辑或非	BIT，BOOLEAN，STD_LOGIC
	XOR	逻辑异或	BIT，BOOLEAN，STD_LOGIC
	XNOR	逻辑同或	BIT，BOOLEAN，STD_LOGIC
	NOT	逻辑非	BIT，BOOLEAN，STD_LOGIC
关系运算符	=	等于	任何数据类型
	/=	不等于	任何数据类型
	<	小于	枚举与整数及对应的一维数据
	>	大于	枚举与整数及对应的一维数据
	<=	小于等于	枚举与整数及对应的一维数据
	>=	大于等于	枚举与整数及对应的一维数据
算术运算符	+	加	整数
	—	减	整数
	*	乘	整数、实数
	/	除	整数、实数
其他运算符	&	位合并	一维数组
	MOD	取模	整数
	REM	取余	整数
	**	乘方	整数
	ABS	取绝对值	整数
移位运算符	SLL	逻辑左移	BIT，布尔型一维数组
	SRL	逻辑右移	BIT，布尔型一维数组
	SLA	算术左移	BIT，布尔型一维数组
	SRA	算术右移	BIT，布尔型一维数组
	ROL	逻辑循环左移	BIT，布尔型一维数组
	ROR	逻辑循环右移	BIT，布尔型一维数组
符号运算符	+	正数	整数
	—	负数	整数

1．逻辑运算符

在 VHDL 语言中定义了七种基本的逻辑运算符，它们分别是：AND（与）、OR（或）、NOT（非）、NAND（与非）、NOR（或非）、XOR（异或）和 NXOR（异或非）等。由逻辑运算符和操作数组成了逻辑表达式。在 VHDL 语言中，逻辑表达式中的操作数的数据类型可以是 BIT 和 STD_LOGIC 数据类型，也可以是一维数组类型 BIT_VECTOR 和 STD_LOGIC_VECTOR，要求运算符两边的操作数的数据类型相同、位宽相同。逻辑运算是按位进行的，运算的结果的数据类型与操作数的数据类型相同。NOT 的优先级高于其他 6 个，其他 6 个的优先级别相同。

在一个逻辑表达式中有两个以上的运算符时，需要用括号对这些运算进行分组。

```
例如:Signal A,B,C X1,X2: STD_LOGIC_VECTOR;
A <=B AND C;X1 <=(A AND B )OR (C AND B); X2 <=( A OR B)AND C。
```

2．算术运算符

VHDL 语言定义了五种常用的算术运算符，分别是：求和运算符、求积运算符、符号运算符、混合运算符、移位运算符。

（1）求和运算符：包括＋（加），－（减），&（并置）：加减运算符的运算规则与常规的加减法是一致的，VHDL 规定它们的操作数的数据类型是整数，其他类型的数据加减时，需要对运算符进行重载。并置运算符用于位的连接，可以形成位矢量。例如 '0' & '1' -- "01"。

（2）求积运算符：包括（*）、（/）、乘方（**）、（MOD）、（REM），VHDL 规定，乘除法的操作数可以是整数或实数，MOD 和 REM 的本质与除法运算符是一样的，它们的操作数类型必须是整数，运算结果也是整数。对于/, MOD, REM 运算，要求操作符的右操作数必须为 2 的正整数次幂，可以用实际电路移位实现，才可以综合。乘方（**）的底可以是整数或者浮点数，但是幂必须是整数。使用举例：

（3）符号运算符：包括取正（＋）、取负（－）和取绝对值（ABS），它们的操作数只有一个，操作数类型必须是整数，取正（＋）对操作数不做任何改变，取负（－）作用于操作数的返回值是对原操作数取负即求相反数，而（ABS）对操作数求绝对值。使用举例：

```
A:=X*( -Y); B:=ABS(A)。
```

（4）移位运算符：VHDL93 标准中增加了六个移位运算符，分别是 SLL 逻辑左移，SRL 逻辑右移，SLA 算术左移，SRA 算术右移，ROL 逻辑循环左移，ROR 逻辑循环右移。操作数的数据类型可以是 BIT_VECTOR、STD_LOGIC_VECTOR 等一维数组，也可以是 INTEGER 型，移位位数必须是 INTEGER 型常数。其中 SLL 是将位向量左移，右边移空位补零。SLA 是将位向量左移，移空位用当前位填补。SRL 是将位向量右移，左边移空位补零。SRA 是将位向量右移，移空位用当前位填补。ROR 和 ROL 是自循环移位方式。例如：

```
A<= "0101";
B <=A SLL 1;仿真的结果是 B = "1010";
B <=A SRL 1;仿真的结果是 B = "0010";
B <=A SLA 1;仿真的结果是 B = "1011";
B <=A SRA 1;仿真的结果是 B = "0010";
B <=A ROL 1;仿真的结果是 B = "1010";
B <=A ROR 1;仿真的结果是 B = "1010"。
```

3. 关系运算符

关系运算符是将两个相同类型的操作数进行数值比较或关系比较，关系运算的结果的数据类型是 TRUE 或 FALSE，即 BOOLEAN 类型。VHDL 语言中定义了六种关系运算符，分别是：=（等于）、/=（不等于）、>（大于）、<（小于）、>=（大于或等于）、<=（小于或等于）。在 VHDL 中，关系运算符的数据类型根据不同的运算符有不同的要求。其中"＝"（等于）和"/＝"（不等于）操作数的数据类型可以是所有类型的数据，其他关系运算符可以使用整数类型、实数类型、枚举类型和数组。整数和实数的大小排序方法与数学中的比较大小方法相同。枚举型数据的大小排序方法与它们的定义顺序一致，例如 BIT 型数据 1>0，BOOLEAN 型数据 TRUE>FALSE。在利用关系运算符对位向量数据进行比较时，比较过程是从左到右的顺序按位进行比较的，操作数的位宽可以不同，但有时会产生错误的结果。如果 A、B 是 STD_LOGIC_VECTOR 数据类型，A＝"1110"，B＝"10110"，关系表达式 A>B 的比较结果是 TRUE，也就是说 A>B。对于以上出现的错误可以利用 STD_LOGIC_ARITH 程序包中定义的数据类型 UNSIGNED 来解决，把要比较的操作数定义成 UNSIGNED 数据类型。

4. 运算顺序

VHDL 的运算符有一定的优先级顺序，优先级关系见表 2-5。

表 2-5   **VHDL 运算符优先级**

运算符	优先级
ABS　NOT　**	优先级最高
*　/　MOD　REM	
+（正号）　－（负号）	
+（加）－（减）&	↑
SLL　SRL　SLA　SRA　ROL　ROR	
=、　/=、>、<、>=、<=	
AND OR NAND NOR XOR XNOR	优先级最低

5. 运算符重载

VHDL 规定了每种运算符的适用的数据类型，要想扩大其适用范围，必须对原有的基本操作符重新定义，赋予新的含义和功能，从而建立一种新的操作符，这就是重载操作符，定义这种操作符的函数称为重载函数。程序包 STD_LOGIC_unsigned 中已定义了多种可供不同数据类型间操作的运算符重载函数。而程序包 STD_LOGIC_ARITH、STD_LOGIC_UNSIGNED 和 STD_LOGIC_SIGNED 中也为许多类型的运算重载了算术运算符和关系运算符，INTEGER、STD_LOGIC 和 STD_LOGIC_VECTOR 之间也可以混合运算。

2.3　VHDL 基 本 语 句

由于硬件电路的并行特性，VHDL 有顺序语句和并行语句两大基本描述语句。在数字系统的设计中，这些语句用来描述系统的内部硬件结构和动作行为，以及信号之间的基本逻辑关系。

2.3.1　顺序语句

按照进程或者子程序执行每一条语句，而且在结构层次中，前面语句的执行结果可能会对后面语句的执行情况有直接的影响，常用来定义进程、过程和函数的行为。但是从时钟的角度来看，所有语句又都是在激活的那一时刻被执行，信号的延迟不会随语句的顺序而改变，因为信号的延迟只和硬件的延迟有关。只能用在进程、子程序（函数和过程）内部，不能在结构体中直接使用。

VHDL 顺序语句种类主要包括：顺序赋值语句、IF 语句、CASE 语句、LOOP、EXIT、NEXT 语句、WAIT 语句、NULL 语句等。

1. 顺序赋值语句

主要用在进程和子程序中，包括信号赋值和变量赋值两种，在进程中顺序执行。语句格式如下：

变量赋值目标:= 赋值源;信号赋值目标<= 赋值源。

（1）信号赋值有一定的延时，在时序电路中，在时钟信号触发下的信号赋值，目标信号要比源信号延迟一个时钟周期；变量赋值语句立即执行，没有延时。

（2）进程中同一变量多次赋值时按顺序立即执行，而信号多次赋值时，只有进程结束前最后一个赋值被执行。

（3）信号在实体、结构体中定义，可作为结构体内多个进程的连接信号。变量只能在进程或子程序内定义，只在该进程或子程序中使用。如：

```
SIGNAL  S1,S2:STD_LOGIC;
SIGNAL SVEC :STD_LOGIC_VECTOR(0 TO 7);
...
PROCESS(S1,S2)IS
VARIABLE V1,V2:STD_LOGIC;
BEGIN
   V1  := '1';        --立即将 V1 置位为 1
   V2  := '1';        --立即将 V2 置位为 1
   S1  <= '1';        --S1 被赋值为 1
   S2  <= '1';        --不是最后一个赋值语句故不作任何赋值操作
SVEC(0)<= V1;         --将 V1 在上面的赋值 1,赋给 SVEC(0)
   SVEC(1)<= V2;      --将 V2 在上面的赋值 1,赋给 SVEC(1)
   SVEC(2)<= S1;      --将 S1 在上面的赋值 1,赋给 SVEC(2)
   SVEC(3)<= S2;      --将最下面的赋予 S2 的值'0',赋给 SVEC(3)
   V1 := '0';         --将 V1 置入新值 0
   V2 := '0';         --将 V2 置入新值 0
   S2 <= '0';         --对 S2 最后一次赋值,赋值有效
   SVEC(4)<= V1;      --将 V1 在上面的赋值 0,赋给 SVEC(4)
   SVEC(5)<= V2;      --将 V2 在上面的赋值 0,赋给 SVEC(5)
   SVEC(6)<= S1;      --将 S1 在上面的赋值 1,赋给 SVEC(6)
   SVEC(7)<= S2;      --将 S2 在上面的赋值 0,赋给 SVEC(7)
END PROCESS;
```
　　上述程序执行后,SVEC 取得值为"11100010"。

2. 流程控制语句

流程控制语句通过条件判断语句控制执行语句的顺序。流程控制语句主要包括：IF 语句、

CASE 语句、LOOP 语句、NEXT 语句和 exit 语句。

（1）IF 语句。条件控制类 IF 语句，常用于行为描述方式。IF 语句包括不完整 IF 语句、二选一 IF 语句、多重条件 IF 语句、IF 语句嵌套。

1）不完整 IF 语句。

语句格式：

```
IF 条件 THEN
    顺序执行语句;
END IF;
```

执行过程：如果条件成立，即条件表达式为 TURE，则执行顺序语句，否则跳过顺序语句结束 IF。

由于该 IF 语句中没有指出条件不满足时做何操作，即在条件句中没有给出各种可能的条件时的处理方式，所以是一种不完整的条件语句。形成锁存，用于构成时序电路，而组合电路只能使用完整的 IF 语句。如：

```
IF (clk'event and clk='1')then
    Q<=d;
END IF;
```

描述了一个 D 型触发器。

2）二选一 IF 语句。

语句格式：

```
IF 条件 THEN
            顺序执行语句1;
        ELSE
            顺序执行语句2;
    END IF;
```

执行过程：如果条件成立，则执行顺序语句 1，否则执行顺序语句 2。完整的描述了条件成立、不成立时的操作，对应组合电路的二选一选择结构。

3）多重条件 IF 语句。

语句格式：

```
IF 条件1 THEN
    顺序执行语句1;
  ELSIF 条件2 THEN
    顺序执行语句2;
        :
  ELSIF 条件n THEN
    顺序执行语句n;
  ELSE
    顺序执行语句m;
END IF;
```

执行过程是：如果条件 1 成立，则执行顺序语句 1，判断条件 2 是否成立，如果条件 2 成立，则执行顺序语句 2，如果条件 2 不成立，则判断条件 3 是否成立，如果条件 3 成立，则执行顺序语句 3，否则一直往下判断，如果条件 1 至条件 n 都不成立，则执行顺序执行语句 m。例如：

```
Architecture archmux4 of mux4 is
Begin
        Mux4 : process (a,b,c,d,s)
            Begin
              If s="00" then
                  X<=a;
              Elsif s="01"then
                  X<=b;
              Elsif s="10" then
                  X<=c;
              Else
                  X<=d;
              End if;
        End process mux4;
End archmux4;
```

4）IF 语句嵌套。

语句格式：

```
IF 条件 1 THEN
   IF 条件 2 THEN
     顺序语句；
   END IF；
     …
   END IF；
```

例如：

```
Architecture Behavioral of cnt4 is
Begin
Process（clk，rst，en）
Begin
    If  rst='0' then
      cnt<="0000";
    Elsif clk'event and clk='1' then
      if en='1' then
        cnt<=cnt+1;
      end if;
    End if;
End process;
End Behavioral;
```

（2）CASE 语句。CASE 语句与 C 语言的作用类似，是一种分支控制语句。可以描述编码、译码、选择、分配、总线、时序电路的状态机等行为。一般格式为：

```
CASE 条件表达式 IS
    WHEN 值 1=>顺序语句 1；
    WHEN 值 2=>顺序语句 2；
    WHEN 值 3=>顺序语句 3；
    ……
    WHEN OTHERS=>顺序语句 m；
```

```
END CASE;
```
表达式可以是:单个值;并列数值:值 1 | 值 2 | 值 3 |…| 值 n;数值范围:值 1 TO 值 n;
```
Architecture archmux4 of mux4 is
Begin
  Mux4 : process (a,b,c,d,s)
   Begin
     Case s is
         When "00" => X<=a;
         When "01" => X<=b;
         When "10" => X<=c;
         When "11" => X<=d;
         When others => Null; --空语句
     End case;
   End process mux4;
End archmux4;
```

一般地，综合后，对相同的逻辑功能，CASE 语句比 IF 语句耗用更多的硬件资源，并且有的逻辑 CASE 语句无法描述。只能用 IF 语句来描述。使用 CASE 语句时要注意：When 的数量无限制，但不能共用相同值；When 语句的值必须覆盖表达式的所有值；只能有一个 others，且位于最后。

（3）LOOP 语句。LOOP 语句常用来描述位逻辑及迭代电路的行为，包括两种循环控制语句：FOR LOOP 循环和 WHILE LOOP 循环。

FOR LOOP 循环主要用在规定数目的重复情况；WHILE LOOP 则根据控制条件执行循环直到条件为 FALSE。

FOR LOOP 格式：

```
[标号:] FOR 循环变量 IN 循环次数范围 LOOP
            顺序处理语句;
        END LOOP [标号];
```

循环变量：属于 LOOP 语句的局部变量，不需要事先定义，也不能被赋值，它的值从循环次数范围的初值开始，执行一次顺序语句自动加一，当其值超出循环次数范围时，则退出循环语句。

WHILE LOOP 格式：

```
        [标号:] WHILE 条件 LOOP
            顺序处理语句
                END LOOP [标号];
```

如果条件为真，则进行循环，否则结束循环。例如：

```
PROCESS(a)
  VARIABLE tmp: STD_LOGIC;
  VARIABLE I : INTEGER;
BEGIN
        tmp:='0';
        i:=0;
        While i<8 loop
            Tmp:=tmp XOR a(i);
            i:=i+1;
```

```
          End loop;
          y<=tmp;
END PROCESS;
```

VHDL 综合器支持 WHILE 语句的条件是，LOOP 的结束条件值必须是在综合时就可以决定的。综合器不支持无法确定循环次数的 LOOP 语句。

（4）NEXT 语句。用在 LOOP 循环语句中，表示跳出本次循环，执行下一次循环或其他循环操作。语句格式：

```
Next [循环标号] [when 条件表达式];
```

当条件表达式满足条件时，结束本次循环操作，跳转到［循环标号］对应的循环语句，若无［循环标号］语句，则结束本次循环，执行下一个循环操作。例如：

```
PROCESS(DATA)
BEGIN
For I  IN  0  TO  7  LOOP
    NEXT WHEN DATA(I)='0';        --则跳出本次循环
    M<=M+1;                       --如数据总线本位信号为'1',则计数器 M 加 1
END LOOP;
END PROCESS;
```

（5）EXIT 语句。用在 LOOP 循环语句中，表示退出整个循环操作。语句格式：EXIT［循环标号］或 EXIT［循环标号］WHEN 条件。

（6）NULL 语句。空操作语句，功能是使运行流程继续，进入下一条语句的执行。在CASE 语句中使用，用于排除一些不用的条件。

```
Signal inp:std_logic_vector(0 to 1);
…
Case inp is
    when "00" => outp<="0001";
        when "01" => outp<="0010";
        when "10" => outp<="0100";
        when "11" => outp<="1000";
        when others => null;  --排除 inp 其他取值
End case;
```

2.3.2 并行语句

并行语句是硬件描述语言与一般软件描述语言最大的区别所在，所有并行语句在结构体中的执行都是同时进行的，即它们的执行顺序与语句书写的顺序无关。这种并行性是由硬件本身的并行性决定的，即一旦电路接通电源，它的各部分就会按照事先设计好的方案同时工作。VHDL 并行语句主要包括：赋值语句、PROCESS 进程语句、元件例化语句、BLOCK 块语句、GENERATE 语句。

1. 赋值语句

赋值语句在进程内使用是顺序执行，在进程外即在结构体中直接使用就是并行语句。赋值语句的赋值目标都是信号，在结构体内的执行是同时发生的，与它们的书写顺序无关。并行信号赋值语句有 3 种形式：简单信号赋值、条件信号赋值和选择信号赋值。

（1）简单信号赋值语句。简单并行信号赋值语句是 VHDL 并行语句结构的最基本单元，语句格式：

目标信号<=表达式；例如：

```
Architecture Behavioral of gate2 is
Begin
     out1<=A and B;
     out2<=A or B;
End Behavioral;
```

（2）条件信号赋值语句。

语句格式：

目标信号<=表达式 1 WHEN 条件 1 ELSE
　　　　　表达式 2 WHEN 条件 2 ELSE
　　　　　表达式 3 WHEN 条件 3 ELSE
　　　　　　　　　　…
　　　　　表达式 n；

其功能与进程中的 **IF** 语句相同，最后一项表达式可以不跟条件子句，以上所有条件都不满足时，将表达式 n 赋给目标信号。在执行条件信号赋值语句时，每一赋值条件是按照书写的先后关系逐项测定的，一旦发现赋值条件为 TRUE，立即将表达式的值赋给赋值目标。例如：

```
ARCHITECTURE Arcmux OF mux4 IS
BEGIN
     y<= i0 WHEN sel="00" ELSE   -- 条件代入语句,句末无符号
         i1 WHEN sel="01" ELSE
         i2 WHEN sel="10" ELSE
         i3;
END arcmux;
```

（3）选择信号赋值语句。

语句格式：

　　WITH 选择条件表达式 SELECT
目标信号<=表达式 1 WHEN 选择值 1,
　　　　　表达式 2　WHEN 选择值 2,
　　　　　　　　　:
　　　　　表达式 n　WHEN 选择值 n,
　　　　　表达式　　WHEN others;

根据选择条件表达式取值，将相应选择值对应的表达式赋给目标信号；该语句与 CASE 语句相似，要求覆盖条件表达式的所有取值，并且不允许有条件重叠现象。除最后一句外各子句句末全是 ‘,’，而不是 ‘;’。

```
ARCHITECTURE  Arcmux  OF mux4  IS
    BEGIN
      WITH  SEL  SELECT
          y<= i0 WHEN "00",         --使用","
              i1 WHEN "01",
              i2 WHEN "10",
              i3 WHEN "11",
             'Z' WHEN others;
END  arcmux;
```

2. PROCESS 进程语句

进程语句是最具 VHDL 语言特色的语句,是描述硬件电路系统并发行为的最基本语句之一。在大规模数字系统设计中,用一个电路模块描述整个系统非常难,可以将整个系统分为若干个功能独立的模块,每个模块对应一个进程,也就是说,虽然在整个系统中只有一个结构体,但是可以有多个并行运行的进程,进程之间通过信号来通信,使得系统的各个模块联系起来,而每一个进程内部又是由一系列的顺序语句来构成的。

语句格式:

```
[进程标号:] PROCESS [(敏感信号列表)]
        [说明部分];
    BEGIN
        顺序描述语句;
    END PROCESS [进程标号];
```

敏感信号列表:列出启动进程的输入信号;也可以使用进程顺序部分的 WAIT 语句来控制进程的启动;WAIT 语句和敏感列表只能出现一个,但可以有多个 WAIT 语句。

说明部分:用于定义一些进程内部有效的局部量,包括:变量、常数、数据类型、属性、子程序等,不允许定义信号。

顺序描述部分:描述进程模块功能。一般采用 IF 语句描述算法,实现模块的行为功能。

进程语句具有如下特点:

(1)进程状态:独立的无限循环程序结构。进程有两种运行状态,即执行状态(激活)和等待状态(挂起)。当敏感信号列表中信号有变化或者 WAIT 条件满足时,进程进入执行状态,顺序执行进程内顺序描述语句,遇到 END PROCESS 语句后停止执行,自动返回起始语句 PROCESS,进入等待状态。

(2)进程的并行性:进程内部虽然是顺序语句,但其综合后的硬件是一个独立模块,所以进程内部的顺序语句具有顺序和并行双重性;不同进程是并行运行的,进程之间的通信通过信号传递,这也反映了信号的全局特征。

(3)时钟驱动:一般一个进程中只能描述针对同一时钟的同步时序逻辑,异步时序逻辑则需要由多个进程来表达。

```
ARCHITECTURE  connect OF mux1 IS
    BEGIN
    cale:                              --进程名
  PROCESS (d0,d1,sel)                  --输入信号为敏感信号
      VARIABLE tmp1,tmp2,tmp3: std_logic;   --在进程中定义变量
      BEGIN
        tmp1:=d0 AND sel;              --输入端口向变量赋值
        tmp2:=d1 AND (NOT sel);
        tmp3:=tmp1 OR tmp2;
        q<=tmp3;                       --变量值赋给输出信号
    END PROCESS cale;
END connect;
```

3. 元件例化语句

元件例化就是将预先设计好的设计实体定义为一个元件,然后利用特定的语句将此元件与当前的设计实体中的指定端口相连接,从而为当前设计实体引入一个新的低一级的设计层

次。元件例化是可以多层次的，在一个设计实体中被调用安插的元件本身也可以是一个低层次的当前设计实体，因而可以调用其他的元件，以便构成更低层次的电路模块。元件例化语句由两个语句组成：元件说明语句（Component）和元件映射语句（Port map）。其中 component 语句在结构体说明部分中定义，port map 语句在结构体并行执行语句中使用。

元件说明语句格式：

```
Component 元件名 is
[类属语句]
Port (端口语句);
End component;
```

相当于对一个设计好的实体进行封装，留出对外的接口界面。其中，元件名为要定义模块的实体名；类属语句及端口语句的说明与要定义模块的实体相同，即名称及顺序要完全一致。元件说明语句在结构体的说明部分定义。

元件映射语句：完成元件与当前设计实体的连接，需要说明元件端口与其他模块的连接关系，即映射。VHDL 映射方式有位置关联和名称关联两种方式。

格式一：例化名：Port map（元件端口 1=>映射信号 1，…，元件端口 n=>映射信号 n）。

其中例化名相当于元件标号，是必须的；"=>"是关联符，采用名称关联，表示左边的元件端口与右边的映射信号相连；各端口关联说明的顺序任意。

格式二：例化名 Port map（映射信号 1，映射信号 2，…，映射信号 n）。

使用位置关联，采用顺序一致原则，即将元件说明语句中的端口按顺序依次与映射信号 1 到映射信号 n 连接。

如图 2-2 所示，下层元件描述为：

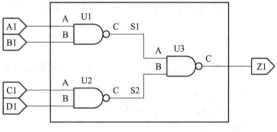

图 2-2　元件例化电路

```
LIBRARY IEEE;
USE IEEE.STD_LOGIC_1164.ALL;
ENTITY ND2  IS
    PORT(A,B:IN STD_LOGIC;
         C:OUT STD_LOGIC);
END ENTITY ND2;
ARCHITECTURE ARTND2 OF ND2 IS
  BEGIN
    C<=A NAND B;
END ARCHITECTURE ARTND2;
```

如图 2-2 所示，上层元件引用为：

```
LIBRARY IEEE;
USE  IEEE.STD_LOGIC_1164.ALL;
ENTITY ORD41 IS
    PORT(A1,B1,C1,D1:IN STD_LOGIC;
                   Z1:OUT STD_LOGIC);
END ENTITY ORD41;
ARCHITECTURE ARTORD41 OF ORD41 IS
```

```
    COMPONENT ND2 IS
        PORT(A,B:IN STD_LOGIC;
                       C:OUT STD_LOGIC);
      END COMPONENT ND2;
SIGNAL  S1,S2:STD_LOGIC;
BEGIN
    U1: ND2  PORT MAP (A1,B1,S1);                 --位置关联方式
    U2: ND2  PORT MAP (A=>C1,C=>S2,B=>D1);        --名字关联方式
    U3: ND2  PORT MAP (S1,S2,C=>Z1);              --混合关联方式
END ARCHITECTURE ARTORD41;
```

4. 生成语句

有复制作用，它可以生成与某个元件或设计单元电路完全相同的一组并行元件或设计单元电路，避免多段相同结构的 VHDL 源代码的重复书写。格式：

```
[标号:]<模式> generate
             并行语句;
          END generate[标号];
```

其中的并行语句一般是元件例化语句或并行赋值语句；模式有 for 模式（主要描述重复结构）、if 模式（用来描述结构中例外的情况）。

```
for 模式格式：  for 循环变量 in 离散范围 generate
               并行语句;
            end generate;
```

生成 n 个完全相同的并行语句指定的结构。主要用于描述简单重复结构。例如：

```
adder_gen:   for i in 0 to 3 generate
U: adder1 port map(a=>a(i),b=>b(i),ci=>cin(i),co=>cin(i+1),s=>s(i));
end generate;
if   模式格式: if <条件 > generate
               并行语句;
            end generate;
```

实现有条件地复制，用来描述重复结构中例外的情况。例如：

```
adder_gen: for i in 0 to 3 generate
low:    if  i=0  generate
        U1:  adder1 port map(a=>a(0),b=>b(0),ci=>ci,co=>c(0),s=>sum(0));
         end generate;
other: if i/=0 generate;
```

2.4　子　程　序

子程序是在主程序调用它以后能将结果返回主程序的程序模块，它可以反复调用，方便程序设计。VHDL 子程序模块，由顺序语句构成。每调用一次子程序都意味着增加了一个硬件电路模块，因此，在实际使用时，要密切关注和严格控制子程序的调用次数。子程序通常放在程序包中，也可放在结构体和进程中。子程序可以在程序包、结构体、进程中定义，定义位置决定其适用范围。VHDL 中有两种类型的子程序：函数和过程。

2.4.1 函数

函数语句的作用是输入若干参数，通过函数运算，最后返回一个值。函数可以重复使用，相当于其他高级语言的函数；函数仅返回一个值，函数中至少有一条返回语句。函数由函数首和函数体组成，函数首对函数参量进行说明，函数体用于描述函数的功能。在进程或者结构体中不必定义函数首，而在程序包中必须定义函数首。

```
Function  函数名  (参数表)Return  数据类型        ---函数首
Function  函数名  (参数表)Return  数据类型 IS  ---函数体
        说明部分
Begin
        顺序语句
END  Function  函数名;
```

参数只能是 IN 模式，用来定义输入值；参数只能是信号（signal）或常数（constant）；若无特殊说明，参数被默认为常数。

函数体说明部分包括变量、常量、类型说明，只在该函数内有效，不能定义新的信号。顺序语句部分是一些用以完成规定算法或者转换的顺序语句。定义在结构体中的函数实例如下：

```
LIBRARY IEEE;
USE IEEE.STD_LOGIC_1164.ALL;
ENTITY  axamp IS
   PORT(dat1,dat2 : IN STD_LOGIC_VECTOR(3 DOWNTO 0);
        dat3,dat4 : IN STD_LOGIC_VECTOR(3 DOWNTO 0);
        out1,out2 : OUT STD_LOGIC_VECTOR(3 DOWNTO 0));
END axamp;
ARCHITECTURE bhv OF axamp IS
FUNCTION  max( a,b : IN STD_LOGIC_VECTOR)        --定义函数体
    RETURN STD_LOGIC_VECTOR IS
    BEGIN
      IF a > b THEN RETURN a;                    --RETURN 返回语句
    ELSE        RETURN b;
    END IF;
END FUNCTION max;                                --结束 FUNCTION 语句
BEGIN
    out1 <=  max(dat1,dat2);
    out2 <= max(dat3,dat4);
END;
```

定义在程序包中的函数实例如下：

```
LIBRARY IEEE;
USE IEEE.STD_LOGIC_1164.ALL;
PACKAGE  hanshu IS                          --定义程序包
    FUNCTION  max( a,b : IN STD_LOGIC_VECTOR)  --定义函数首
    RETURN STD_LOGIC_VECTOR ;
END ;
PACKAGE  BODY hanshu IS
    FUNCTION  max( a,b : IN STD_LOGIC_VECTOR)  --定义函数体
    RETURN STD_LOGIC_VECTOR IS
```

```
BEGIN
    IF a > b THEN RETURN  a;      --RETURN 返回语句
     ELSE          RETURN  b;
    END IF;
  END FUNCTION max;               --结束 FUNCTION 语句
END;                              --结束 PACKAGE  BODY 语句
```

2.4.2　过程

过程语句的作用和函数类似，但过程参数有输入、输出，比函数更为灵活。过程可以重复使用，相当于其他高级语言的子程序；过程可以返回多个值，也可以不返回值。

```
Procedure   过程名  (参数表)        ---过程首
Procedure   过程名  (参数表)IS      ---过程体
说明部分
   Begin
      顺序语句
END  Procedure  过程名;
```

过程通常定义在程序包中，也可放在结构体和进程中。在结构体和进程中定义时，仅需定义过程体。定义的位置不同，其适用的范围也不同。过程定义实例如下：

```
LIBRARY IEEE;
USE IEEE.STD_LOGIC_1164.ALL;
PACKAGE  hanshu IS                         --定义程序包
     procedure  max( signal a,b: IN STD_LOGIC_VECTOR;
        signal c: out std_logic_vector);   --定义过程首
END ;
PACKAGE  BODY hanshu IS
     procedure  max( signal a,b: IN STD_LOGIC_VECTOR)     --定义过程体
        signal c: out std_logic_vector)is
       BEGIN
          c<=a;
             if(a<=b)then
                 c<=b;
              end if;
     END procedure  max;
END hanshu;                                 --结束 PACKAGE  BODY 语句
```

过程应用实例如下：

```
LIBRARY IEEE;
  USE IEEE.STD_LOGIC_1164.ALL;
  USE WORK.hanshu.ALL ;
  ENTITY  axamp IS
    PORT(dat1, dat2 : IN STD_LOGIC_VECTOR(3 DOWNTO 0);
         dat3, dat4 : IN STD_LOGIC_VECTOR(3 DOWNTO 0);
         out1, out2 : OUT STD_LOGIC_VECTOR(3 DOWNTO 0));
  END;
ARCHITECTURE bhv OF axamp IS
BEGIN
    max(dat1,dat2,out1);
  PROCESS(dat3,dat4)
    BEGIN
    max(dat3,dat4,out2);
  END PROCESS;
END;
```

2.5　状态机的 VHDL 设计

有限状态机（Finite State Machine，简称 FSM）是一类很重要的时序电路，是许多数字系统的核心部件，也是实时系统设计中的一种数学模型，是一种重要的、易于建立的、应用比较广泛的、以描述控制特性为主的建模方法，它可以应用于从系统分析到设计的所有阶段。有限状态机的优点在于简单易用，状态间的关系清晰直观。建立有限状态机主要有两种方法："状态转移图"和"状态转移表"。标准状态机通常可分为 Moore 和 Mealy 两种类型。本节主要介绍了基于 VHDL 的常见有限状态机的类型、结构、功能及表达方法，重点是如何有效地设计与实现。

2.5.1　状态机的基本结构和功能

状态机的基本结构如图 2-3 所示。除了输入信号、输出信号外，状态机还包含一组寄存器记忆状态机的内部状态。状态机寄存器的下一个状态及输出，不仅同输入信号有关，而且还与寄存器的当前状态有关，状态机可以认为是组合逻辑和寄存器逻辑的特殊组合。它包括两个主要部分：即组合逻辑部分和寄存器。组合逻辑部分又可分为状态译码器和输出译码器，状态译码器确定状态机的下一个状态，即确定状态机的激励方程，输出译码器确定状态机的输出，即确定状态机的输出方程，寄存器用于存储状态机的内部状态。

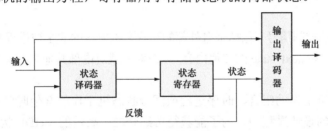

图 2-3　状态机的基本结构

状态机的基本操作有两种：

（1）状态机的内部状态转换。状态机经历一系列状态，下一状态由状态译码器根据当前状态和输入条件决定。

（2）产生输出信号序列。

输出信号由输出译码器根据当前状态和输入条件确定。用输入信号决定下一状态也称为"转移"。除了转移之外，复杂的状态机还具有重复和历程功能。从一个状态转移到另一状态称为控制定序，而决定下一状态所需的逻辑称为转移函数。在产生输出的过程中，根据是否使用输入信号可以确定状态机的类型。两种典型的状态机是米立（Mealy）状态机和摩尔（Moore）状态机。摩尔状态机的输出只是当前状态的函数，而米立状态机的输出一般是当前状态和输入信号的函数。对于这两类状态机，控制定序都取决于当前状态和输入信号。大多数使用的状态机都是同步的时序电路，由时钟信号触发进行状态的转换。时钟信号同所有的边沿触发的状态寄存器和输出寄存器相连，使状态的改变发生在时钟的上升或下降沿。

在数字系统中，那些输出取决于过去的输入和当前的输入的部分都可以作为有限状态机。有限状态机的全部"历史"都反映在当前状态上。当给 FSM 一个新的输入时，它就会产生一个输出。输出由当前状态和输入共同决定，同时 FSM 也会转移到下一个新状态，也是随着

FSM 的当前状态和输入而定。FSM 中，其内部状态存放在寄存器中，下一状态的值由状态译码器中的一个组合逻辑——转移函数产生，状态机的输出由另一个组合逻辑——输出函数产生。

　　建立有限状态机主要有两种方法：状态转移图（状态图）和状态转移表（状态表）。它们是等价的，相互之间可以转换。

2.5.2　一般状态机的 VHDL 设计

　　用 VHDL 设计有限状态机方法有多种，但最一般和最常用的状态机设计通常包括说明部分，主控时序部分，主控组合部分和辅助进程部分。

　　1. 说明部分

　　说明部分中使用 TYPE 语句定义新的数据类型，此数据类型为枚举型，其元素通常都用状态机的状态名来定义。状态变量定义为信号，便于信息传递，并将状态变量的数据类型定义为含有既定状态元素的新定义的数据类型。说明部分一般放在结构体的 ARCHITECTURE 和 BEGIN 之间。

　　2. 主控时序进程

　　是指负责状态机运转和在时钟驱动正负现状态机转换的进程。状态机随外部时钟信号以同步方式工作，当时钟的有效跳变到来时，时序进程将代表次态的信号 next_state 中的内容送入现态信号 current_state 中，而 next_state 中的内容完全由其他进程根据实际情况而定，此进程中往往也包括一些清零或置位的控制信号。

　　3. 主控组合进程

　　根据外部输入的控制信号（包括来自外部的和状态机内容的非主控进程的信号）或（和）当前状态值确定下一状态 next_state 的取值内容，以及对外或对内部其他进程输出控制信号的内容。

　　4. 辅助进程

　　用于配合状态机工作的组合、时序进程或配合状态机工作的其他时序进程。

　　在一般状态机的设计过程中，为了能获得可综合的，高效的 VHDL 状态机描述，建议使用枚举类数据类型来定义状态机的状态，并使用多进程方式来描述状态机的内部逻辑。例如可使用两个进程来描述，一个进程描述时序逻辑，包括状态寄存器的工作和寄存器状态的输出，另一个进程描述组合逻辑，包括进程间状态值的传递逻辑以及状态转换值的输出。必要时还可以引入第三个进程完成其他的逻辑功能。下面例子描述的状态机由两个主控进程构成，其中进程 REG 为主控时序进程，COM 为主控组合进程。

```
LIBRARY IEEE;
USE IEEE.STD_LOGIC_1164.ALL;
ENTITY s_machine IS
  PORT (clk, reset: IN STD_LOGIC;
        State_inputs: IN STD_LOGIC_VECTOR(0 TO 1);
        comb_outputs: OUT STD_LOGIC_VECTOR(0 TO 1));
END ENTITY s_machine;

ARCHITECTURE behv OF s_machine IS
TYPE states IS (st0,st1,st2,st3);        --定义 states 为枚举型数据类型
SIGNAL current_state, next_state : states;
BEGIN
REG: PROCESS (reset, clk)               --时序逻辑进程
  BEGIN
```

```
        IF reset='1'  THEN              --异步复位
          Current_state<=st0;
        ELSIF clk='1' AND clk'EVENT THEN
          Current_state<=next_state;   --当检测到时钟上升沿时转换至下一状态
        END IF;
      END PROCESS;  --由信号 current_state 将当前状态值带出此进程，进入进程 COM

COM: PROCESS(current_state, state_Inputs)  --组合逻辑进程
BEGIN
  CASE current_state IS                   -- 确定当前状态的状态值
    WHEN st0 =>comb_outputs <= "00";      --初始状态译码输出"00"
      IF state_inputs="00" THEN           --根据外部的状态控制输入"00"
        next_state<=st0;          --在下一时钟后，进程 REG 的状态将维持为 st0
      ELSE
        next_state<=st1;          --否则，在下一时钟后，进程 REG 的状态将为 st1
      END IF;
    WHEN st1=> comb_outputs<="01";        --对应状态 st1 的译码输出"01"
        IF state_inputs="00" THEN         --根据外部的状态控制输入"00"
          next_state<=st1;       --在下一时钟后，进程 REG 的状态将维持为 st1
        ELSE
          next_state<=st2;       -- 否则，在下一时钟后，进程 REG 的状态将为 st2
        END IF;
    WHEN st2=> comb_outputs<="10";
        IF state_inputs="11" THEN
          next_state<=st2;
        ELSE
          next_state<=st3;
        END IF;
    WHEN st3=>comb_outputs<="11";
        IF state_inputs="11" THEN
          next_state<=st3;
        ELSE
          next_state<=st0;
        END IF;
  END CASE;
END PROCESS;
END ARCHITECTURE behv;
```

上述状态机的工作时序图，如图 2-4 所示。reset 为异步复位信号，低电平有效，而 clk 为上升沿有效。如在第 3 个脉冲上升沿到来时 current_state＝"st0"，state_inputs＝"01"，输出 comb_outputs＝"01"。第 4 个脉冲上升沿到来时 current_state＝"st1"，state_inputs＝"00"，输出 comb_outputs＝"01"。工程综合后的 RTL 图如图 2-5 所示。

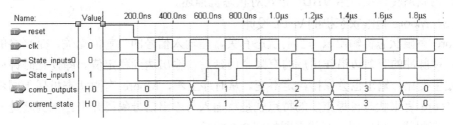

图 2-4　状态机的工作时序图

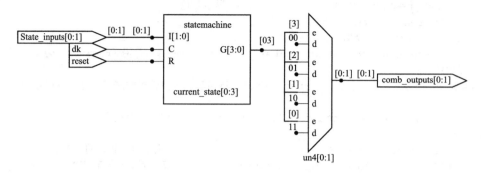

图 2-5　工程综合后的 RTL 图

　　一般来说，程序的不同进程间是并行运行的，但由于敏感信号设置的不同和电路的延迟，在时序上进程间的动作是有先后的。如对上例中的状态转换行为来说，有进程 REG 和 COM，它们的敏感信号表分别为（reset，clk）和（current_state，state_inputs），在 clk 上升沿到来时，进程 REG 将首先运行，完成状态转换的赋值操作。如果外部控制信号 state_inputs 不变，只有当来自进程 REG 的信号 current_state 改变时，进程 COM 才开始动作，并将根据 current_state 和 state_inputs 的值来决定下一有效时钟沿到来后，进程 REG 的状态转换方向。这个状态机的两位组合逻辑输出 comb_outputs 是对当前状态的译码。可以通过这个输出值来了解状态机内部的运行情况，同时还可以利用外部控制信号 state_inputs 任意改变状态机的状态变化模式。在上例中，有两个信号起到了互反馈的作用，完成了两个进程间的信息传递的功能，这两个信号分别是 current_state（进程 REG→进程 COM）和 next_state（进程 COM→进程 REG）。

　　在 VHDL 中可以有两种方式来创建反馈机制：即使用信号的方式和使用变量的方式。通常倾向于使用信号的方式。一般而言，在进程中使用变量传递数据，然后使用信号将数据带出进程。在设计过程中，如果希望输出的信号具有寄存器锁存功能，则需要为此输出写第 3 个进程，并把 clk 和 reset 信号放入敏感信号表中。但必须注意避免由于寄存器的引入而创建了不必要的异步反馈路径。根据 VHDL 综合器的规则，对于所有可能的输入条件，如果进程中的输出信号没有被明确地赋值时，此信号将自动被指定，即在未列出的条件下保持原值，这就意味着引入了寄存器。因此，在程序的综合过程中，应密切注意 VHDL 综合器给出的警告信息，并根据警告信息对程序做必要的修改。

　　一般来说，利用状态机进行设计包含如下几个步骤：

　　（1）分析设计要求，列出状态机的全部可能状态，并对每一个状态进行编码。

　　（2）根据状态转移关系和输出函数画出状态转移图。

　　（3）由状态转移图，用 VHDL 语句对状态机描述。

2.5.3　Moore 有限状态机的 VHDL 设计

Moore 有限状态机输出只与当前状态有关，与输入信号的当前值无关，是严格的现态函数。在时钟脉冲的有效边沿作用后的有限个门延后，输出达到稳定值。即使在时钟周期内输入信号发生变化，输出也会保持稳定不变。从时序上看，Moore 有限状态机属于同步输出状态机。Moore 有限状态机最重要的特点就是将输入与输出信号隔离开来。下例就是一个典型的 Moore 有限状态机实例，其状态图如图 2-6 所示。

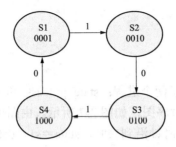

图 2-6 状态图

```
LIBRARY ieee;
USE ieee.std_logic_1164.ALL;
USE ieee.std_logic_unsigned.ALL;
ENTITY moore IS
   PORT ( clk, datain, reset : IN std_logic;
                    dataout : OUT std_logic_vector (3 DOWNTO 0));
END ENTITY moore;

ARCHITECTURE arc OF moore IS
TYPE state_type IS (s1, s2, s3, s4);
SIGNAL state: state_type;
BEGIN
state_process: PROCESS (clk, reset)      --时序逻辑进程
    BEGIN
    IF reset='1' THEN                    --异步复位
         state<=s1;
    ELSIF clk'event and clk='1' THEN     --当检测到时钟上升沿时执行 CASE 语句
      CASE state IS
          WHEN S1=>IF datain='1' THEN
                  state<=s2;
                  END IF;
          WHEN s2=>IF datain='0' THEN
                  state<=s3;
                  END IF;
          WHEN s3=>IF datain='1' THEN
                  state <=s4;
                  END IF;
          WHEN s4=>IF datain='0' THEN
                  state <=s1;
                  END IF;
      END CASE;
    END IF;
END PROCESS;                    --由信号 state 将当前状态值带出此进程,进入进程 output_p

output_p : PROCESS (state)  --组合逻辑进程
BEGIN
CASE state IS              -- 确定当前状态值
WHEN s1=>dataout<="0001";  --对应状态 s1 的数据输出为"0001"
WHEN s2=>dataout<="0010";
WHEN s3=>dataout<="0100";
```

```
WHEN s4=>dataout<="1000";
END CASE;
END PROCESS;
END ARCHITECTUR arc;
```

上例的 VHDL 描述中包含了两个进程：state_process 和 output_p，分别为时序逻辑进程和组合逻辑进程。上例的工作时序图，如图 2-7 所示。由图可见，状态机在异步复位信号后 state＝s1，在第 500ns 有效上升时钟沿到来时，state＝s1，datain＝1，从而 state 由 s1 转换为 s2，输出 dataout＝0010，即使在 500ns 后的一个时钟周期内输入信号发生变化，输出也会维持稳定不变。综合后的结果如图 2-8 所示。

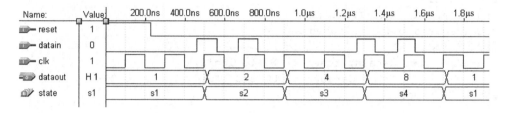

图 2-7　Moore 的工作时序图

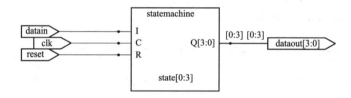

图 2-8　Moore 的 RTL 图

2.5.4　Mealy 状态机的 VHDL 设计

Mealy 状态机的输出是现态和所有输入的函数，随输入变化而随时发生变化。从时序上看，Mealy 状态机属于异步输出状态机，它不依赖于时钟，但 Mealy 状态机和 Moore 状态机的设计基本上相同。下例就是一个典型的 Mealy 状态机实例，其状态图如图 2-9 所示。

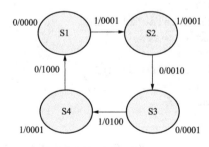

图 2-9　状态图

```
LIBRARY ieee;
USE ieee.std_logic_1164.ALL;
USE ieee.std_logic_unsigned.ALL;
ENTITY mealy IS
  PORT ( clk, datain, reset : IN std_logic;
dataout : OUT std_logic_vector (3 DOWNTO 0));
```

```vhdl
END ENTITY mealy;

ARCHITECTURE arc OF mealy IS
TYPE state_type IS (s1, s2, s3, s4);
SIGNAL state : state_type;
BEGIN
  state_process : PROCESS (clk, reset)  --时序逻辑进程
  BEGIN
    IF reset='1' THEN                    --异步复位
      state<=s1;
    ELSIF clk'event and clk='1' THEN  --当检测到时钟上升沿时执行 CASE 语句
      CASE state IS
        WHEN S1=>IF datain='1' THEN
                   state<=s2;
                 END IF;
        WHEN s2=>IF datain='0' THEN
                   state<=s3;
                 END IF;
        WHEN s3=>IF datain='1' THEN
                   state <=s4;
                 END IF;
        WHEN s4=>IF datain='0' THEN
                   state <=s1;
                 END IF;
      END CASE;
    END IF;
END PROCESS;
output_p : PROCESS (state)        --组合逻辑进程
BEGIN
    CASE state IS                  -- 确定当前状态值
      WHEN s1=>
            IF datain='1' THEN dataout<="0001";
              ELSE dataout<="0000";
            END IF;
      WHEN s2=>
            IF datain='0' THEN dataout<="0010";
              ELSE dataout<="0001";
            END IF;
      WHEN s3=>
            IF datain='1' THEN dataout<="0100";
              ELSE dataout<="0001";
            END IF;
      WHEN s4=>
            IF datain='0' THEN dataout<="1000";
              ELSE dataout<="0001";
            END IF;
    END CASE;
END PROCESS;
END ARCHITECTURE arc;
```

上例的 VHDL 描述中包含了两个进程：state_process 和 output_p，分别为主控时序逻辑

进程和组合逻辑进程。上例的工作时序图，如图 2-10 所示。由图可见，状态机在异步复位信号来到时，datain＝1，输出 dataout＝0001，在 clk 的有效上升沿来到前，datain 发生了变化，由 1—>0，输出 dataout 随即发生变化，由 0000—>0001，反映了 Mealy 状态机属于异步输出状态机而它不依赖于时钟的鲜明特点。综合后的结果如图 2-11 所示。

Mealy 状态机的 VHDL 结构要求至少有两个进程，或者是一个状态机进程加一个独立的并行赋值语句。

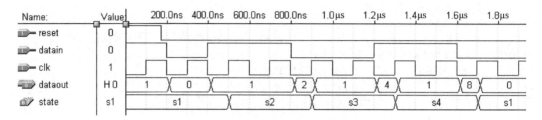

图 2-10　Mealy 的工作时序图

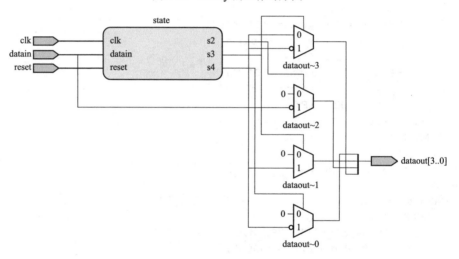

图 2-11　Mealy 的 RTL 图

第3章 Quartus II 设计基础

目前用于 FPGA 的开发工具主要可以分为两大类,一类是专业软件公司研制的 FPGA 开发工具,独立于半导体器件厂商;另一类是半导体器件厂商为了开发本公司的产品而研制的开发工具。Quartus II 是 Altera 公司开发的综合性 PLD 开发 EDA 工具软件,只能开发本公司的产品。Quartus II 的版本很多,从使用者来看各版本的主要功能基本相同,只是有些操作界面有所不同,本书以 Quartus II 13.0 介绍其基本使用方法。

3.1 开发软件 Quartus II 简介

Quartus II 是 Altera 公司开发的综合性 PLD 开发 EDA 工具软件,它能够支持 VHDL、Verilog HDL、AHDL(Altera Hardware Description Language)以及原理图等多种形式的输入,内嵌自有的综合器以及仿真器,可以完成从设计输入到硬件配置的完整 PLD 设计流程。该软件界面友好,使用便捷,功能强大,是一个完全集成化的可编程逻辑设计环境。软件具有开放性、与结构无关、多平台、完全集成化、丰富的设计库、模块化工具等特点。它提供了功能强大且操作方便的用户图形界面,可以简化设计过程的复杂度。软件的欢迎界面如图 3-1 所示。

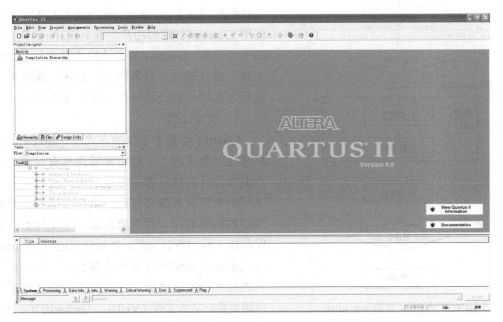

图 3-1 Quartus II 欢迎界面

Quartus II 是最新一代的硬件开发仿真平台,该平台与之前相比,提升了其中的 Logic Lock 模块的各项功能,支持网络协作设计,在原来的基础上增添了 Fast Fit 编译选项,提升了网络编辑性能和调试能力。作为一种对硬件设计的集成开发环境，依靠其简单的操作模式以及强大的设计能力等优点，越来越广泛地被数字系统设计者所采用。

3.1.1 Quartus II 对器件的支持

Quartus II 支持 Altera 公司的 MAX 3000A 系列、MAX 7000 系列、MAX 9000 系列、ACEX 1K 系列、APEX 20K 系列、APEX II 系列、FLEX 6000 系列、FLEX 10K 系列，支持 MAX7000/MAX3000 等乘积项器件，支持 MAX II CPLD 系列、Cyclone 系列、Cyclone II、Cyclone III、Cyclone IV、Cyclone V、Stratix II 系列、Stratix GX 系列等。支持 IP 核，包含了 LPM/MegaFunction 宏功能模块库，用户可以充分利用成熟的模块，简化设计的复杂性、加快设计速度。支持 Altera 的片上可编程系统（SOPC）开发，集系统级设计、嵌入式软件开发、可编程逻辑设计于一体，是一种综合性的开发平台。

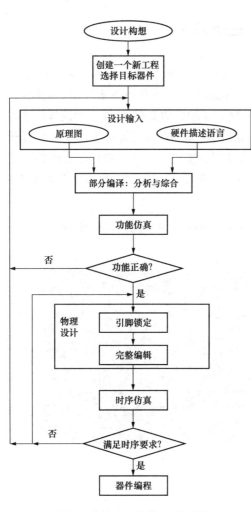

图 3-2　Quartus II 设计流程图

3.1.2 Quartus II 对第三方 EDA 工具的支持

Quartus II 平台与 Cadence、ExemplarLogic、MentorGraphics、Synopsys 和 Synplicity 等 EDA 供应商的开发工具相兼容。对第三方 EDA 工具的良好支持使用户可以在设计流程的各个阶段使用熟悉的第三方 EDA 工具。此外，Quartus II 通过和 Matlab/Simulink 与 DSP Builder 相结合，可以很便捷地实现各种 DSP 的应用系统。

3.1.3 Quartus II 的设计流程

Quartus II 软件拥有 FPGA 和 CPLD 设计的所有阶段的解决方案，其允许在设计流程的每个阶段使用 Quartus II 图形用户界面、EDA 工具界面或命令行界面。Quartus II 设计的主要流程包括创建工程、设计输入、分析综合、编译、仿真验证、编程下载等，其一般设计流程如图 3-2 所示。

1. 创建工程

Quartus II 基于工程的方式设计电路，其每次只进行一个工程，工程用来管理所有设计文件以及编译设计文件过程中产生的中间文档，并将该工程的全部信息保存在同一个文件夹中。开始一项新的电路设计，首先要创建一个文件夹，用以保存该工程的所有文件，之后便可通过 Quartus II 的文本编辑器编辑源文件并存盘。一个工程下，可以有多个设计文件，这些文件的格式可以是原理图文件、文本文件（VHDL、VerilogHDL、AHDL 等文件）、符号文件、底层输入文件以及第三方 EDA 工具提供的多种文件格式，如 EDIF、HDL、VQM 等。

2. 设计输入

Quartus II 中主要包含原理图输入和硬件描述语言输入两种方法。原理图输入是将逻辑器件或者符号用连接线进行连接，逻辑器件可以是 EDA 软件库中预制的功能模块，如与门、非门、或门、触发器以及各种含 74 系列器件功能的宏功能块，还有一些类似 IP 的功能块。硬件描述语言输入主要包含 VHDL 和 VerilogHDL 等，可以克服原理图输入存在的弊端，为 EDA 技术的应用和发展打开一个广阔的天地。

3. 分析综合

综合器对设计进行综合是 EDA 开发过程中十分重要的一步，是将软件设计转化为硬件电路的关键步骤。

综合是将硬件描述语言（或原理图）设计输入转化为由与、或、非门，RAM，触发器等基本逻辑单元组成的逻辑电路，并根据约束条件优化，生成门级逻辑电路，输出可与 FPGA/CPLD 的基本结构相映射的网表文件，供下一步的布线布局使用。在综合器工作前，必须给定最后实现的硬件结构参数。性能优异的综合工具能够使所设计的电路占用芯片的面积更小、工作频率更高。这是评定综合工具优劣的两个重要指标。

在 Quartus II 中，从 Processing 菜单执行 Start/Start Analysis&Synthesis，启动分析与综合模块。该模块将检查工程的逻辑完整性和一致性，并检查边界连接和语法错误。它使用多种算法来减少门的数量，删除冗余逻辑以及尽可能有效地利用器件体系结构，产生用目标芯片的逻辑元件实现的电路，生成网表文件，构建工程数据库。分析综合后，就可执行 Tools/Netlist viewers/RTL Viewer，查看 RTL（Register Tranfster Level）视图。

4. 仿真

仿真分为功能仿真和时序仿真。在 Assignments/Settings 对话框左侧列表中，选择 Simulator Settings，可将 Simulator mode（仿真模式）设为 Timing（时序仿真）或 Functional（功能仿真）。仿真之前需建立仿真波形文件。

（1）功能仿真。功能仿真主要是验证综合工具生成的电路是否符合设计要求。先执行 Processing/Generate Functional Simulation Netlist，生成功能仿真网表，然后执行 Processing/Start Simulation，进行功能仿真。根据仿真得到的输出波形，分析电路是否满足要求。

（2）时序仿真。时序仿真包含了延时信息，它能较好地反映芯片的工作情况。对于一个实际的 PLD 设计项目，时序仿真不能省略，因为延时的存在，有可能影响系统的功能。进行时序仿真之前，需要执行适配（Start Fitter）或全编译（Start Compilation）。

功能仿真过程不涉及任何具体器件的时延特性。不经历适配阶段，在设计项目编辑编译（或综合）后即可进入仿真器进行模拟测试。直接进行功能仿真的好处是设计耗时短，对硬件库、综合器等没有任何要求。对于规模比较大的设计项目，综合与适配要花较长时间，如果每一次修改都要进行时序仿真，显然会大大降低工作效率。因此，通常的做法是，首先进行功能仿真，待确认设计文件所表达的功能满足要求后，再进行综合、适配和时序仿真，以便把握设计项目在硬件条件下的运行情况。

5. 编译

启动编译器可以对工程项目进行全编译。编译器是一个应用程序，它控制 Quartus II 中各个模块的运行。编译器窗口中包含以下 4 个主模块：

（1）分析和综合（Analysis & Synthesis）模块：产生用目标芯片的逻辑元件实现的电路，点击 ⚙ 运行。

（2）适配（Fitter）模块：适配也称为结构综合体，将前一步确定的网表文件精确配置于指定的目标器件中。一般综合器可以由专业的第三方 EDA 公司提供，但是适配器则需由 FPGA/CPLD 供应商提供。因为适配器的适配对象直接与器件的结构细节相对应。适配完成后可以利用适配产生的仿真文件作时序仿真，同时产生可用于编程的文件。

（3）组装（Assembler）模块：生成下载文件。

（4）时序分析（Timing Analyzer）模块。

编译器可以每次单独运行一个模块，也可以依次调用多个模块。点击工具按钮 ▸ 或执行 Processing/Start Compilation。

6. 编程下载

编译和仿真验证通过后，就可以进行下载了。在下载前，首先要通过综合器产生的网表文件配置于指定的目标器件中，使之产生最终的下载文件。把适配后生成的下载或配置文件通过编程电缆下载到 FPGA 或 CPLD 中，以便进行硬件调试和验证。

3.2　Quartus Ⅱ 13.0 安装步骤

3.2.1　安装过程

（1）双击运行 Quartus Ⅱ 13.0 文件夹下的文件 Quartus Ⅱ 13.0.exe，进入安装窗口进行安装。

（2）进入 Quartus Ⅱ 13.0 License Agreement 窗口，点选 I accept the agreement，如图 3-3 所示，点选 Next。

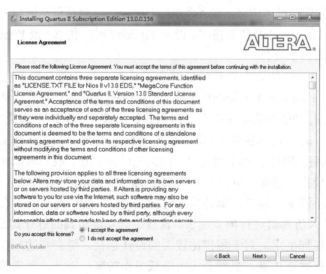

图 3-3　授权许可协议窗口

（3）进入 Installation directory 窗口，选择安装路径，点选 Next，如图 3-4 所示。

（4）进入 Select Components 窗口，点选 Next 按钮，如图 3-5 所示。

（5）进入安装窗口，这需要较长时间的等待，如图 3-6 所示。

（6）然后会出现如下安装完成窗口，如图 3-7 所示。

至此，Quartus Ⅱ 13.0 软件就顺利地安装到当前计算机上了，一般还需要安装设备库才能正常运行。

图 3-4　选择安装路径

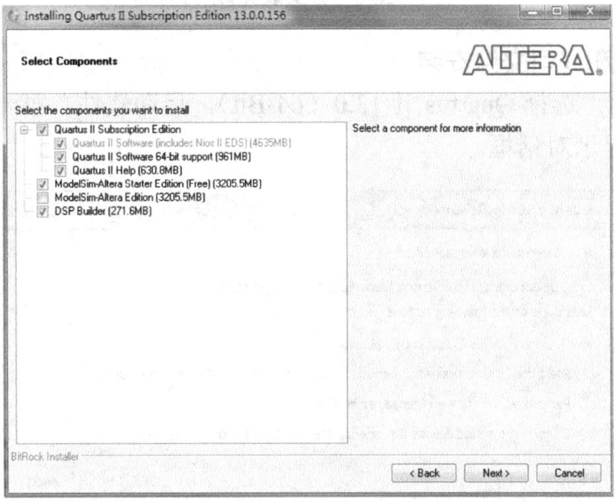

图 3-5　选择程序组

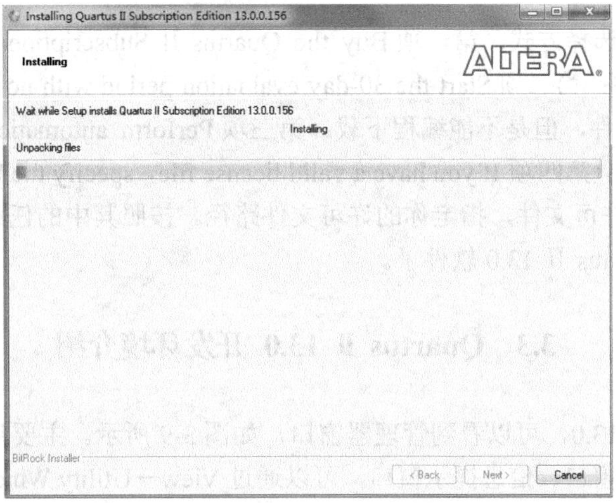

图 3-6　安装过程窗口

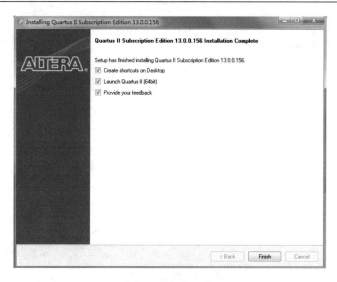

图 3-7　安装完成

3.2.2　启动运行和许可文件安装

在 Windows 桌面，选择 Quartus II 13.0（64-Bit），启动软件。第一次启动时，弹出如图 3-8 所示，许可输入提示对话框。

图 3-8　许可输入提示对话框

图 3-8 中有四种选择方式，第一项 Buy the Quartus II Subscription Edition software 购买 quartus II 订阅版软件；第二项 Start the 30-day evaluation period with no license file 为 30 天试用版，不需要许可文件，但是不能编程下载；第三项 Perform automatic web license retrieval 为自动查找网络许可；第四项 If you have a valid license file，specify the location of your license file 为如果有有效的许可文件，指定你的许可文件路径。按照其中的任意一种方式完成许可，就可以正常使用 Quartus II 13.0 软件了。

3.3　Quartus II 13.0 开发环境介绍

启动 Quartus II 13.0，可以看到管理器窗口，如图 3-9 所示。主要包含：项目导航窗口、任务窗口、编辑输入窗口、信息提示窗口，可以通过 View→Utility Windows 菜单下的选项添加或者隐藏这些窗口。

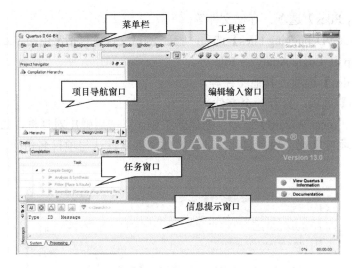

图 3-9　Quartus Ⅱ 13.0 管理器窗口

3.3.1　菜单栏

1. 【File】菜单

Quartus Ⅱ 13.0 的【File】菜单除具有文件管理的功能外，还有许多其他选项，如图 3-10 所示。

（1）【New】选项：新建文件，其下还有子菜单，如图 3-11 所示。

图 3-10　【file】子菜单

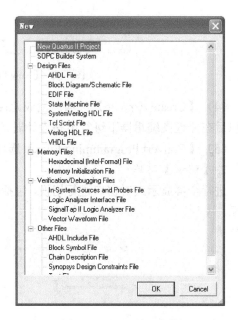

图 3-11　【new】子菜单

- 【New Quartus Ⅱ Project】选项：新建 Quartus Ⅱ 工程。
- 【SOPC Builder System】选项：SOPC Builder 系统。
- 【Design Files】选项：新建设计文件，常用的有：AHDL 文本文件、VHDL 文本文件、Verilog HDL 文本文件、原理图文件等。

- 【Memory Files】选项：存储文件等。
- 【Verification/Debugging Files】选项：验证/测试文件。包括常用的 Vector Waveform File，SignalTap Ⅱ Logic Analyzer File 等。
- 【Other Files】选项：其他文件等。

（2）【Open】选项：打开一个文件。

（3）【New Project Wizard】选项：创建新工程。点击后弹出对话框，如图 3-12 所示。在该对话框下输入项目目录、项目名称。顶层实体文件名默认与项目名相同，可以与项目名称不一致。

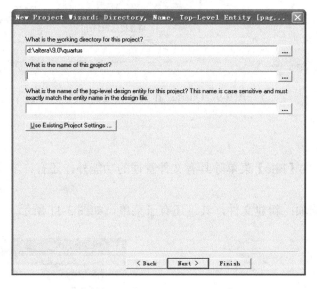

图 3-12 【New Project Wizard】菜单窗口

（4）【Create /Update】选项：生成元件符号。可以将设计的电路封装成一个元件符号，供以后在原理图编辑器下进行电路设计时调用。

（5）【Convert Programming Files】选项：转换编程文件。

2.【View】菜单

进行全屏显示或对窗口进行切换，包括项目导航窗口、任务窗口、消息窗口等，如图 3-13所示。

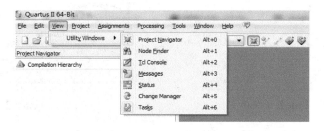

图 3-13 【View】菜单

3.【Project】菜单

完成对设计的工程文件的操作与管理，把当前文件添加到工程中，在工程中添加、删除文件、拷贝工程、导入/导出数据等，包括以下命令，如图 3-14 所示。

4.【Assignments】菜单

【Assignments】菜单如图 3-15 所示。

（1）【Device】选项：为当前项目选择目标器件。

（2）【Settings】选项：设置控制。可以使用它对工程、文件、参数等进行修改，还可以设置编译器、仿真器、时序分析、功耗分析等。

（3）【Pin Planner】选项：可以使用它将所设计电路的 I/O 引脚合理地分配到已设定器件的引脚上。

（4）【Assignment Editor】选项：任务编辑器。

图 3-14　【project】菜单

图 3-15　【Assign】菜单

5.【Processing】菜单

【Processing】菜单的功能是对所设计的电路进行编译和检查设计的正确性，如图 3-16 所示。

（1）【Stop Processing】选项：停止编译设计项目。

（2）【Start Compilation】选项：开始完全编译过程，这里包括分析与综合、适配、装配文件、定时分析、网表文件提取等过程。

（3）【Analyze Current File】选项：分析当前的设计文件，主要是对当前设计文件的语法、语序进行检查。

（4）【Compilation Report】选项：适配信息报告，通过它可以查看详细的适配信息，包括设置和适配结果等。

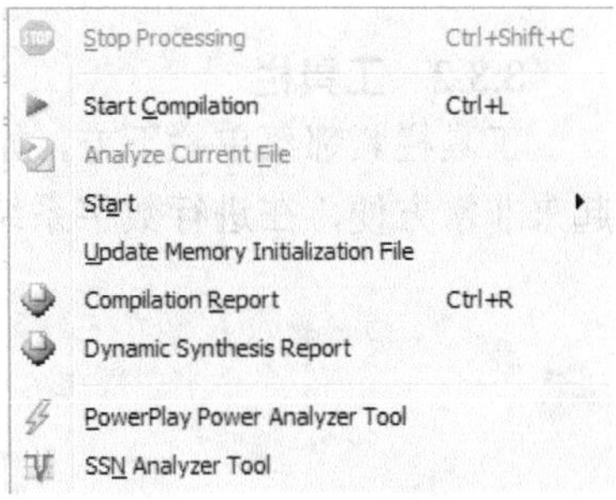

图 3-16　【Processing】菜单

（5）【Powerplay Power Analyzer Tool】选项：Powerplay 功耗分析工具。

（6）【Update Memory Initialization File】选项：更新存储器初始化文件。

（7）【Ssn Analyzer Tool】选项：同步开关噪声分析工具。

6.【Tools】菜单

【Tools】菜单如图 3-17 所示。

（1）【Run Simulation Tool】选项：运行 EDA 仿真工具，EDA 是第三方仿真工具。

（2）【Programmer】选项：打开编程器窗口，以便对 Altera 的器件进行下载编程。

（3）【Netlist Viewers】选项：网表查看器。

（4）【MegaWizard Plug-In Manager】选项：宏模块设置。

（5）【Advisors】选项：优化设置。

图 3-17　【Tools】菜单

3.3.2　工具栏

工具栏紧邻菜单栏下方，如图 3-18 所示，它其实是各菜单功能的快捷按钮组合区。使用起来非常方便，在进行数字系统设计的各个阶段经常会用到。

图 3-18　工具栏

工具栏各按钮的基本功能见表 3-1。

表 3-1　　　　　　　　　　　　　　工具栏各按钮的基本功能

（新建图标）	建立一个新的图形、文本、波形或是符号文件
（打开图标）	打开一个文件，启动相应的编辑器
（保存图标）	保存当前文件
（打印图标）	打印当前文件或窗口内容

	将选中的内容剪切到剪贴板
	将选中的内容复制到剪贴板
	粘贴剪贴板的内容到当前文件中
	撤销上次的操作
	单击此按钮后再单击窗口的任何部位，将显示相关帮助文档
	打开项目导航窗口。
	项目工程设置
	引脚分配
	完全编译
	分析综合编译
	门级仿真
	RTL 仿真
	产生编译报告
	编程下载
	开始时序约束分析
	引脚规划器

3.3.3　任务栏

用于显示各任务运行阶段的进度。

3.3.4　消息窗口

实时提供系统消息、警告及相关错误信息。

3.3.5　项目导航栏

包括三个可以切换的标签：Hierarchy，用于层次显示，提供逻辑单元、寄存器、存储器使用等信息；File 和 Design Units，工程文件和设计单元的列表；IP component，IP 组件列表。

3.4　Quartus II 13.0 工程设计入门

3.4.1　基于原理图的工程设计

1. 新建项目工程

下面以 2-4 译码器设计为例介绍设计流程。因 Quartus II 软件在完成设计、编译、仿真和下载等这些工作过程中，会有很多相关的文件产生，为了便于管理这些文件，在设计电路之前，先要建立一个项目工程（New Project），并设置好这个工程能正常工作的相关条件和环境。建立工程的方法和步骤如下：

（1）首先创建一个文件夹。在计算机本地硬盘创建一个文件夹用于保存下一步产生的工程项目文件，文件夹的命名及其保存的路径中不能有中文字符，本工程项目的所有文件都保存在这个文件夹中。

（2）再开始创建新项目工程。方法如图 3-19 所示，点击：【File】菜单，选择下拉列表中的【New Project Wizard...】命令，打开建立新项目工程的向导对话框。

图 3-19　新建项目工程

对话框提示选择项目工程保存目录、定义项目工程名称以及顶层实体名，如图 3-20 所示。

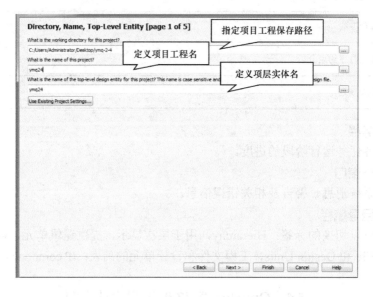

图 3-20　新建工程项目基本设置

第一栏选择项目工程保存的路径，方法是点击□按钮，选择在第一步建立的文件夹，第二栏（项目工程名称）和第三栏（顶层实体名）软件会默认为与之前建立的文件夹名称一致。没有特别需要，一般选择软件的默认设置。顶层实体名称必须与顶层文件的文件名一致，与VHDL 设计中的顶层实体名一致，这一点需要特别注意。另外实体名称也不能为中文，不能使用 VHDL 的关键字或者与 Quartus Ⅱ 设计库中的模块名称相同，否则软件的后面编译会出错。完成以上命名工作后，点击 Next，进入下一步，如图 3-21 所示。

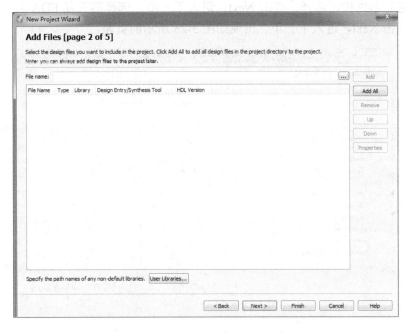

图 3-21　【加入文件】对话框

这一步的工作是将之前已经编辑好的设计文件添加到本项目工程中来，通过点击 Add 按钮，将已经编辑好的设计文件添加到本项目工程里来。若没有编辑好的文件，就点击 Next按钮，进入下一步，如图 3-22 所示。

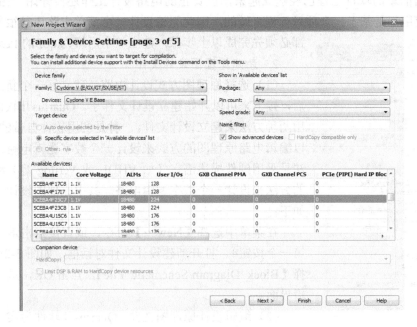

图 3-22　目标器件选择对话框

这一步的工作是指定目标器件型号，根据开发板或者实验箱安装的 **FPGA** 或者 **CPLD** 器件型号来指定。在此对话框也可以根据器件的系列、器件的封装形式、引脚数目和速度级别等约束条件进行器件快速选择。点击 Next，进入下一步，选择第三方 EDA 开发工具，如不需要，直接点击 Next，进入下一步。出现如图 3-23 所示的页面。

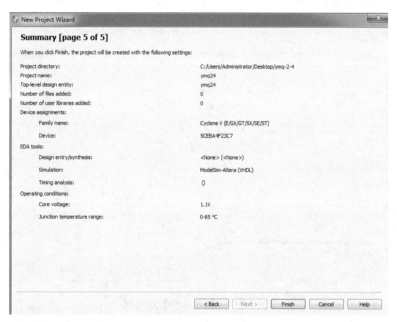

图 3-23 【新建工程文件摘要】对话框

该页面显示前面所做的项目工程设置内容，点击 Finish，完成新建项目工程的任务。至此一个空白的新的项目工程已经建立起来，但真正的电路设计工作还没开始。由于 Quartus Ⅱ软件的应用都是基于一个项目工程来做的，因此无论设计一个简单电路还是很复杂的电路都必须先完成以上步骤，建立一个后缀为.qpf 的 Project File。

图 3-24 新建设计文件类型选择

2. 新建原理图设计文件

（1）选择原理图方式设计电路。建立好一个新的项目工程后，接下来可以开始建立设计文件了。Quartus Ⅱ软件一般主要用两种方法来建立设计文件，一种是利用软件自带的元器件库，以编辑电路原理图的方式来设计一个数字逻辑电路；另一种方法是采用硬件描述语言（如 VHDL 或 Verilog 等）编写源程序的方法来设计一个数字逻辑电路。其中原理图设计方法和步骤如下：

在菜单中选择【New…】命令，或直接点击常用工具栏的第一个按钮，打开新建设计文件对话框，如图 3-24 所示。选择【Block Diagram/Schematic File】，点击 OK，进入原理图编辑界面。

（2）编辑设计原理图文件。Quartus Ⅱ软件为实现不同的逻辑功能提供了大量的基本单元符号和宏功能模块，设计者可以在原理图编辑器中直接调用，如基本逻辑单元、中规模器件及参数化模块（LPM）等。下面采用原理图设计方法设计一个"2-4 线译码器"电路。进入编辑原理图的界面如图 3-25 所示，从图中可以找到常用的绘图工具及其快捷键，来完成电路原理图的创建。绘图工具功能如图 3-26 所示。

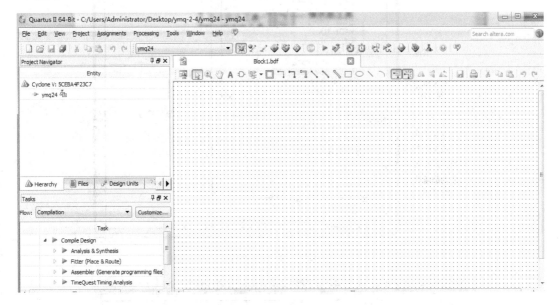

图 3-25　原理图编辑输入界面

图标	功能	图标	功能
⌖	选择工具	A	文本工具
⌾	插入符号	＼	对角线工具
⌐	单条连线	⌐	数组连线
＼	弧形工具	⌖	橡皮筋功能
⌐	部分连线	⌕	放大缩小
▢	全屏显示		

图 3-26　绘图工具功能

1）调用符号元件，可以采用如下三种方法调用符号元件：

①双击鼠标的左键，弹出【Symbol】对话框。

②单击鼠标右键，在弹出的选择对话框中选择【Insert-Symbol】，弹出【Symbol】对话框。

③点击绘图工具 ⌾，弹出【Symbol】对话框，如图 3-27 所示。

其中，宏功能函数（megafunctions）库中包含多种可直接使用的参数化模块；其他库中包含与 Maxplus2 软件兼容的所有中规模器件，如 74 系列的符号；基本单元符号（primitives）库中包含所有的 Altera 基本图元。

用鼠标点击单元库前面的"＋"号，展开单元库，用户可以选择所需的图元或符号，该符号则显示在右边的窗口，用户也可以在符号名称框里输入所需要的符号名称，点击 OK 按钮，所选择的符号将显示在图形编辑器的工作区域，如图 3-28 所示。

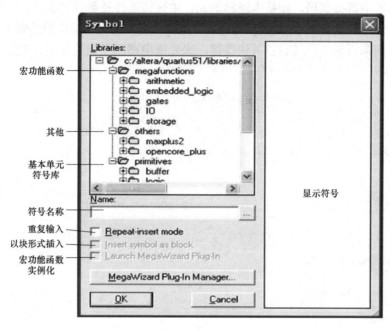

图 3-27　调用元件库

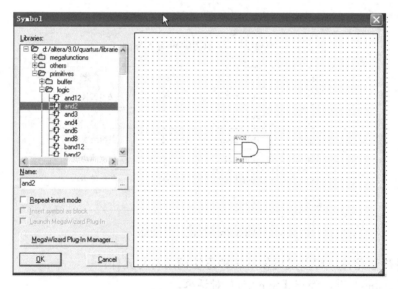

图 3-28　放置元件

2）点击 OK 按钮，将其放到原理图的适当位置。重复操作，放入另外三个 2 输入与门。也可以通过右键菜单的 Copy 命令复制得到。

3）双击原理图的空白处，打开元件对话框。在 Name 栏目中输入 not，会得到一个非门。点击 OK 按钮，将其放入原理图适当位置，把所有的元件都放好之后，开始连接电路。将鼠标指到元件的引脚上，鼠标会变成"十"字形状，按下左键，拖动鼠标，就会有导线引出。根据要实现的逻辑，连接好电路图，如图 3-29 所示。如果需要删除某一根连接线，单击这根连接线并按 Delete 键即可。

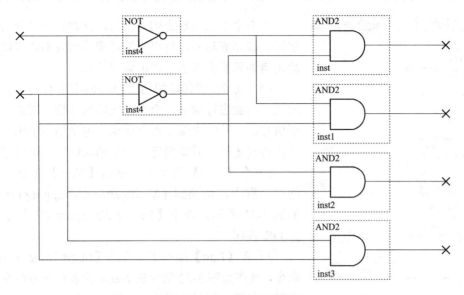

图 3-29　2-4 译码器电路图

4）双击原理图的空白处，打开元件对话框。在 Name 栏目中输入 Input 和 Output，调出输入和输出引脚，给电路接上输入和输出引脚。双击输入和输出引脚，会弹出一个属性对话框。在这一对话框上，更改引脚的名字。分别给 2 个输入引脚取名 A 和 B。四个输出引脚分别命名为 OUT1、OUT2、OUT3、OUT4。如图 3-30 所示。对于 n 位总线和总线引脚的命名，可以采用 A1［n-1..0］的形式，A1 表示总线引脚名。

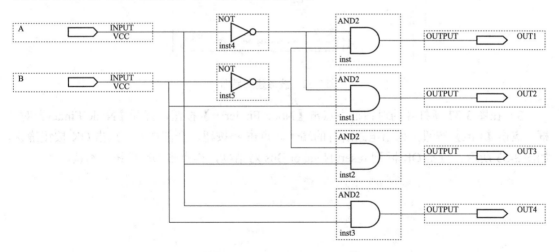

图 3-30　2-4 完成原理图输入

至此已经完成设计一个"2-4 译码器"的电路原理图，设计完成后，需要保存文件或者重新命名设计文件。接下来要做的工作是对设计好的原理图文件进行项目工程分析综合和电路功能仿真。

（3）分析综合。设计好的电路若要让软件能认识并检查设计的电路是否有错误，需要进行项目工程编译（分析综合），Quartus Ⅱ软件能自动对我们设计的电路进行编译和检查设计的正确性。

图 3-31　波形文件的建立

点击常用工具栏上的 按钮，开始编译（分析综合）项目。编译成功后，将出现编译成功或者编译失败结果，给出错误和警告提示，点击确定按钮。

（4）仿真。仿真是指利用 Quartus II 软件对设计的电路的逻辑功能进行验证，查看在电路的各输入端加上激励电平信号后，其输出端是否有正确的电平信号输出。因此在进行仿真之前，需要先建立一个输入信号矢量波形文件。

1）在【File】菜单下，点击【New】命令。在弹出的对话框中，切换到【Verification/Debugging Files】页，如图 3-31 所示。选中【Vector Waveform File】选项，点击 OK 按钮。

2）在【Edit】菜单下，点击【Insert Node or Bus…】命令，或在如图 3-32 所示的 Name 列表栏下方的空白处双击鼠标左键，打开编辑输入、输出引脚对话框。

图 3-32　波形建立界面

3）在图 3-32 新打开的对话框中点击【Node Finder…】按钮，打开【Node Finder】对话框。点击【List】按钮，列出电路所有的端子。点击>>按钮，全部加入。点击 OK 按钮确认，如图 3-33 所示。点击 OK 回到 Insert Node or Bus 对话框，再点击 OK 按钮，确认。

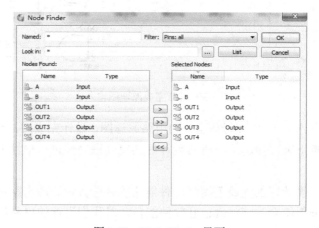

图 3-33　Node Finder 界面

4）设置仿真时间。选择好 I/O 后的波形图窗口，如图 3-34 所示。在波形仿真之前要设置合适的结束时间和每个栅格的时间。执行【Edit】/【End Time】命令，设置合适的仿真结束时间，如图 3-35 所示。执行【Edit】/【Grid Size…】命令，设置合适的栅格时间，如图 3-36 所示。

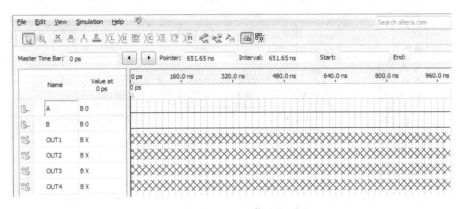

图 3-34　波形图窗口

图 3-35　仿真结束时间

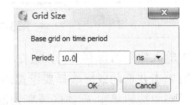

图 3-36　设置栅格时间

5）设置输入信号波形。设置输入信号波形要用到波形编辑器，波形编辑器按钮说明，如图 3-37 所示。

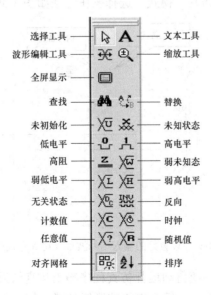

图 3-37　波形编辑器工具栏

选中 A 信号，在 Edit 菜单下，选择【Value=>Clock…】命令。或直接点击左侧工具栏上的 按钮。在随后弹出的对话框的 Period 栏目中设定参数为10ns，点击 OK 按钮。B 也用同样的方法进行设置，Period 参数设定为5ns，如图 3-38 所示。

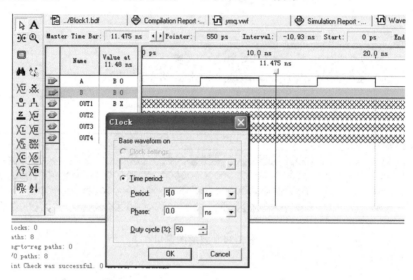

图 3-38　设置输入信号波形

设置输入信号后保存文件，文件名默认后缀为.VWF。也可以手动设置输入信号波形，用鼠标左键单击并拖动鼠标选择要设置的区域，单击工具箱中按钮 ，则该区域变为高电平，单击工具箱中按钮 ，则该区域变为低电平。其他输入参数设置参考图 3-37。

6）设置时序仿真和功能仿真。Quartus II 软件集成了电路仿真模块，电路有两种模式：时序仿真和功能仿真，时序仿真模式按芯片实际工作方式来模拟，考虑了元器件工作时的延时情况，而功能仿真只是对设计电路的逻辑功能是否正确进行模拟仿真。在验证设计的电路是否正确时，常选择"功能仿真"模式。选择操作方法如图 3-39 所示。

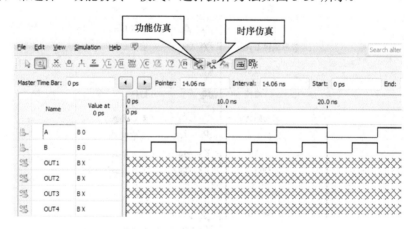

图 3-39　设置好的输入信号波形及仿真方式选择

点击功能仿真按钮后，系统自动运行仿真程序输出仿真结果对话框，观察仿真结果，对比输入与输出之间的逻辑关系是否符合电路的逻辑功能，如图 3-40 所示。

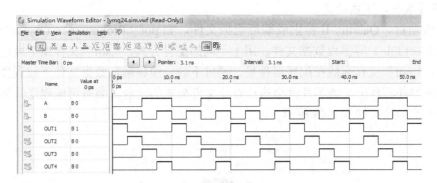

图 3-40　"2-4 译码器"仿真结果

（5）生成元件符号。在当前设计文件界面下，执行【File】/【Creat/Update】/【Creat Symbol Files For Current File】命令如图 3-41 所示，可以将本设计电路封装成一个元件符号，供以后在原理图编辑器下进行设计时调用，如图 3-42 所示。生成的符号存放在本工程目录下，后缀名为.bsf。

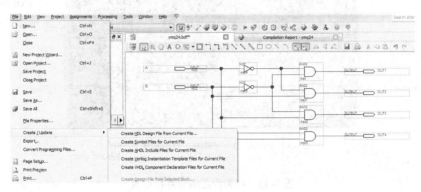

图 3-41　生成元件符号操作

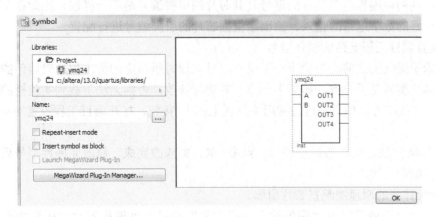

图 3-42　"2-4 译码器"元件符号调用

到此为止，基于 Quartus Ⅱ 软件的数字逻辑电路设计与功能仿真工作已经完成，但设计电路最终还要依托可编程逻辑器件（FPGA）来实现设计目的。因此接下来，还要把全编译后生成的.SOF 文件下载到芯片中进行硬件测试。

3. 器件编程，下载验证

编译成功后，Quartus II 将生成编程数据文件，如.pof（Programmer ObjectFile）和.sof（SRAM Object File）等编程数据文件，用于不同的配置方式。".sof" 文件由下载电缆下载到 FPGA 中；".pof" 文件存放在配置器件里。通过下载电缆将编程数据文件下载到预先选择的可编程逻辑器件芯片中，该芯片就会执行设计文件描述的功能。装有可编程逻辑器件芯片的开发板（或实验箱）如图 3-43 所示。

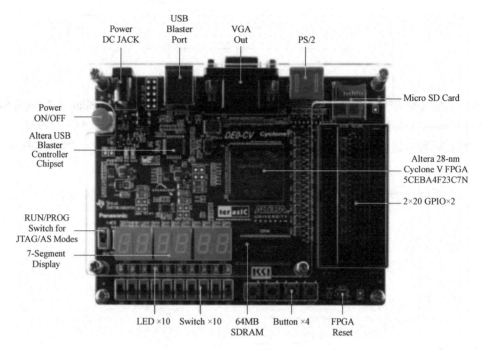

图 3-43　可编程逻辑器件核心板

由于不同的可编程逻辑器件的型号及其芯片的引脚编号是不一样的，因此在下载之前，先要对设计好的数字电路的输入、输出端根据芯片的引脚编号进行配置。

1）检查项目工程支持的硬件型号。

在开始引脚配置之前，先检查一下建立项目工程时所指定的可编程逻辑器件的型号与实验板上的芯片型号是否一致，如果不一致，要进行修改，否则无法下载到实验板的可编程逻辑器件中。修改的方法如下：点击常用工具栏上的 🔧 按钮，打开项目工程设置对话框，如图 3-44 所示。

如图 3-44 方法，选好芯片型号后，点击 OK，即修改完成。修改完硬件型号后，重新对项目工程再编译一次。

2）给设计好的原理图配置芯片引脚。

配置芯片引脚就是将原理图的输入端指定到实验板上可编程芯片与按键相连的引脚编号，将输出端指定到实验板上可编程芯片与 LED 发光二极管相连的引脚编号。方法如下：

点击常用工具栏上的 🖥 按钮，打开芯片引脚设置对话框，如图 3-45 所示：这里需要注意的是不同公司开发的实验板结构不同，采用的可编程芯片型号不同，因此芯片引脚与外部其他电子元件连接的规律不一样。为此一般实验板的开发者会提供一个可编程芯片（CPLD

或 FPGA）引脚分布及外接元件的引脚编号查找表。根据查找表，分别输入对应的引脚编号，每个引脚输入后需要回车确认。

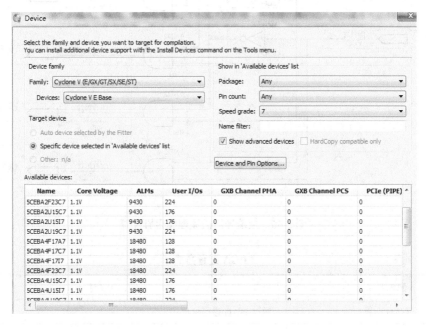

图 3-44　硬件型号确认

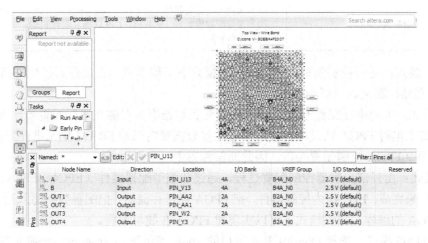

图 3-45　配置好的引脚图

　　配置好引脚以后，点击 ▶ 全编译一次，得到如图 3-46 所示的电路原理图。对于复杂电路在下载验证之前可以进行时序仿真，进行仿真测试。

　　3）连接实验板，下载设计文件。

　　基于 SRAM 工艺的 FPGA 的一个特点是每次上电后都需要进行配置，根据 FPGA 在配置电路中的角色，可以将配置方式分为三类：JTAG 编程模式、主动编程模式（active serial configuration mode）和被动串行编程模式（passive serial configuraTIon mode）。配置方式见表 3-2。

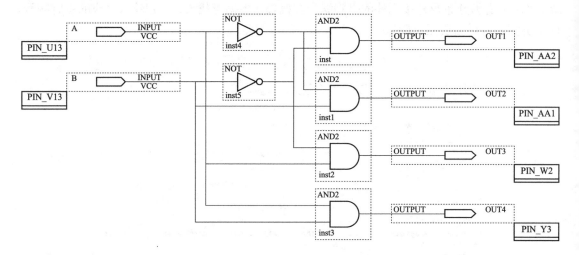

图 3-46　全编译后的原理图引脚配置

表 3-2　　　　　　　　　　　　　　　　　　FPGA 配置方式

配置方式	描　述
JTAG 配置	通过 JTAG 进行配置
主动串行配置（AS）	采用串行配置器件（EPCS1、EPCS4、EPCS16、EPCS64）
被动配置（PS）	（1）采用专用配置器件（EPC1、EPC2、EPC4、EPC8、EPC16）； （2）采用配置控制器（单片机、CPLD 等）配合 Flash； （3）下载电缆

JTAG 模式：是一种实验调试模式，在该模式下下载器将编程文件直接烧写到 FPGA 内部 SRAM 存储，断电后数据会丢失。

AS 模式：主动串行配置方式（AS）是将配置数据事先存储在串行配置器件 EPCS 中，然后在系统上电时 FPGA 通过串行接口读取配置数据对内部的 SRAM 单元进行配置。因为上述配置过程中 FPGA 控制配置接口，因此通常称为主动配置方式。

PS 模式：由外部控制器控制配置过程，通过加强型配置器件（EPC4、EPC8、EPC16）等配置器件来完成。EPC 作为控制器，把 FPGA 当作存储器，把配置数据写入到 FPGA 中，实现对 FPGA 的编程。在该模式下可以实现对 FPGA 在线可编程。

针对 JTAG 模式，选择 Quartus Ⅱ 主窗口的 Tools 菜单下的 Programmer 命令或点击 🐾 图标，进入器件编程和配置对话框，如图 3-47 所示。如果此对话框中的 Hardware Setup 后为"No Hardware"，则需要选择编程的硬件。点击 Hardware Setup，进入 Hardware Setup 对话框，如图 3-47 所示，在此添加硬件设备。配置编程硬件后，选择下载模式，在 Mode 中指定的编程模式为 JTAG 模式。确定编程模式后，单击 🗂 Add File... 添加相应的.sof 编程文件，然后点击 ▶️ Start 图标下载编程文件到器件中，Progress 进度条中显示编程进度，编程下载完成后就可以进行目标芯片的硬件验证了。

针对 AS 模式，选择 Quartus Ⅱ 主窗口 Assignments 菜 Device 命令，进入 Settings 对话框的 Device 页面进入 Device and Pin Options 进行设置，如图 3-48 所示。

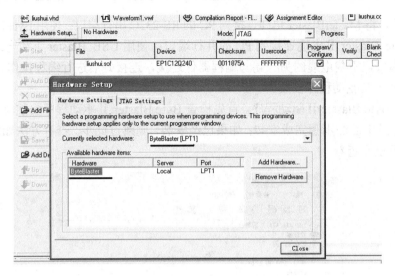

图 3-47　编程下载对话框

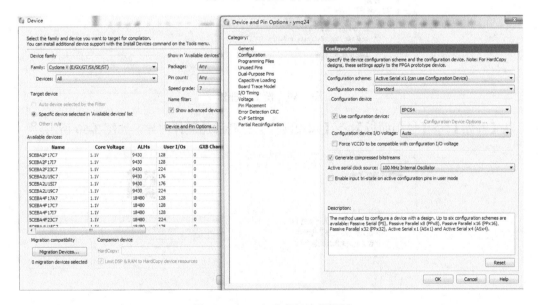

图 3-48　AS 主动串行编程设置

选择编程模式为 Active Serial Program，单击 添加相应的.pof 编程文件，单击图标 ▶ Start 下载设计文件到器件中，Process 进度条中显示编程进度。下载完成后程序固化在 EPCS 中，开发板上电后 EPCS 将自动完成对目标芯片的配置，无须再从计算机上下载程序。

4. 实验准备工作

（1）实验平台电源连接。

打开 FPGA 实验箱，拿出实验箱标配的电源线，将电源线的一头插到实验箱后侧的电源接口，另一端接到 220V/Hz 的电源插座上，然后打开实验箱的电源开关。

（2）编程连接。

在进行编程操作之前，首先将下载电缆的一端与 PC 对应的端口进行连接。使用 MasterBlaster

下载电缆编程，将 MasterBlaster 电缆连接到 PC 的 RS-232C 串行端口；使用 Byte Blaster II 下载电缆，将 Byte Blaster II 电缆连接到 PC 的并行端口；使用 USB Blaster 下载电缆，则连接到 PC 的 USB 端口，下载电缆的另一端与编程器件连接，连接好后进行编程操作。

（3）下载工具驱动程序安装。

1）安装 Byte Blaster II 驱动程序。首先检查 Byte Blaster II 驱动程序安装没有，如果没有安装，可以通过下面的步骤完成安装；如果已经安装，则跳过此步。查看方法如图 3-49 所示，在设备管理器里面查看。

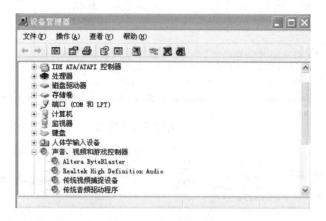

图 3-49　设备管理器

从【开始】>>【控制面板】>>【添加硬件】打开添加硬件向导，如图 3-50 所示。

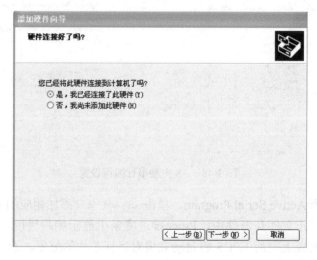

图 3-50　添加硬件向导

选择"是，我已经连接了此硬件（Y）"选项，按"下一步"按钮继续其他设置，设置过程如图 3-51 所示。

①添加新的硬件设备。

②手动选择硬件，如图 3-52 所示。

③选择硬件类型，如图 3-53 所示。

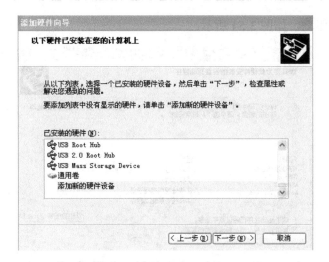

图 3-51　添加新的硬件设备

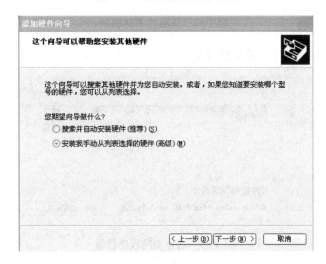

图 3-52　手动选择硬件

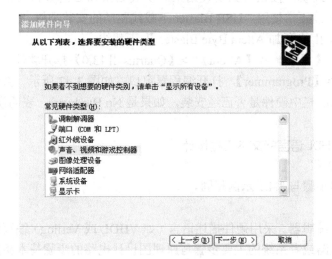

图 3-53　选择硬件类型

④从磁盘安装驱动，如图 3-54 所示。

图 3-54　从磁盘安装驱动

⑤选择驱动程序目录，如图 3-55 所示。

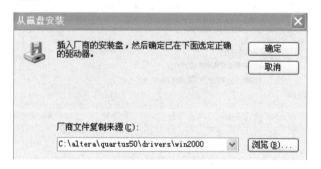

图 3-55　选择驱动程序目录

最后一直按"继续"按钮直到安装结束。安装结束以后需重新启动电脑，Altera Byte Blaster Ⅱ 下载线才能正常使用。USB Blaster 下载线驱动的安装类似。

2）在 Quartus Ⅱ 中添加 Altera Byte Blaster Ⅱ 下载线。

从【开始】>>【程序】>>【Altera】>>【Quartus Ⅱ 13.0】打开软件，在 Quartus Ⅱ 软件中选择【Tools】>>【Programmer】，打开编程器窗口，如图 3-47 所示。查看编程器窗口左上角的 Hardware Setup 栏中硬件是否已经安装，如果是 No Hardware，表明没有安装下载电缆，需要安装下载电缆。

3.4.2　基于 VHDL 语言的文本工程设计

1. 新建项目工程

项目工程新建步骤与 3.4.1 示例相同。

2. 工程设计

（1）打开文本编辑器。采用硬件描述语言（如 VHDL 或 Verilog）编写源程序的方法来设计一个数字逻辑电路或者系统的主要步骤与原理图设计电路的步骤基本相同，只是两者的输入形式有所不同。选择用 VHDL 文本方式设计电路，如图 3-56 所示。

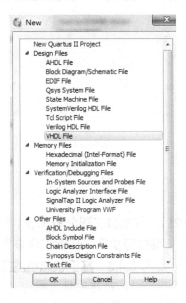

图 3-56　设计文件输入方式选择

（2）编辑文本文件。如图 3-57 所示，在编辑器上完成程序编写后，保存文件（文件名与实体名相同）。

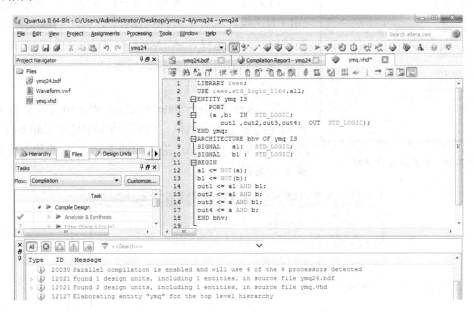

图 3-57　"2-4 线译码器"文本编辑

"2-4 线译码器" 参考程序：

```
LIBRARY ieee;
USE ieee.std_logic_1164.all;
ENTITY ymq IS
    PORT
                (a ,b: IN STD_LOGIC;
    out1 ,out2,out3,out4: OUT STD_LOGIC);
```

```
END ymq;
ARCHITECTURE bhv OF ymq IS
SIGNAL  a1: STD_LOGIC;
SIGNAL  b1 : STD_LOGIC;
BEGIN
    a1 <= NOT(a);
    b1 <= NOT(b);
    out1 <= a1 AND b1;
    out2 <= a1 AND b;
    out3 <= a AND b1;
    out4 <= a AND b;
END bhv;
```

（3）文本文件编辑保存完成后进行项目工程分析综合、仿真、引脚配置、全编译、下载测试等步骤。详细步骤参考 3.4.1。

图 3-58　状态机文件选择

3.4.3　基于状态机的工程设计

1. 新建项目工程

步骤与 3.4.1 示例相似。

2. 输入状态机

本例利用状态机编辑器设计一个 5 位二进制计数器。

（1）建立文件：选择 File→New 命令，或者用快捷键 ctrl＋N，或者单击工具栏的图标$\boxed{\textsf{D}}$，弹出新建文件对话框，在该对话框中选择 State Machine File 并单击 ok 按钮，进入如图 3-58 所示的状态机编辑窗口。

（2）创建状态机。

1）选择 Tools→State Machine Wizard 命令，打开状态机创建向导选项对话框。在该对话框中选中 Edit an Existing State Machine Design，进入如图 3-59 所示的状态机向导步骤 1 对话框。

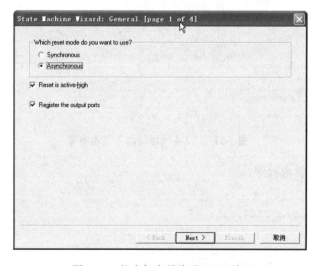

图 3-59　状态机向导步骤 1 对话框

2）在图 3-59 中，选择复位 reset 信号模式：同步（Synchronous）或者异步（Asynchronous），本例选择异步；选择 reset 为高电平有效（Reset is active-high）；选择输出端的输出为寄存器方式（Register）。设置完成后单击 Next 按钮，进入如图 3-60 所示的状态机转换设置对话框。

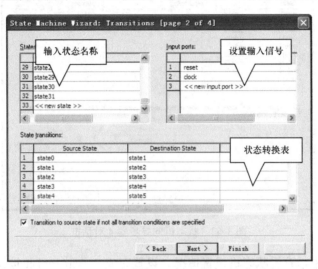

图 3-60　状态机向导步骤 3 对话框

3）在图 3-60 中，在 State 栏中输入状态名称 State0～state31，在输入端口（Input ports）栏中取默认情况，在状态机转换表输入状态转换，转换条件默认。设置完成后单击 Next 按钮，进入如图 3-61 所示对话框。

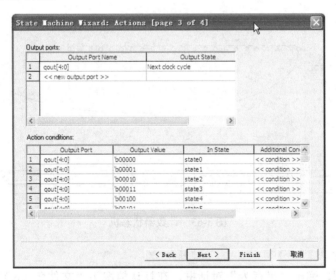

图 3-61　状态机向导步骤 3 对话框

4）在图 3-61 中，在输出端口 Output ports 栏的 Output Port Name 下输入输出向量名称 qout [4：0]，在输出状态（Output State）下选择 Next clock cycle；在状态输出（Output Value）下输入各个状态对应输出编码。设置完成后单击 Next 按钮，进入如图 3-62 所示的状态机生成向导结束对话框。

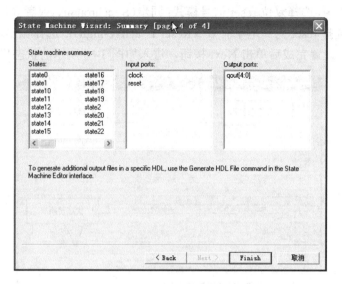

图 3-62　状态机向导步骤 4 对话框

5）在图 3-62 中，查看状态机设置情况。设置完成，单击 Finish 按钮，关闭状态机生成向导，生产的状态机如图 3-63 所示。

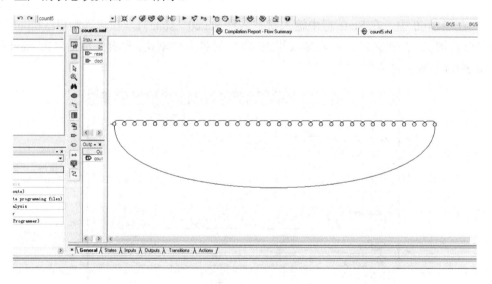

图 3-63　计数器状态机

（3）保存文件。

单击保存按钮，弹出"另存为"对话框，在默认情况下"文件名（N）"文本框中的文件名为 cnt4b_state，"保存类型"为.smf，选择 Add File to Current Project。单击"保存"按钮，完成文件的保存。

（4）生成 HDL 文本。

选择 Tools→Generate HDL File 命令。在此对话框中选择产生程序代码 HDL 语言的种类（VHDL、Verilog HDL 或者 System Verilog），单击 ok 按钮，自动生成与状态机文件名相同的

VHDL 语言程序文件 cnt4b_state.vhd 并在文本编辑窗口打开。

3. 编译工程文件

4. 仿真测试

5. 分配引脚并编程下载测试

3.4.4　基于 LPM 的工程设计

为了减轻设计开发者的工作量，设计厂商在 EDA 开发软件中提供了一些可配置使用的 IP（Intellectual Property）核，一般包括基本功能模块、运算单元、存储单元、时钟锁相环等，使用这些 IP 核不仅能够减轻开发者的工作量，提高工作效率，还能提高系统的可靠性。Altera 公司提供的 Mega Wizard Plug-In Manager 工具和 Xilinx 公司 ISE 开发软件提供的 Core Generater 工具均可进行 IP 核的配置调用。下面采用 LPM 模块方式设计一个 100 进制计数器项目。

1. 新建项目工程

步骤与 3.4.1 示例相同。

2. 定制 LPM 宏功能模块及其应用

（1）打开 MegaWizard Plug-In Manager。

在 Quartus Ⅱ 13.0 主窗口中选择 Tools→MegaWizard Plug-In Manager 命令，弹出如图 3-64 所示的对话框，选中"Create a new custom megafunction variation"选项。

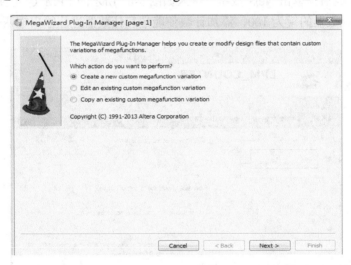

图 3-64　MegaWizard Plug-in Manager 对话框

"Edit an existing custom megafunction variation"项，表示编辑修改一个已有的宏功能模块。"Copy an existing custom megafunction variation"项，表示复制一个已有的宏功能模块。本例中选择第一项，单击 Next 按钮，弹出如图 3-65 所示的宏功能模块选择窗口。

在图 3-65 所示窗口中，左侧列出了可供选择的 LPM 宏功能模块的类型，包括已安装的组件（Instaled Plug-Ins）和未安装的组件（Ip Megastore）。已安装的组件包括 Altera SOPC Builder、算术运算组件、通信类组件、DSP 组件、基本门类组件、I/O 组件、接口类组件、存储编译器组等。未安装的组件部分是 Altera 的 IP 核。本例设计计数器属于运算单元，选择 Installed Plug-Ins→Arithmetic→LPM_COUNTER。调用的计数器的名称为 cnt100。

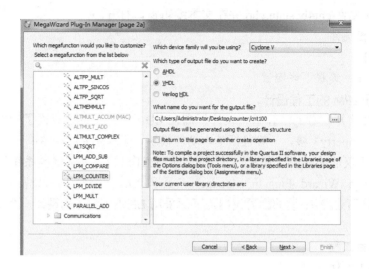

图 3-65   宏功能模块选择窗口

（2）COUNTER 参数配置。

参数配置如图 3-66 所示，设置输出端 q 的数据宽带为 7 位，选择计数方式为加法计数器 Up only。设置完成后，单击 Next 按钮，进入如图 3-67 所示的 LPM_COUNTER 的计数使能设置界面，设置计数器的模为 100，添加计数使能端和计数器进位输出端两个控制端。

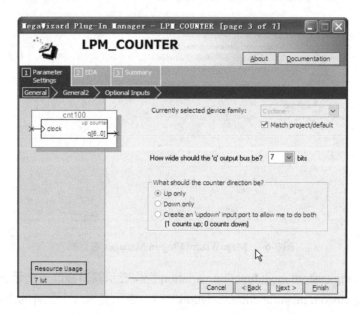

图 3-66   LPM_COUNTER 输出位数与计数方式设置对话框

（3）在图 3-67 中，设置计数器的类型（计数器的模）和计数器的控制端。本例中设置计数器的模为 100，添加计数使能端和计数器进位输出端两个控制端。

（4）在 Synchronous inputs 中选择 load，在 Asynchronous inputs 中选择 Clear。设置完成后，单击 Next 按钮，进入如图 3-68 所示的是否产生网络列表对话框。

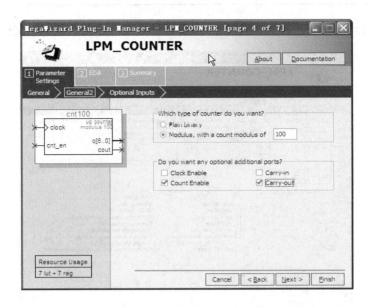

图 3-67 寄存器清零端设置对话框

图 3-68 产生网络列表对话框

（5）在图 3-68 中，勾选 Generate netlist，单击 Next 按钮，进入如图 3-69 所示的对话框。

（6）在图 3-69 中，选择要生成的文件种类，其中文件名含义如下：

cnt100.vhd：在 VHDL 语言设计中例化的宏功能模块的包装文件。

cnr100.inc：在 AHDL 语言设计中例化的宏功能模块的包装文件。

cnt100.cmp：元件声明文件。

cnt100.bsf：quartus Ⅱ 元件的符号文件。

cnt100_inst.vhd：宏功能模块的实体的 VHDL 例化文件。

cnt100waveforms.html：在 IE 浏览器中查看设计结果时序图及其说明文件。

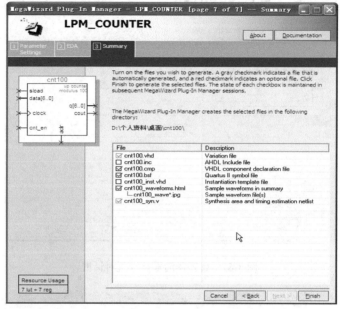

图 3-69　LPM_COUNTER 设置向导结束对话框

（7）建立原理图文件。

（8）调用 LPM 模块的图形符号，如图 3-70 所示。

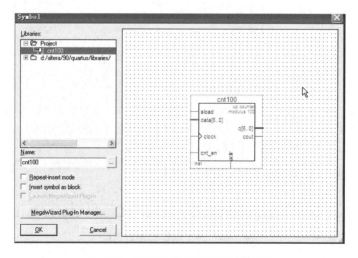

图 3-70　选择电路元器件符号对话框

（9）添加输入输出引脚。在 LPM 宏功能模块实例化符号 cnt1oo 上单击鼠标右键，在弹出菜单中选择 Generate pins for current symbol ports 命令并执行，此时所有的输入输出引脚都加上了相应的端口名称，如图 3-71 所示，保存文件。

3．分析综合工程文件

4．仿真

对该工程文件进行仿真测试，结果如图 3-72 所示。

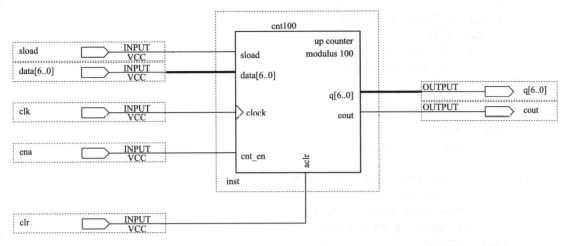

图 3-71　LPM 宏功能模块实现 100 进制的计数器

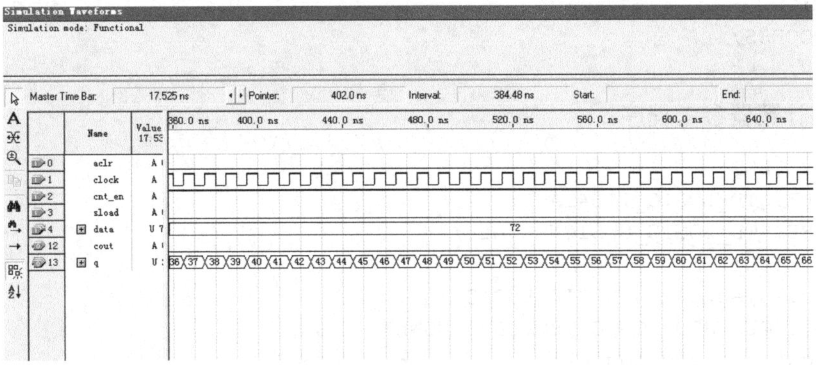

图 3-72　100 进制的计数器功能仿真测试波形

5. 分配引脚并编程下载测试

对本项目进行引脚配置、全编译、下载测试等步骤，详细步骤参考 3.4.1。

3.4.5　基于混合模式的工程设计

原理图设计方式直观、逻辑清晰，但是系统较复杂时设计困难。文本设计方式灵活、功能强大、方便修改便于进行复杂数字系统设计。因此在层次化设计时，一般底层模块采用文本方式设计而顶层文件采用原理图方式设计。下面采用混合模式设计一个分频计数项目。

1. 新建项目工程

步骤与 3.4.1 示例相似。

2. 工程设计

（1）选择用 VHDL 文本方式设计底层电路模块。

用硬件描述语言（如 VHDL 或 Verilog）编写源程序的方法来设计项目的底层模块：分频模块和计数模块。

（2）编辑文本。

16 分频器参考程序：

```
LIBRARY ieee;
USE ieee.std_logic_1164.all;
```

```
USE ieee.std_logic_unsigned.all;
ENTITY cnt10 IS
PORT    (clock: IN STD_LOGIC ;
           q1hz: OUT STD_LOGIC);
END cnt10;
ARCHITECTURE bhv OF cnt10 IS
BEGIN
PROCESS(clock)
     VARIABLE cout:INTEGER:=1;
BEGIN
IF clock'EVENT AND clock= '0' THEN
           cout:=cout+1;
   IF cout<=8 THEN q1hz <= '0';
       ELSIF cout<16 THEN q1hz<='1';
   ELSE cout:=0;
END IF;
END IF;
END PROCESS;
END bhv;
```

10 进制计数器参考程序：

```
LIBRARY IEEE;
USE IEEE.STD_LOGIC_1164.ALL;
USE IEEE.STD_LOGIC_UNSIGNED.ALL;
ENTITY count IS
PORT( clk ,en,clr: IN STD_LOGIC;
     q : OUT STD_LOGIC_VECTOR(3 DOWNTO 0);
     cout:out std_logic);
END ENTITY count;
ARCHITECTURE bhv OF count IS
SIGNAL q1 : STD_LOGIC_VECTOR(3 DOWNTO 0);
BEGIN
PROCESS(clk,en,clr)
BEGIN
If clr='1' then q1<=(others =>'0');
       elsif (clk'event and clk='1')then
  If en='1' then
   if q1<9 then q1<=q1+1;
          else  q1<=(others =>'0');
   End if;
  End if;
End if;
    if q1=9 then cout<='1';
            else cout<='0';
    end if;
    q<=q1;
End process;
End bhv;
```

（3）对两个 VHDL 文件分别分析综合，创建符号文件。

执行【File】/【Creat/Update】/【Creat Symbol Files For Current File】命令，将 16 分频器

和 10 进制计数器分别封装成一个元件符号，供原理图编辑器下进行层次设计时调用。生成的符号存放在本工程目录下，后缀名为.bsf。

（4）两个底层模块分别仿真，步骤与 3.4.2 示例相似。

（5）系统顶层模块设计。

新建 block 原理图文件，如图 3-73 所示，对生成的两个元件符号进行连接，形成系统的顶层原理图文件。

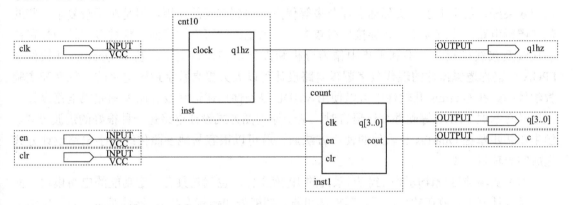

图 3-73　系统顶层原理图文件

（6）分配引脚并编程下载测试。

对本项目引脚配置、全编译、下载测试等步骤，详细步骤参考 3.4.1。

本章分别采用 Quartus Ⅱ 13.0 软件的原理图、VHDL 语言、状态机、LPM 宏功能模块定制以及混合模式 5 种方式进行了简单的实验项目设计。在实验项目中详细描述了各种方式的设计步骤以及优缺点，为后续章节的实验项目设计提供了方法指导。

第4章 FPGA平台原理图方式数字逻辑实验

数字逻辑设计实验中，基于TTL和CMOS中小规模集成芯片的传统教学方式因其直观认知效果好、易于上手、实际动手环节多等优点，得到广泛的使用。但是对于较复杂一些的数字逻辑电路，传统实验方式连接导线较多，导致电路的可靠性降低，将过多的精力耗费在插接线及接线排查时，不利于集中精力分析和设计数字逻辑关系。基于Quartus II软件和FPGA可编程逻辑器件的现代数字逻辑电路设计可以大大提高数字逻辑电路的可靠性和实验教学效率。在Quartus II软件中可以使用VHDL等硬件描述语言或者原理图完成电路设计，在还没有掌握VHDL等硬件描述语言时，基于原理图方式设计电路是一种很好的过渡方式。学生在初步掌握Quartus II软件的使用方法后，就可以很容易地参照传统数字电路设计方式完成实验项目。

本章实验项目设计均要用到74系列的IP库文件，也就是具有一定功能的电路模块。前人已经设计好了，放在软件库里，其外部引脚、功能表和传统实物IC器件基本一致。使用者完成设计后进行引脚分配就可以在FPGA实验板上测试其逻辑功能。

4.1 实验1 基本逻辑门电路测试与设计

1. 实验目的

（1）熟悉Quartus II和FPGA基本门电路的使用。

（2）掌握门电路简单组合电路设计方法。

（3）掌握原理图的层次化设计方法。

2. 实验内容

（1）三输入与门、三输入或门，非门的逻辑功能测试。

（2）基于门电路设计四舍五入判别电路并进行硬件测试。

（3）基于门电路设计优先权排队电路并进行硬件测试。

（4）基于门电路设计一位数值比较器电路并进行硬件测试。

（5）基于门电路设计一位半加器和全加器电路并进行硬件测试。

（6）基于层次化方法设计一位全加器电路并进行硬件测试。

3. 实验仪器

（1）PC机及Quartus II开发软件。

（2）DE0_CV FPGA开发平台一台。

4. 实验原理

（1）基本门电路。三输入与门、三输入或门及非门基本门电路原理图，如图4-1所示。

（2）四舍五入判别电路，如图4-2所示。当电路D3-D0（从高到低）输入的8421BCD码的数值大于等于5时；Y输出高电平，否则为低电平。

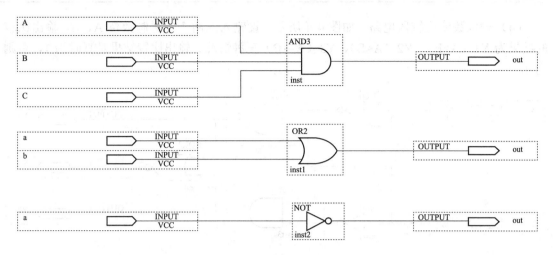

图 4-1　基本门电路测试原理图

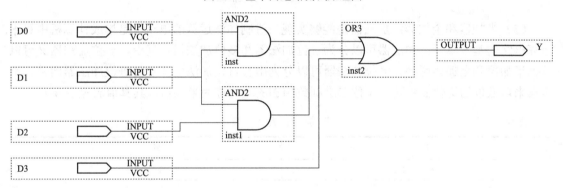

图 4-2　四舍五入判别电路

（3）优先权排队电路，如图 4-3 所示。电路的 A、B、C 三个输入信号，A 的优先级最高，B 次之，C 最低。无论 A、B、C 怎样排列输入，最高优先级输入高电平对应的输出量始终有效，且输出为高电平，其他输出量始终为低电平。如当 A 为高电平时，lamp1 输出高电平，其他输出量无论 B、C 怎样变化，输出 lamp2、lamp3 始终为低电平。当 A 为低电平时 B 输入才有效，同样，当 A、B 为低电平时 C 输入才有效。

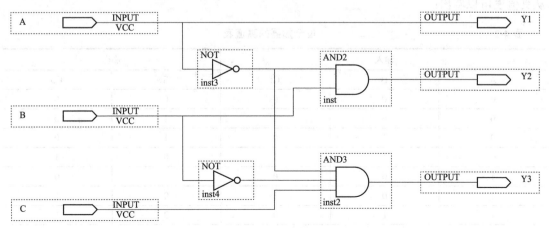

图 4-3　优先权排队电路

（4）一位数值比较器电路，如图 4-4 所示。设输入的两个二进制数位 A、B，输出比较的结果为 Y1（A>B）、Y2（A<B）、Y3（A＝B）三种情况。输出比较结果是真时为 1，否则为 0。

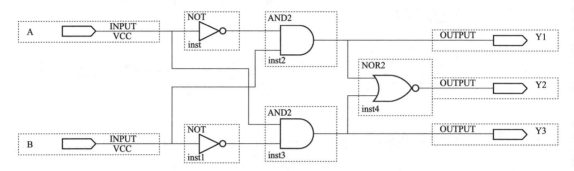

图 4-4 一位数值比较器电路

（5）半加器和全加器：加法器是能够实现二进制加法运算的电路，是构成计算机中算术运算电路的基本单元。加法器可以分为一位加法器和多位加法器。其中，一位加法器又可以分为半加器和全加器两种，多位加法器可以分为串行进位加法器和超前进位加法器两种。不考虑来自低位的进位而将两个 1 位二进制数相加的电路称为半加器，其真值表见表 4-1。

表 4-1　　　　　　　　　　　　　　　　半 加 器 真 值 表

输　入		输　出	
B	A	S	Co
0	0	0	0
0	1	1	0
1	0	1	0
1	1	0	1

从真值表可以看出：
$$\begin{cases} S=\overline{A}B+A\overline{B}=A \oplus B \\ Co=AB \end{cases}$$

考虑来自低位的进位而将两个 1 位二进制数相加的电路称为全加器，其真值表见表 4-2。从真值表可以看出：

表 4-2　　　　　　　　　　　　　　　　一位全加器的真值表

输入			输出	
A	B	Ci	S	Co
0	0	0	0	0
0	0	1	1	0
0	1	0	1	0
0	1	1	0	1
1	0	0	1	0
1	0	1	0	1
1	1	0	0	1
1	1	1	1	1

$$s = A \cdot \overline{B} \cdot \overline{C_i} + A \cdot B \cdot \overline{C_i} + \overline{A} \cdot \overline{B} \cdot C_i + A \cdot B \cdot C_i = A \oplus B \oplus C_i$$

$$Co = A \cdot B + A \cdot Ci + B \cdot Ci = (A \oplus B) \cdot C + A \cdot B = \overline{\overline{((A \oplus B) \cdot C)} \cdot \overline{A \cdot B}}$$

采用门电路完成半加器和全加器设计如图 4-5 和图 4-6 所示。

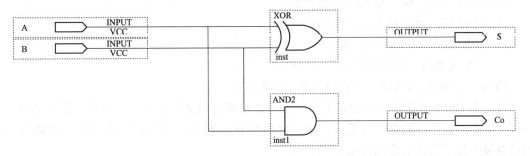

图 4-5　半加器电路图

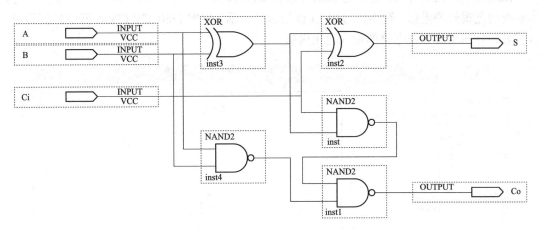

图 4-6　全加器门电路图

（6）串行进位一位全加器电路：利用 2 个半加器模块和简单逻辑门，采用串行进位的方式，可以完成一位全加器电路设计。全加器层次化设计电路图如图 4-7 所示。

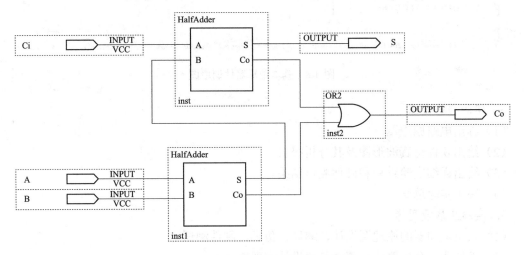

图 4-7　串行进位一位全加器电路图

5. 实验步骤

（1）针对实验设计内容要求，完成组合逻辑电路设计过程。

1）逻辑抽象：

①根据因果关系确定输入、输出变量。

②状态赋值：用 0 和 1 表示信号的不同状态。

2）根据实际功能列出真值表。

3）化简或变换（依据所拥有的元器件）。

4）根据化简后的函数表达式画出数字逻辑电路图。

（2）在 Quartus Ⅱ 软件中创建工程项目、新建原理图文件、编译、仿真、配置引脚、全编译、下载测试。LED 指示灯亮表示"1"（高电平），灯灭表示"0"（低电平）。打表格记录测试结果，验证设计电路是否正确。

在新建原理图文件时，基本逻辑器件放在 logic 库文件夹中，如图 4-8 所示。输入信号用实验板的逻辑开关模拟、输出信号用 LED 指示灯表示，根据 DE0_CV FPGA 开发板资源以及引脚表，分别配置各个电路的输入输出引脚。

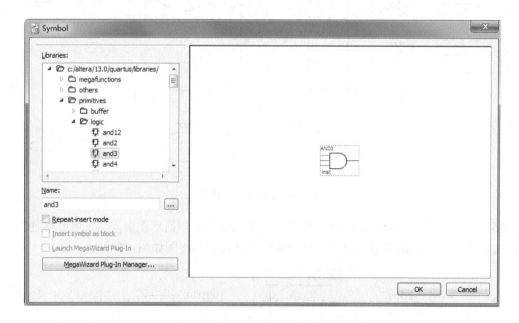

图 4-8　基本逻辑器件调用图

6. 实验报告要求

（1）画出电路原理图。

（2）给出软件仿真波形图及其分析报告。

（3）给出详细实验过程和硬件测试结果。

（4）写出实验总结。

7. 实验扩展及思考

（1）八位全加器的原理图设计、编译、仿真、硬件测试。

（2）半加器、全加器还有哪些其他设计实现方式？

（3）时序仿真波形图上出现什么现象？产生这种现象的原因是什么？如何消除？

4.2　实验 2　常用中小规模组合逻辑集成电路模块测试与设计

1. 实验目的

（1）熟悉常用小规模组合逻辑集成电路的功能逻辑。

（2）掌握较复杂数字逻辑电路的设计方法。

2. 实验内容

（1）设计并实现一个 8 路总线缓冲器。

（2）设计并实现一个 8-3 线优先编码器和 10-4 线 BCD 编码器。

（3）设计并实现 3-8 线译码器、4-10 线 BCD 译码器和 BCD-7 段码译码器。

（4）用双 4 选 1 数据选择器设计 8 选 1 数据选择器。

（5）用 74151 设计并实现 16 选 1 多路数据选择器。

3. 实验仪器

（1）PC 机及 Quartus Ⅱ开发软件。

（2）DE0_CV FPGA 开发平台一台。

4. 实验原理

（1）总线缓冲器：逻辑门的输出除了有高、低两种状态以外还可能有第三种状态——高阻态，这种逻辑门就是三态门。三态门处于高阻态时，其电阻很大，相当于该门和它的连接电路处于断开状态。计算机系统中各个部件要通过总线连接在一起，而总线只允许同时有一个使用者使用，当这个使用者使用总线时，其他连接在总线上的器件要处于断开状态。因此三态门是总线连接的最好解决方案。74244 具有三态输出，经常用作单向三态数据缓冲器，内部有 8 个三态驱动器，分成两组，分别由控制端 1G 和 2G 控制，其真值表见表 4-3。测试电路图如图 4-9 所示。

表 4-3　　　　　　　　　　　74244　真　值　表

Inputs		Outputs
$\overline{G}$	A	Y
L	L	L
L	H	H
H	X	Z

注　L 为低逻辑电平；H 为高逻辑电平；X 为高或低的逻辑电平；Z 为高阻抗。

（2）编码器电路：把状态或指令等转换为与其对应的二进制代码叫编码，完成编码工作的电路通称为编码器。编码以后的信号可以通信、传输和存储。常用的编码器有 4-2 线编码器、8-3 线优先编码器、16-4 线编码器等，下面用 8-3 线优先编码器和 10-4 线 BCD 编码器的设计来介绍编码器的设计方法。

1）8-3 线优先编码器的功能表见表 4-4，测试电路图如图 4-10 所示。

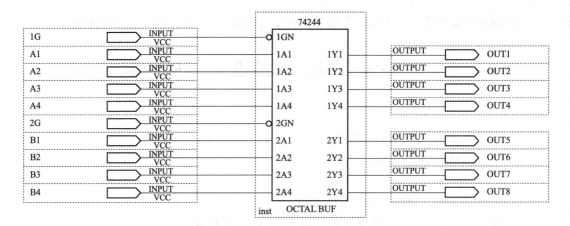

图 4-9　8 路单向三态数据缓冲器原理图

表 4-4　　　　　　　　　　　　　　　　8-3 线优先编码器真值表

	Inputs								Outputs				
EIN	0N	1N	2N	3N	4N	5N	6N	7N	A2N	A1N	A0N	GSN	EON
H	X	X	X	X	X	X	X	X	H	H	H	H	H
L	H	H	H	H	H	H	H	H	H	H	H	H	L
L	X	X	X	X	X	X	X	L	L	L	L	L	H
L	X	X	X	X	X	X	L	H	L	L	H	L	H
L	X	X	X	X	X	L	H	H	L	H	L	L	H
L	X	X	X	L	H	H	H	H	H	L	L	L	H
L	X	X	L	H	H	H	H	H	H	L	H	L	H
L	X	L	H	H	H	H	H	H	H	H	L	L	H
L	L	H	H	H	H	H	H	H	H	H	H	L	H

注　L 为低电平；H 为高电平；X 为任意态（H 或 L）。

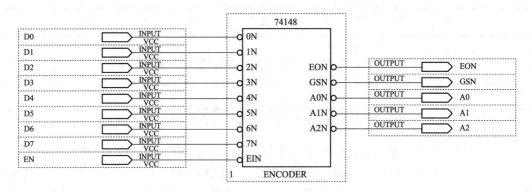

图 4-10　8-3 线优先编码器测试电路图

2）10-4 线 BCD 编码器的功能表见表 4-5，测试电路图如图 4-11 所示。

表 4-5　　　　　　　　　　　　　　　　10-4 线优先编码器真值表

Inputs									Outputs			
1N	2N	3N	4N	5N	6N	7N	8N	9N	DN	CN	BN	AN
H	H	H	H	H	H	H	H	H	H	H	H	H
X	X	X	X	X	X	X	X	L	L	H	H	L
X	X	X	X	X	X	X	L	H	L	H	H	H
X	X	X	X	X	X	L	H	H	H	L	L	L
X	X	X	X	X	L	H	H	H	H	L	L	H
X	X	X	X	L	H	H	H	H	H	L	H	L
X	X	X	L	H	H	H	H	H	H	L	H	H
X	X	L	H	H	H	H	H	H	H	H	L	L
X	L	H	H	H	H	H	H	H	H	H	L	H
L	H	H	H	H	H	H	H	H	H	H	H	L

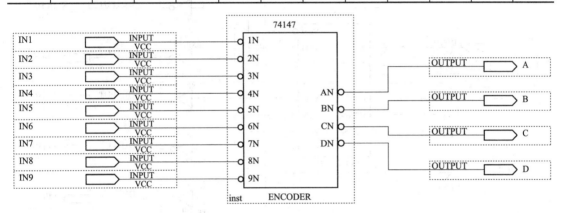

图 4-11　10-4 线 BCD 编码器测试电路图

（3）译码器电路：译码器是一个多输入、多输出的组合逻辑电路，其功能是将输入的一组二进制代码翻译成与其对应的特定含义（如十进制数、地址线、指令等）。这样，在同一时刻，只有一个输出端上有信号。MSI 译码器通常将其输出设计成低电平有效的形式。

1）3-8 线 74138 译码器真值表见表 4-6，测试电路图如图 4-12 所示。

表 4-6　　　　　　　　　　　　　　　　74138 译码器真值表

Inputs					Outputs							
Enable		Select										
G1	G2	C	B	A	Y0N	Y1N	Y2N	Y3N	Y4N	Y5N	Y6N	Y7N
X	H	X	X	X	H	H	H	H	H	H	H	H
L	X	X	X	X	H	H	H	H	H	H	H	H
H	L	L	L	L	L	H	H	H	H	H	H	H
H	L	L	L	H	H	L	H	H	H	H	H	H
H	L	L	H	L	H	H	L	H	H	H	H	H
H	L	L	H	H	H	H	H	L	H	H	H	H

续表

Inputs					Outputs							
Enable		Select										
G1	G2	C	B	A	Y0N	Y1N	Y2N	Y3N	Y4N	Y5N	Y6N	Y7N
H	L	H	L	L	H	H	H	H	L	H	H	H
H	L	H	L	H	H	H	H	H	H	L	H	H
H	L	H	H	L	H	H	H	H	H	H	L	H
H	L	H	H	H	H	H	H	H	H	H	H	L

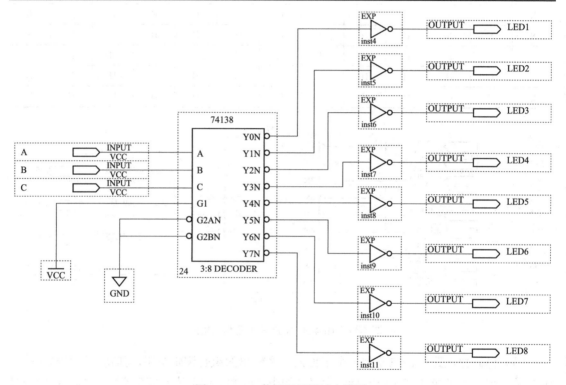

图 4-12　3-8 线译码器测试电路图

2）BCD-7 段 7447 译码器真值表见表 4-7，测试电路图如图 4-13 所示。

表 4-7　　　　　　　　　　　　　　　　7447 译码器真值表

Inputs							Outputs								
LTN	RBIN	BIN	D	C	B	A	OA	OB	OC	OD	OE	OF	OG	RBON	DISP
H	H	H	L	L	L	L	H	H	H	H	H	H	L	H	0.
H	L	H	L	L	L	L	L	L	L	L	L	L	L	L	–
H	X	H	L	L	L	H	L	H	H	L	L	L	L	H	1.
H	X	H	L	L	H	L	H	H	L	H	H	L	H	H	2.
H	X	H	L	L	H	H	H	H	H	H	L	L	H	H	3.
H	X	H	L	H	L	L	L	H	H	L	L	H	H	H	4.
H	X	H	L	H	L	H	H	L	H	H	L	H	H	H	5.

续表

Inputs							Outputs								
LTN	RBIN	BIN	D	C	B	A	OA	OB	OC	OD	OE	OF	OG	RBON	DISP
H	X	H	L	H	H	L	H	L	H	H	H	H	H	H	6.
H	X	H	L	H	H	H	H	H	H	L	L	L	L	H	7.
H	X	H	H	L	L	L	H	H	H	H	H	H	H	H	8.
H	X	H	H	L	L	H	H	H	H	H	L	H	H	H	9.
H	X	H	H	L	H	L	L	L	L	H	L	H	H	H	⊏.
H	X	H	H	L	H	H	L	H	L	H	L	L	H	H	⊐.
H	X	H	H	H	L	L	L	L	H	L	L	H	H	H	U.
H	X	H	H	H	L	H	H	L	H	L	H	H	H	H	⊑.
H	X	H	H	H	H	L	L	L	L	H	H	H	H	H	ㅂ.
H	X	H	H	H	H	H	L	L	L	L	L	L	L	H	.
L	X	H	X	X	X	X	H	H	H	H	H	H	H	H	8.
H	X	L	X	X	X	X	L	L	L	L	L	L	L	H	.

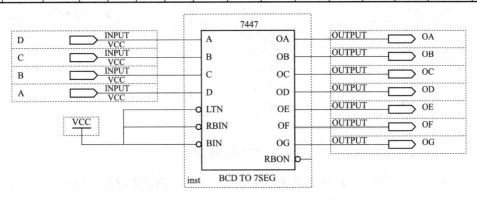

图 4-13　7447 译码器测试电路图

（4）数据选择器电路：数据选择器（data selector）根据给定的输入地址代码，从一组输入信号中选出指定的一个送至输出端的组合逻辑电路。有时也把它叫作多路选择器或多路调制器（multiplexer）。

1）双 4 选 1 数据选择器 74153 真值表见表 4-8，测试电路图如图 4-14 所示。

表 4-8　　　　　　　　　　　　　　74153 真值表

inputs							outputs
Select		Data				Enable	
B	A	C0	C1	C2	C3	GN	Y
X	X	X	X	X	X	H	L
L	L	L	X	X	X	L	L
L	L	H	X	X	X	L	H
L	H	X	L	X	X	L	L

续表

inputs							outputs
Select		Data				Enable	
B	A	C0	C1	C2	C3	GN	Y
L	H	X	H	X	X	L	H
H	L	X	X	X	X	L	L
H	L	X	X	H	X	L	H
H	H	X	X	X	L	L	L
H	H	X	X	X	H	L	H

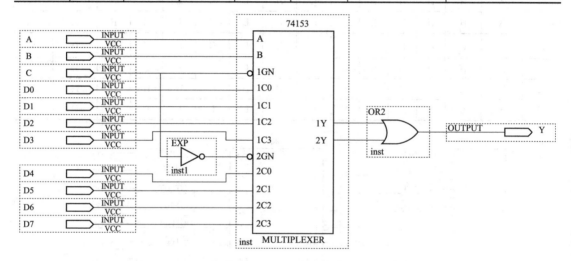

图 4-14   74153 测试电路图

2）8 选 1 数据选择器 74151 真值表见表 4-9，16 选 1 测试电路图如图 4-15 所示。

表 4-9   **74151 真 值 表**

inputs				outputs	
Select			Enable		
C	B	A	GN	Y	WN
X	X	X	H	L	H
L	L	L	L	D0	/DO
L	L	H	L	D1	/D1
L	H	L	L	D2	/D2
L	H	H	L	D3	/D3
H	L	L	L	D4	/D4
H	L	H	L	D5	/D5
H	H	L	L	D6	/D6
H	H	H	L	D7	/D7

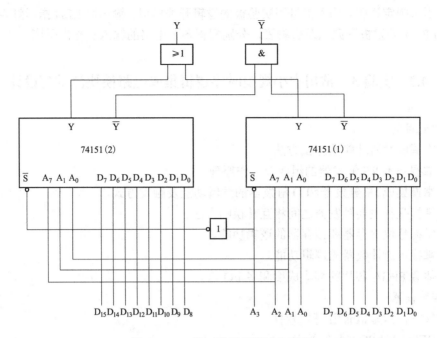

图 4-15　16 选 1 选择器测试电路图

5. 实验步骤

（1）在 Quartus II 13.0 软件中创建工程项目、新建原理图文件、编译、仿真、配置引脚、全编译、下载测试。LED 指示灯亮表示"1"（高电平），灯灭表示"0"（低电平）。打表格记录测试结果，参照集成数字电路芯片的功能表，分别验证各个设计电路是否正确。在新建原理图文件时，74 系列 IP 分立逻辑器件放在 others 文件夹中的 muxplus2 子文件夹中，如图 4-16 所示。有些测试电路可以直接在原理图上接入图 VCC 和 GND 端子，减少外部引脚分配。

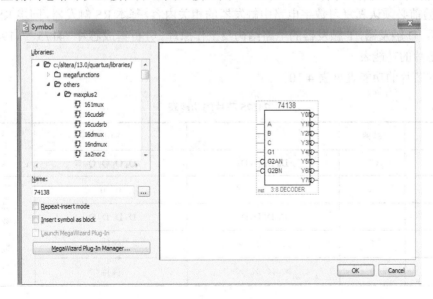

图 4-16　74 系列逻辑器件 74138 调用图

（2）引脚锁定说明。输入信号用实验板的逻辑开关模拟、输出用 LED 指示灯表示，根据 DE0_CV FPGA 开发板资源以及引脚表，分别配置各个电路的输入和输出引脚。

4.3　实验 3　常用中小规模时序逻辑集成电路模块测试与设计

1．实验目的

（1）掌握触发器功能的测试方法。

（2）掌握基本 RS 触发器的组成及工作原理。

（3）掌握集成 JK 触发器和 D 触发器的逻辑功能及触发方式。

（4）掌握几种主要触发器之间相互转换的方法。

（5）掌握移位寄存器和锁存器的逻辑功能。

（6）掌握可逆计数器的逻辑功能。

（7）体会 FPGA 芯片的高集成度和多 I/O 口。

2．实验仪器

（1）PC 机及 Quartus Ⅱ 开发软件。

（2）DE0_CV FPGA 开发平台一台。

3．实验内容

（1）基于 FPGA 的常用触发器逻辑功能集成测试。

（2）用 74175 芯片模块设计并实现一个寄存器。

（3）用 74194 芯片模块设计并实现一个移位寄存器。

（4）用 74373 芯片模块设计并实现一个锁存器。

（5）用 74192 芯片模块设计并实现倒计时计数器。

4．预习要求

做实验前必须认真复习数字电路中触发器的相关内容，基本 RS 触发器，同步 RS 触发器，J-K 触发器，D 触发器，T 触发器的电路结构及工作原理。分析集成芯片 74175、74194、74373、74192 等芯片的功能表。

74175 芯片的功能表见表 4-10。

表 4-10　　　　　　　　　　　　　　　74175 芯片的功能表

清零	时钟	输入	输出	工作模式
R_D	CP	$D_0\ D_1\ D_2\ D_3$	$Q_0\ Q_1\ Q_2\ Q_3$	
0	×	× × × ×	0 0 0 0	异步清零 数码寄存 数据保持 数据保持
1	↑	$D_0\ D_1\ D_2\ D_3$	$D_0\ D_1\ D_2\ D_3$	
1	1	× × × ×	保持	
1	0	× × × ×	保持	

74194 芯片的功能表见表 4-11。

表 4-11　　　　　　　　　　　　74194 芯片的功能表

输入										输出				说明
$\overline{CR}$	M_0	M_1	CP	D_{SL}	D_{SR}	D_0	D_1	D_2	D_3	Q_0	Q_1	Q_2	Q_3	
0	×	×	×	×	×	×	×	×	×	0	0	0	0	异步置零
1	×	×	0	×	×	×	×	×	×	保持			持	保持
1	0	0	×	×	×	×	×	×	×	保持			持	保持
1	0	1	↑	×	1	×	×	×	×	1	Q_0	Q_1	Q_2	右移输入 1
1	0	1	↑	×	0	×	×	×	×	0	Q_0	Q_1	Q_2	右移输入 0
1	0	1	↑	1	×	×	×	×	×	Q_0	Q_1	Q_2	1	左移输入 1
1	0	1	↑	0	×	×	×	×	×	Q_0	Q_1	Q_2	0	左移输入 0
1	0	1	↑	×	×	d0	d1	d2	d3	d_0	d_1	d_2	d_3	并行置数

74373 芯片的功能表见表 4-12。

表 4-12　　　　　　　　　　　　74373 芯片的功能表

输入			输出
OE	C	D	Q
0	1	1	1
0	1	0	0
0	0	×	Q_0（被锁存的状态）
1	×	×	Z（高阻态）

5. 实验原理

（1）四种触发器电路原理图，如图 4-17 所示。

将基本 RS 触发器，同步 RS 触发器，集成 J-K 触发器，D 触发器同时集成在一个 FPGA 芯片中模拟其功能，并研究其相互转化的方法。

（2）寄存器与锁存器都是时序逻辑的基本元件，寄存器是边沿触发器件，而锁存器是电平触发器件。在 Quartus II 13.0 中 74175 为 4 通道 D 触发器，74194 为可并行加载的 4 位双向移位寄存器。74373 为 8 通道 D 锁存器。设计并实现相应的寄存器、移位寄存器、锁存器原理图测试。

6. 实验步骤

（1）在 Quartus II 13.0 软件中创建工程项目、新建原理图文件、编译、仿真、配置引脚、全编译、下载测试。LED 指示灯亮表示"1"（高电平），灯灭表示"0"（低电平）。打表格记录测试结果，参照集成数字芯片的功能表，分别验证各个设计电路是否正确。

（2）引脚锁定：控制信号、数据信号等输入逻辑电平信号用实验板的逻辑开关模拟、输出信号用 LED 指示灯表示，CLK 接时钟源，根据 DE0_CV FPGA 开发板资源以及引脚表，分别配置各个电路的输入和输出和 CLK 引脚。

（3）可在同一原理图下同时调用实验内容 2、3、4、5，输入输出复用，体会 FPGA 芯片的高集成度和多 I/O 口。

7. 思考题

总结锁存器与寄存器的区别。

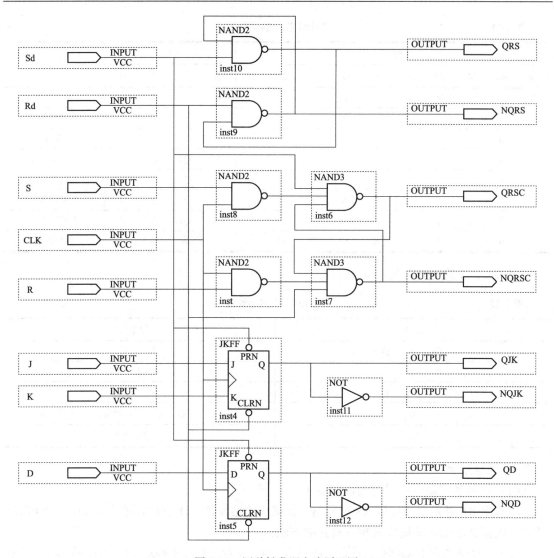

图 4-17　四种触发器电路原理图

4.4　实验 4　硬件优先排队电路设计

1. 实验目的

（1）熟悉中规模集成电路优先编码器、数值比较器的使用方法。

（2）熟悉用数字集成电路组成计算机中断电路的方法。

（3）了解简单数字系统的实验、调试方法。

2. 实验原理

硬件优先排队电路是实现在计算机中，当有多个中断源申请中断时，优先权高的先申请中断。若 CPU 正在处理中断时，能中断此服务程序，转去处理比它级别高的中断服务。如图4-18 所示。设有 8 个中断源，当有任意一个或多个中断请求时，经过优先编码器，对优先权高的进行编码（111～000）输出。

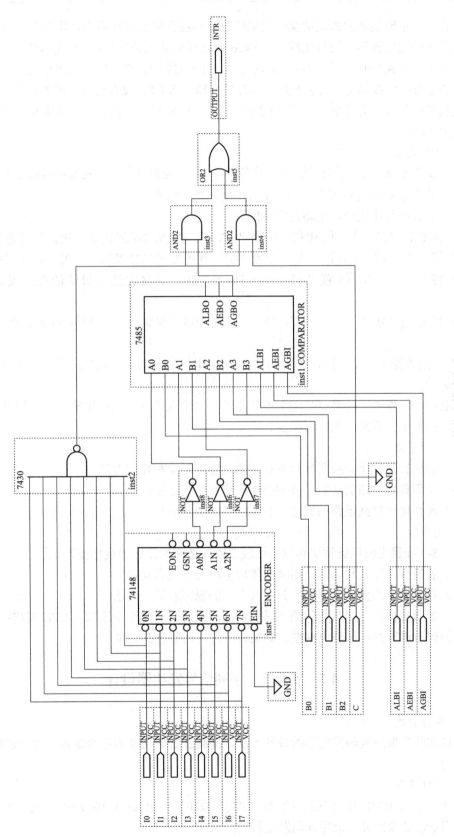

图 4-18　硬件优先排除电路

正在进行中断处理的外设的优先权编码已寄存在优先权寄存器中，将这个信号和优先编码器的输出送到比较器中进行比较，当 A≤B 时比较器输出低电平，与门 1 封锁，不能向 CPU 发中断请求。当 A＞B 时，比较器输出高电平，打开与门 1，将中断请求信号送至 CPU。CPU 中断正在进行的中断服务，转去响应更高级的中断。当 CPU 没有进行中断处理时，寄存器输出优先权失效信号（高电平），使与门 2 打开。8 个中断源中，优先权高的中断源的中断请求能够发给 CPU。

3. 实验内容

（1）按图 4-18 电路连接线路，8 个中断源 $\bar{I}_7$-$\bar{I}_0$ 接逻辑开关，优先寄存器输出 D2～D0 和优先权失效信号 C 接逻辑开关。输出 INTR 接发光二极管。

（2）验证硬件优先排队电路逻辑功能。

1）将 C 置"1"，$\bar{I}_7$-$\bar{I}_0$ 中任一个置"0"，观察发光二极管的亮、灭，做好记录。

2）将 C 置"1"，$\bar{I}_7$-$\bar{I}_0$ 中两三个置"0"，观察发光二极管的亮、灭，做好记录。

3）将 C 置"0"，$\bar{I}_7$ 置"0"，D_2～D_0 置 100，观察发光二极管的亮、灭，做好记录。

4）将 C 置"0"，$\bar{I}_1$ 置"0"，D_2～D_0 置 100，观察发光二极管的亮、灭，做好记录。

5）分别改变 C，$\bar{I}_7$-$\bar{I}_0$，D_2～D_0 的状态，重做上面实验，观察发光二极管的亮、灭，并做好记录。

注意：四位数值比较器 74LS85 不使用的多余输入端（包括扩展输入端）按引脚功能分别接高、低电平；否则，状态不稳定。

4. 预习要求

（1）值比较器、优先编码器和寄存器的功能、特点和使用方法。

（2）所用集成电路的功能，外部引脚排列和使用方法。

（3）硬件优先排队电路的原理，有关中断的一些概念。

5. 思考题

（1）8-3 线优先编码器输出和数值比较器输入之间为什么加反相器？

（2）若没有 8 输入与非门，用哪些集成电路可实现其功能？

（3）在实验中遇到什么问题？分析其产生的原因及解决方法。

（4）如果想使该电路在实验测试时更直观，即显示出哪个中断源向 CPU 发出中断请求，电路应如何改进？画出原理电路图，如果有条件，请验证其功能。

4.5　实验 5　序列信号发生器设计

1. 实验目的

通过实验掌握序列码发生器的设计方法，提高综合应用基本组合逻辑、时序逻辑电路单元的能力。

2. 设计任务

设计一个 1110101011 序列码发生器，序列码发生器输出 X：1110101011（最左端先移入）。输出端用示波器观察并记录序列码发生器的波形。

3. 实验原理

在数字系统中经常需要一些串行周期性信号，在每个循环周期中，1 和 0 数码按一定的规则顺序排列，称为序列信号。序列信号可以用来作为数字系统的同步信号，也可以作为地址码等。因此在通信、雷达、遥控、遥测等领域都有广泛的应用。产生序列信号的电路称为序列信号发生器。

序列码发生器一般有两种类型，一种是反馈移位型序列码发生器，另一种是计数型序列码发生器。前者由移位寄存器加适当的反馈网络构成，后者是由同步计数器加适当的输出组合网络构成。

（1）反馈移位型序列码发生器。如图 4-19 所示，反馈网络的输入是移位寄存器的输出，反馈网络的输出 F 加到移位寄存器的右移端 D_1 作为反馈逻辑。反馈逻辑为 $D_1 = F（Q_1，Q_2，\cdots，Q_n）$。

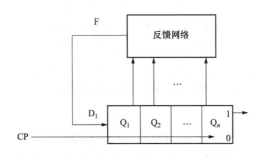

图 4-19　反馈移位型序列码发生器

当给定序列长度 M 而未指定序列码时，反馈移位型序列码发生器实质上就是一个模 M 移位型计数器，而输出 Z 取自计数器的最后一级触发器的 Q_n（本实验不讨论）。

当给定序列码时，反馈移位型序列码发生器的设计方法与移位型计数器的设计方法有两点不同：

1）移位寄存器的级数 n 除应满足 $2^n \geq M$ 的条件外，还必须满足码字互不相同的条件，否则状态转移会造成模棱两可的不确定状态，也就是说，对给定的代码序列从最末位（最左端）开始，每次取 n 位共取 M 次，得到的 M 个码字必须互不相同。

2）反馈激励函数 $F（Q_1，Q_2，\cdots，Q_n）$ 必须符合给定的代码序列要求，它取决于代码规定，而不能从通用状态图上任选。

[例 1]　设计一个产生 1010010100$\cdots$ 序列的反馈型序列码发生器。

1）确定序列长度 M。分析该序列，其序列长度 M＝5，由此确定移位寄存器级数 $n \geq 3$。移位寄存器输出 Z＝10100$\cdots$

先取 n＝3，从末位开始每次取 3 位共取 5 次，得到 5 个码字：101，010，001，100，010，其中码字 010 重复，不符合规定，这说明 n＝3 不能产生所需长度 M＝5 的序列码，解决的办法是增加触发器的位数。

取 n＝4 进行检验，得到 5 个码字，0101，0010，1001，0100，1010，这 5 个码字互不相同，故产生该序列至少需 4 级寄存器，可用 1 片 74LS194 来实现。列出状态转移表，见表 4-13，由状态转移表，画出反馈激励函数卡诺图，如图 4-20 所示。

表 4-13　　　　　　　　　　　　　　　状 态 转 移 表

序列号	Q_1　Q_2　Q_3　Q_4	反馈逻辑（F）
5	0　　1　　0　　1	0
2	0　　0　　1　　0	1
9	1　　0　　0　　1	0
4	0　　1　　0　　0	1
10	1　　0　　1　　0	0

Q_1Q_2 ＼ Q_3Q_4	00	01	11	10
00	×	×	×	1
01	1	0	×	×
11	×	×	×	×
10	×	0	×	0

图 4-20　反馈激励函数卡诺图

由卡诺图化简得

$$F(Q_1, Q_2, Q_3, Q_4) = \overline{Q_1 Q_4}$$

2）检查自启动特性。由反馈函数作出完全状态转移表，见表 4-14，并画出完全状态转移图，如图 4-21 所示。显然该序列码发生器是自动启动的。

表 4-14　　　　　　　　　　　　　　　完 全 状 态 转 移

序列号	Q_1	Q_2	Q_3	Q_4	F	Q_1^{n+1}	Q_2^{n+1}	Q_3^{n+1}	Q_4^{n+1}
5	0	1	0	1	0	0	0	1	0
2	0	0	1	0	1	1	0	0	1
9	1	0	0	1	0	0	1	0	0
4	0	1	0	0	1	1	0	1	0
10	1	0	1	0	0	0	1	0	1
0	0	0	0	0	1	1	0	0	0
8	1	0	0	0	0	0	1	0	0
1	0	0	0	1	0	0	0	0	0
3	0	0	1	1	0	0	0	0	1
6	0	1	1	0	1	1	0	1	1
11	1	0	1	1	0	0	1	0	1
7	0	1	1	1	0	0	0	1	1
12	1	1	0	0	0	0	1	1	0
13	1	1	0	1	0	0	1	1	0
14	1	1	1	0	0	0	1	1	1
15	1	1	1	1	0	0	1	1	1

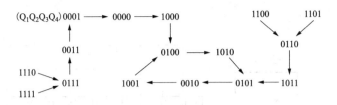

图 4-21　状态转移图

3）画出 10100 序列码发生器逻辑图，如图 4-22 所示。

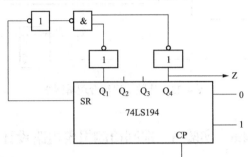

图 4-22　序列码发生器逻辑图

（2）计数型序列码发生器。计数型序列码发生器是在计数器的基础上加上适当的输出组合网络构成的。因此，要实现一个码长为 M 的计数型序列码发生器，须按计数器的状态转移关系和代码序列的要求，设计出组合逻辑网络。

［例 2］　若给定序列码为 10111101，设计计数型序列码发生器。

由于给定序列码长度 M＝8，故先用 1 片 74LS161 设计一个模为 8 的计数器。这个计数器使用 000～111 共 8 个码值，令其状态转移过程中每一状态的输出符合给定序列的要求，可列出其真值表，见表 4-15。

表 4-15　　　　　　　　　　　　　真　值　表

Q_C	Q_B	Q_A	F
0	0	0	1
0	0	1	0
0	1	0	1
0	1	1	1
1	0	0	1
1	0	1	1
1	1	0	0
1	1	1	1

用 1 片 8 选 1 数据选择器（74LS151）作为计数器输出的组合逻辑网络。实现的电路如图 4-23 所示。

在图 4-23 中，增加一个 D 触发器对输出进行整形以避免组合网络输出产生冒险。若给定的序列码长度 M>8，除应设计模 M 计数器外，对于 8 选 1 的数据选择器，因只有 3 位地址选择端（A_2，A_1，A_0），因此要对计数器的输出（大于 3 位）进行降维处理，以适应地址选择端的需要。

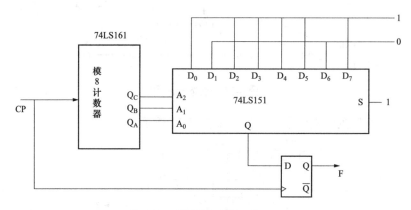

图 4-23   计数输出组合逻辑网络

4.6   实验 6   巡回检测报警电路设计

1. 设计任务

本实验要求利用中小规模数字集成芯片设计一巡回检测报警电路，能够对 8 个测试区域的温度状态是否正常进行巡回检测；当某一测试区域的温度超过正常范围时，由巡回检测系统发出报警并显示第几个测试区域出现故障，并停止巡检。

2. 参考器件

（1）Quartus Ⅱ开发软件一套。

（2）DE0_CV FPGA 开发平台一台。

（3）给定器件为 2 输入与非门（74LS00）1 个，双 D 触发器 1 个，二进制同步计数器（74161）1 个，数据选择器（74151）一个，七段字型译码器（7447）1 个。

3. 设计原理与参考电路

用逻辑开关模拟系统温度是否正常，在正常状态下输入低电平，高电平输入表示温度超标故障。8 路报警信号进行依次检测，可以确定报警电路共包含 8 个工作状态，采用计数器产生 8 个电路状态功能。每次只能对 8 路中的 1 路报警信号进行检测，数据选择器可以完成这样的功能。显示某一路的编号可以通过 7 段显示译码器完成译码显示。检测到异常后停止检测可以通过与非门封锁时钟信号实现。计数器的时钟信号由系统时钟通过 4 分频电路获得，参考电路图如图 4-24 所示。

4. 实验步骤

（1）根据系统设计方案，在 Quartus Ⅱ 13.0 软件中新建原理图文件，编译，仿真，锁定管脚，全编译，并下载到目标芯片。

（2）系统的输入引脚包含 8 个逻辑开关、时钟信号；输出引脚包含报警指示灯和 7 段显示数码管的 7 个段码信号。

（3）打表格记录测试结果，验证设计电路的逻辑功能。

5. 思考题

时钟信号的频率与巡回检测报警误检率的关系。

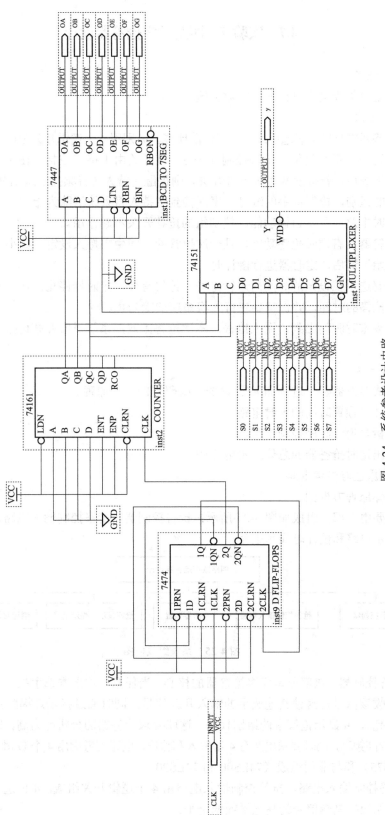

图 4-24　系统参考设计电路

4.7　实验 7　四路数字抢答器设计

1．设计任务

采用中规模集成电路设计—四路数字抢答器。

2．设计要求

（1）抢答器同时供 4 名选手或 4 个代表队比赛，分别用 4 个逻辑开关 S0～S3 模拟表示。

（2）设置一个系统复位和抢答控制开关 S，该开关由主持人控制。在主持人将系统复位并发出抢答指令后，若有参赛者按抢答开关，则提醒主持人（音频提示或信号灯亮），同时显示出抢答者的组别，抢答选手的编号一直保持到主持人将系统清除为止。

（3）同时电路应具备自锁功能，使别组的抢答开关不起作用。

（4）抢答器具有定时抢答功能，且一次抢答的时间由主持人设定（如小于 10s）。当主持人启动"开始"键后，定时器进行倒计时。

（5）参赛选手在设定的时间内进行抢答，抢答有效，定时器停止工作，显示器上显示选手的编号和抢答的时间，并保持到主持人将系统清除为止。

（6）如果定时时间已到，无人抢答，本次抢答无效，系统报警并禁止抢答，定时显示器上显示 00。

3．预习要求

（1）集成触发器、十进制加/减计数器、编码器的工作原理。

（2）设计可预置时间的定时电路。

（3）分析与设计时序控制电路。

（4）画出定时抢答器的总体逻辑电路图。

4．设计原理与参考电路

（1）总体原理方框图。

系统主要由五部分组成如图 4-25 所示：抢答控制器，抢答控制输入电路，清零装置，抢答显示、提示电路和倒计时显示电路。

图 4-25　系统组成框图

1）抢答控制器。该部分是竞赛抢答器的核心，当任意一位参赛选手按下逻辑开关时，抢答控制器接收该信号，封锁其他选手的输入开关信号，同时通过指示灯提醒主持人（音频提示或信号灯亮），并显示抢答者的组别代码。这就要求抢答器的分辨能力高，即要求 74LS175 的 CP 选用较高频率，同时要求电路有 4 组输入和输出，电路可考虑用 4 个 D 触发器（74LS175）或者（74LS75）和与非门组成（74LS00 和 74LS20）。

2）抢答控制输入电路。抢答控制输入电路由 4 个逻辑开关组成，4 位选手各控制一个，按下开关使相应控制端信号为高电平或低电平。

3）清零装置。清零装置由主持人控制开关实现，每次抢答前由主持人使用，保证每次抢答前为清零状态，避免电路误动作和抢答过程中的不公平，同时使每人的抢答电路同时清零。

4）抢答显示、提示电路。抢答器显示电路可由数码管实现（4 组共用），显示字形代表抢答选手的组号，通过编码、译码和显示实现。同时只要有选手抢答出现，都会通过 LED 或者扬声器指示灯发出提示（4 组共用）。

5）倒计时及显示电路。对选手抢答时间进行控制，规定的时间小于 10s，由一个一位数字的计数显示系统实现，倒计时可以选用 74ls192，译码可以选用 74LS47。当主持人给出"可以抢答"指令后，计数器从"9"开始倒计数，若有人抢答则停止计数并显示当前数值，否则计数到"0"为止，不再计数；倒计时时钟信号为 1Hz 秒脉冲。

（2）抢答控制电路。

抢答控制电路参考电路如图 4-26 所示，74LS175 也可以使用 74ls75 替换，完成同样的功能。

其中 Clk：时钟输入端（上升沿有效），CLRN：清除端（低电平有效），1D～4D：数据输入端，1Q～4Q：输出端。

（3）编码电路。抢答选手的组号编码与显示部分，先根据各选手组号，列出普通编码功能表见表 4-16，然后根据功能表画出实现电路图如图 4-27 所示，最后通过 7 段显示译码器输出显示。

表 4-16　　　　　　　　　　选 手 编 码 功 能 表

输入	编码输出			
Q	D	C	B	A
Q1	0	0	0	1
Q2	0	0	1	0
Q3	0	0	1	1
Q4	0	1	0	0

（4）倒计时显示电路。

倒计时参考电路如图 4-28 所示，由 74LS192 可以完成抢答时间倒计时控制，倒计时时间由 D3-D0 预置输入，当倒计时到 0 时，借位端输出"0"信号或者某选手抢答成功时，输出"0"信号封锁计数时钟脉冲，计数器停止计数。同样可以使用 7 段显示译码器译码输出倒计时时间值。

5. 实验步骤

（1）根据原理画出电路设计图，分析各部分的工作原理及作用。

（2）在 Quartus II 13.0 软件中，完成工程创建后，新建各部分原理图，完成各部分电路的功能调试。分析调试中发现的问题及故障排除方法。

（3）最后设计总体原理图文件，编译，锁定引脚，全编译，下载到目标芯片测试。

（4）打表格记录测试结果，验证设计电路的逻辑功能。

6. 实验扩展

如何利用集成优先编码器 74148 和 RS 触发器实现 8 路竞赛抢答器设计？

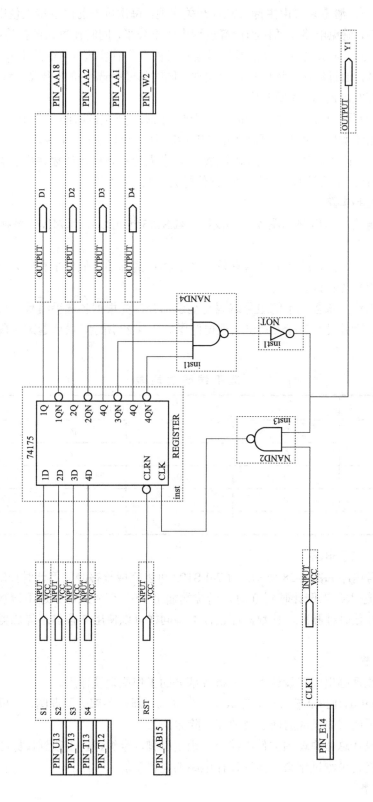

图 4-26　抢答控制电路

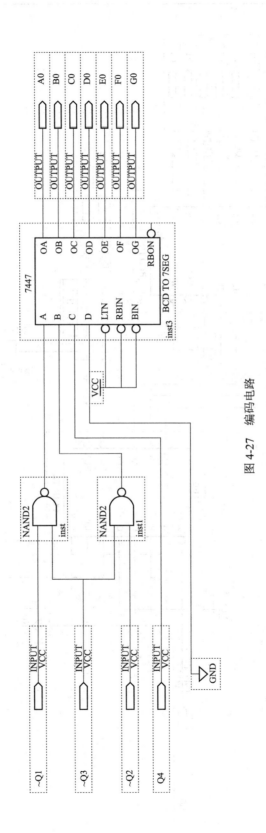

图 4-27　编码电路

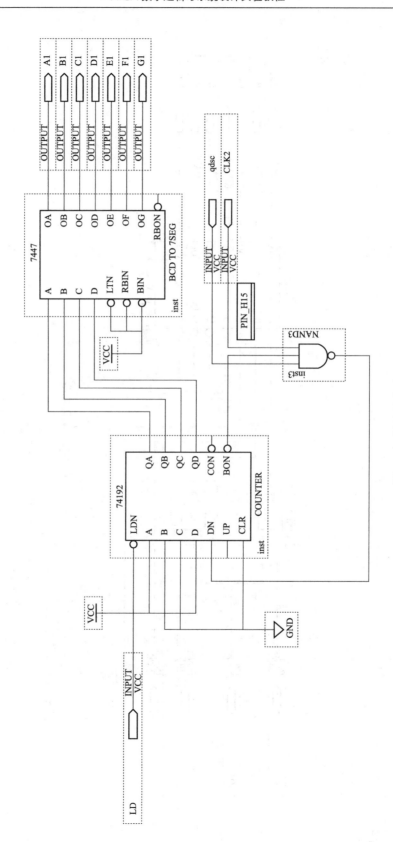

图 4-28　倒计时电路

4.8　实验 8　时钟控制器设计

1．实验目的

（1）掌握较复杂数字系统的设计方法。

（2）进一步掌握 EDA 软硬件设计工具的使用。

2．实验内容

设计一个能通过一串数字脉冲信号的控制器，通过脉冲个数可预置。

3．仪器设备及器件

（1）PC 机一台。

（2）Quartus Ⅱ 开发软件一套。

（3）DE0_CV FPGA 开发平台一台。

（4）给定器件为四 2 输入与非门（74LS00）1 只，双 D 触发器（74LS74）1 只，二进制同步计数器（74LS161）1 只，二进制可逆计数器（74LS193）1 只，七段字型译码器（74LS48）1 只，共阴极数码管（LTS-547RF）1 只。

4．实验原理

实验原理框图如图 4-29 所示。图中时钟 Ki 为 1Hz 脉冲源，预置脉宽可以通过 4 个逻辑开关输入，K 为单次脉冲，低电平有效。K 兼有清零、预置及启动功能。

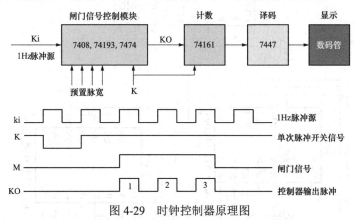

图 4-29　时钟控制器原理图

时钟控制器输出 KO 平时处于低电平状态。为了检测该电路的功能，即电路通过的脉冲个数是否与预定值一致，一种方法是：将输出 KO 接至 LED 显示器，统计 LED 闪烁的次数；另一种方法是：将 KO 接至 16 进制计数器的时钟端，计数器的输出接译码、显示电路，观察数码管的显示值是否正确。如果控制器中的计数器选用加法计数，可将预置数的反码输入预置端，如果选用减法计数，可将预置数的原码输入预置端。设计时钟控制器，关键是要设计一个启停电路，即产生一个门控信号，如图 4-29 中 M 波形。当启动 K 信号时，其负脉冲将系统复位，并对闸门脉宽控制计数器进行预置，该负脉冲结束后，Ki 的下一个脉冲源上升沿到来时，启停电路开启，M 由 0→1，与此同时，计数器开始计数，当计数值与预置值相等时，启停电路关闭，M 由 1→0，与此同时，计数器停止计数，根据 M 与 Ki 的时间关系，通过简单的控制逻辑，即可实现预期的时钟控制的目的。

系统参考电路如图 4-30 所示。其中 7474 构成 T'触发器，每来一个 CLK（这里通过按键

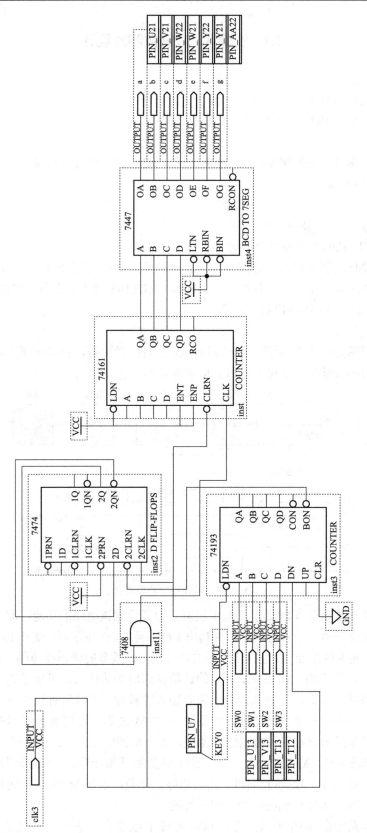

图 4-30　时钟控制器电路图

KEY0 模拟）脉冲触发器翻转一次，实现门控信号的由"0"至"1"的翻转。74193 可逆计数器通过预置相应的数据实现门控信号高电平维持时间控制，当 74193 计数器减到"0"时借位端口 BO 输出"0"，该"0"信号将 T′触发器输出复位到"0"，从而实现门控信号的形成。7408实现对输入时钟信号 Ki 的控制，74161 实现对通过闸门的 Ki 信号脉冲个数的计数统计，7447实现 7 段译码显示。KEY0 按键信号不仅实现 T′触发器的 CLK 信号模拟，同时实现 74193 计数器预置数据控制和 74161 归零控制。

5．实验步骤

（1）根据实验原理完成系统电路图设计，分析各部分的工作原理及作用。

（2）在 Quartus II 13.0 软件中新建各部分原理图，完成各部分电路的功能调试。分析调试中发现的问题及故障排除方法。

（3）最后设计总体原理图文件，编译，锁定管脚，全编译，下载到目标芯片测试。

（4）打表格记录测试结果，验证设计电路的逻辑功能。

6．思考题

上述实验都是在时钟 Ki 为 1Hz 脉冲信号情况下进行的静态观测实验，它只能验证放过的脉冲数，但不能验证放过的脉冲是否完整无缺。为此应将 7408 输出点信号送到示波器作动态观测，同时将 Ki 改为 1KHz 脉冲，此时会在示波器上看到的只是一条水平线（为什么？请验证），现在请设计一个能动态观测 7408 输出点波形的实验电路，并验证之。

7．实验报告要求

（1）说明设计的时钟控制器的工作原理，画出完整的实验原理线路图及各主要观测点的波形。

（2）实验中的故障分析与排除。

（3）实验结果记录、分析。

4.9　实验 9　双向八位彩灯控制电路设计

1．实验目的

（1）了解移位寄存器的电路结构和工作原理。

（2）掌握中规模集成电路双向移位寄存器 74LS194 的逻辑功能和使用方法。

2．设计任务

基于 74LS194 设计双向八位彩灯控制电路：

（1）八位彩灯能从左至右，也能从右至左依次点亮。

（2）八位彩灯点亮后能自动熄灭。

（3）能自动转换移动方向。

3．实验原理

双向八位彩灯控制电路可以采用计数器＋译码器的方式实现，计数器用来控制脉冲，实现 8 进制计数，再由译码器 74LS138 对循环的 8 个 3 位二进制数转化为循环的高低电平触发信号脉冲驱动彩灯作循环流动。但是该方式不方便完成全亮和全灭状态。另外一种方式就是使用两片双向移位寄存器 74LS194 来完成，两片 74LS194 级联后控制脉冲实现移位，输出的脉冲信号驱动彩灯作循环流动。8 个 LED 按照一定的时间间隔，可以向左或向右循环移动点亮，也可以同时全亮或全灭。如果要完成自动全灭和转换移动方向功能，需要再选用 D 触发器和基本逻辑门电路辅助实现。

4. 参考电路

双向八位彩灯自动控制电路如图 4-31 所示。两片 74LS194 级联成 8 位移位寄存器。由于彩灯移位非左即右，即 S1S0＝01 或 S1S0＝10，故采用 D 触发器 FF2 构成的 T′触发器的逻辑翻转功能自动控制彩灯移动方向。设 S1S0＝10，在 CP 作用下彩灯依次点亮。在 8 个 CP 过后，彩灯全亮，反馈信号送至 D 触发器（FF1）。

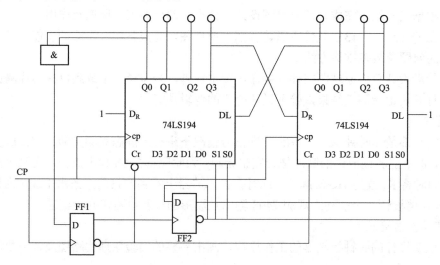

图 4-31　双向八位彩灯自动控制电路

第 9 个 CP，使 FF1 置 1，其/Q＝0，将 74LS194 清 0，彩灯全灭，熄灭后反馈信号由 1 →0。同时由于 FF1 的 Q 端由 0→1，产生 FF2 的 CP 信号，使 FF2 翻转，S1S0＝01。第 10 个 CP，使 FF1 重新置 0，Q 端由 1→0，/Q 端由 0→1，解除对 74LS194 的清 0，使 74LS194 可以进行反向移位。第 11 个 CP 开始，彩灯反向逐个点亮。由此实现彩灯逐个点亮→全亮后熄灭→再反向逐个点亮→全亮后熄灭的循环控制。

5. 实验步骤

（1）根据原理画出电路设计图，分析各部分的工作原理及作用。

（2）在 Quartus II 13.0 软件中新建各部分原理图，完成各部分电路的功能调试。分析调试中发现的问题及故障排除方法。

（3）最后设计总体原理图文件，编译，锁定引脚，全编译，下载到目标芯片测试。

（4）打表格记录测试结果，验证设计电路的逻辑功能。

6. 实验报告回答问题

（1）画出电路设计图。

（2）简述工作原理。

（3）画出输出波形。

（4）如 cp1 到来使第一个灯亮，并说明 CP8、CP9、CP10、CP11 时电路的工作状态。

（5）写出电路调试及功能测试报告，包括电路的功能、优缺点、测试中出现的问题、解决办法、电路改进意见、调试及功能测试的收获和体会。

第 5 章　VHDL 数字系统设计基础实验

前一章介绍的实验项目都是基于原理图方式实现的，而实际上用硬件描述语言（HDL）来设计效率更高。原理图方式虽然可控性好，比较直观，但在设计复杂数字系统的时候显得不灵活、移植性也差。硬件描述语言（HDL）设计开发可编程逻辑器件，可移植性好，使用方便，设计灵活。本章主要基于 VHDL 硬件描述语言设计基础实验项目，并通过实验项目推动 VHDL 基本语法的学习，掌握数字系统基本模块的 VHDL 描述。通过本章的实践学习，可以为后面复杂综合数字系统设计打好基础。

5.1　实验 1　VHDL 基本组合逻辑电路设计

1. 实验目的

（1）掌握用 VHDL 语言设计组合逻辑电路。

（2）掌握 VHDL 的基本结构、基本语法规范。

2. 实验内容

基于 VHDL 语言分别设计如下基本组合逻辑电路，并完成编辑、编译、仿真和硬件测试。

（1）基本逻辑门。

（2）三态门及双向缓冲器。

（3）译码器。

（4）编码器。

（5）数值比较器。

（6）数据选择器。

（7）加法器。

3. 实验仪器

（1）PC 机及 Quartus II 开发软件。

（2）FPGA 实验平台：开关按键模块，LED 显示模块。

4. 实验原理及参考代码

（1）基本逻辑门。在一个 VHDL 程序模块内设计并实现与门、或门、非门、与非门、异或门、异或非门 VHDL 参考代码：

```
Library ieee;
Use iee.std_logic_1164.all;
Entity jbm is
  port(a,b: in bit;
       f1,f2,f3,f4,f5,f : out bit);
End jbm;
Architecture a of jbm is
Begin
```

```
        f1<=a and b;          --构成与门
        f2<=a or b;           --构成或门
        f3<=a nand b;         --构成与非门
        f4<=a nor b;          --构成异或门
        f5<=not(a xor b);     --构成异或非门即同门
        f<=not a;             --构成非门
    End;
```

（2）三态门及双向缓冲器。三态门是指逻辑门的输出除有高低电平两种状态外，还有第三种状态——高阻状态。当外加使能信号为"1"时，输入端的信号值被送到输出端；使能端 en 为其他数值，则缓冲器的输出端为高阻态。在 VHDL 定义的数据类型中，STD_LOGIC 数据类型包含了高组态，使用该数据类型可以实现三态门电路设计。4 位三态门的 VHDL 参考代码：

```
Library ieee;
Use ieee.std_logic_1164.all;
Entity santaim is
Port (enable: in std_logic;
      datain: in std_logic_vector(3 down to 0);
      dataout: out std_logic_vector(3 down to 0));
End santaim;
Architecture bhv of santaim is
Begin
Process(enable,datain)
Begin
    if enable='1' then
        dataout<=datain;
    else
        dataout<="ZZZZ";
    end if;
  end process;
end bhv;
```

双向总线缓冲器用于对数据总线的驱动和缓冲，一般包含两个数据端口，一个使能端和一个方向控制端。

```
library ieee;
use ieee.std_logic_1164.all;
entity tri_bigate is
  port(a,b:inout std_logic_vector(7 downto 0);
       en: in std_logic;
       dr:in std_logic);
end tri_bigate;
architecture rtl of tri_bigate is
  signal aout,bout:std_logic_vector(7 downto 0);
begin
p1: process(a,dr,en)
    begin
      if(en='0')and(dr='1')then
            bout<=a
      else  bout<=" ZZZZZZZZ ";
```

```
      end if;
              b<=bout
end process;
P2: process(b,dr,en)
    begin
     if(en='0')and(dr='0')then
             aout<=b:
     else
         aout<="ZZZZZZZZ";
     end if;
             a<=aout;
    end process;
end rtl;
```

（3）译码器。译码器（Decoder）的输入为 N 位二进制代码，输出为 2N 个表征代码原意的状态信号，即输出信号的 2N 位中有且只有一位有效。常见的译码器用途是把二进制表示的地址转换为单线选择信号。基本三—八译码器即三输入，八输出，输出与输入之间的对应关系见表 5-1。

表 5-1　　　　　　　　　　　　　　三—八译码器真值表

输入						输出							
E3	E2	E1	A2	A1	A0	Y7	Y6	Y5	Y4	Y3	Y2	Y1	Y0
0	×	×	×	×	×	1	1	1	1	1	1	1	1
×	1	×	×	×	×	1	1	1	1	1	1	1	1
×	×	1	×	×	×	1	1	1	1	1	1	1	1
1	0	0	0	0	0	0	0	0	0	0	0	0	1
1	0	0	0	0	1	0	0	0	0	0	0	1	0
1	0	0	0	1	0	0	0	0	0	0	1	0	0
1	0	0	0	1	1	0	0	0	0	1	0	0	0
1	0	0	1	0	0	0	0	0	1	0	0	0	0
1	0	0	1	0	1	0	0	1	0	0	0	0	0
1	0	0	1	1	0	0	1	0	0	0	0	0	0
1	0	0	1	1	1	1	0	0	0	0	0	0	0

VHDL 参考代码如下：

```
LIBRARY IEEE;
USE IEEE.STD_LOGIC_1164.ALL;
ENTITY ymq IS
PORT(
    E3,E2,E1,A2,A1,A0: IN STD_LOGIC;
                  Y: OUT STD_LOGIC_VECTOR(7 DOWNTO 0));
END ymq;
ARCHITECTURE TWO OF ymq IS
SIGNAL INDATA: STD_LOGIC_VECTOR(2 DOWNTO 0);
```

```
BEGIN
     INDATA<= A2& A1& A0;
PROCESS(E3,E2,E1,INDATA)
BEGIN
    IF(E3='1'AND E2='0'AND E1='0')THEN
      CASE INDATA IS
        WHEN "000"=>Y <= "00000001";
        WHEN "001"=>Y <= "00000010";
        WHEN "010"=>Y <= "00000100";
        WHEN "011"=>Y <= "00001000";
        WHEN "100"=>Y <= "00010000";
        WHEN "101"=>Y <= "00100000";
        WHEN "110"=>Y <= "01000000";
        WHEN "111"=>Y <= "10000000";
WHEN  OTHERS=>Y <= "00000000";
END CASE ;
ELSE
    Y <= "11111111";
END IF;
END PROCESS;
END TWO;
```

（4）编码器。编码器（Encoder）的行为是译码器行为的逆过程，它把 2^N 个输入转化为 N 位编码输出。有的编码器要求输入信号的各位中最多只有一位有效，且规定如果所有输入位全无效时，编码器输出指定某个状态。编码器的用途很广，比如常见的键盘输入、数据通信编码等。VHDL 参考代码如下：

```
LIBRARY IEEE;
USE IEEE.STD_LOGIC_1164.ALL;
USE IEEE.STD_LOGIC_ARITH.ALL;
USE IEEE.STD_LOGIC_UNSIGNED.ALL;
ENTITY encd83 IS
     PORT ( D: IN  STD_LOGIC_VECTOR(7 DOWNTO 0);
Y:   OUT   STD_LOGIC_VECTOR(2 DOWNTO 0));
END encd83;
ARCHITECTURE A OF encd83 IS
BEGIN
    WITH D SELECT
        Y<="111" WHEN "10000000",
        Y<="110" WHEN "01000000",
        Y<="101" WHEN "00100000",
        Y<="100" WHEN "00010000",
        Y<="011" WHEN "00001000",
        Y<="010" WHEN "00000100",
        Y<="001" WHEN "00000010",
        Y<="000" WHEN "00000001",
Y<="ZZZ" WHEN OTHERS;
END A;
```

（5）四位数值比较器。数值比较器是对两个位数相同的二进制数进行比较并判定其大小关系的算术运算电路，可以利用 VHDL 语言中的关系运算符实现。其真值表见表 5-2。

A 与 B 的关系	Y_A	Y_B	Y_C
A>B	1	0	0
A<B	0	1	0
A—B	0	0	1

表 5-2 数值比较器的真值表

VHDL 参考代码如下：

```
LIBRARY IEEE;
USE IEEE.STD_LOGIC_1164.ALL;
ENTITY comp4_1 IS
    PORT(A:IN STD_LOGIC_VECTOR(3 DOWNTO 0);
         B:IN STD_LOGIC_VECTOR(3 DOWNTO 0);
         YA,YB,YC: OUT STD_LOGIC);
END comp4_1;
ARCHITECTURE behave OF comp4_1 IS
    BEGIN
     PROCESS (A,B)
       BEGIN
         IF (A > B)THEN
                   YA <='1';
                   YB <='0';
                   YC <='0';
            ELSIF(A < B)THEN
                   YA <='0';
                   YB <='1';
                   YC <='0';
            ELSE
                   YA <='0';
                   YB <='0';
                   YC <='1';
            END IF;
       END PROCESS;
END behave;
```

（6）数据选择器。数据选择器又叫"多路开关"，在地址码（或叫选择控制）信号的控制下，从多个输入数据中选择一个并将其送到一个公共的输出端，其功能类似一个多掷开关，如图 5-1 所示。图中有四路数据 $D_0 \sim D_3$，通过选择控制信号 A_1、A_0（地址码）从四路数据中选中某一路数据送至输出端 Q。

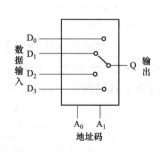

图 5-1 数据选择器功能示意图

数据选择器是目前逻辑设计中应用较为广泛的组合逻辑部件，常见电路有 2 选 1、4 选 1、8 选 1、16 选 1 等。八选一数据选择器 74LS151 为互补输出的 8 选 1 数据选择器。选择控制端（地址端）为 $A_2 \sim A_0$，按二进制译码，从 8 个输入数据 $D_0 \sim D_7$ 中，选择一个需要的数据送到输出端 Q，G 为使能端，高电平有效。4 选 1 数据选择器的功能表见表 5-3。

表 5-3   四选一数据选择器功能表

输　　入				输　　出
使能	数据源	地　　址		Y
G	D_0-D_3	A1	A0	Y
0	D_0-D_3	X	X	0
1	D_0-D_3	0	0	D0
1	D_0-D_3	0	1	D1
1	D_0-D_3	1	0	D2
1	D_0-D_3	1	1	D3

参考代码如下：

```
Library ieee;
Use ieee.std_logic_1164.all;
Entity xzq41 is
port(G,A1,A0,D0,D1,D2,D3 : in  std_logic;
                    Y : out std_logic);
end xzq41;
Architecture mux of xzq41 is
  signal A:std_logic_vector(1 downto 0);
Begin
  A<=(A1&A0);
process(A,A1,D0,D1,D2,D3)
begin
  IF(G='1')THEN
   case A is
       when "00" =>y<=D0;
       when "01" =>y<=D1;
       when "10" =>y<=D2;
       when "11" =>y<=D3;
       when others=>null;
    end case ;
   ELSE
                y<='0';
    END IF;
end process;
end mux;
```

由于参考代码中使用了 std_Logic，A 可能的数值不止四种，有一个分支来处理其他的数值。在综合的时候，EDA 工具一般都忽略这一分支。除了处理三态器件中的高阻态 "Z" 外，综合工具采用完全相同的方法来处理 std_Logic 和 Bit 数据类型。功能仿真结果如图 5-2 所示。

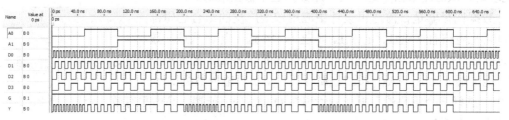

图 5-2 　四选一数据选择器功能仿真结果图

（7）加法器。

1）四位全加器。加法器是数字系统中的最基本的运算单元，加法器中最小的单元是一位全加器。多位加法器的构成有两种方式：并行进位和串行进位方式。并行进位加法器设有并行进位产生逻辑，运算速度较快；串行进位方式是将全加器级连构成多位加法器。并行进位加法器通常比串行进位加法器占用更多的硬件逻辑资源。一般，4 位二进制并行加法器和串行级连加法器占用的资源差不多。因此，多位数加法器可以由 4 位二进制并行加法器级连得到。四位硬件加法器的参考代码如下：

```
LIBRARY IEEE;
USE IEEE.STD_LOGIC_1164.ALL;
USE IEEE.STD_LOGIC_UNSIGNED.ALL;
ENTITY adder_4 IS
    PORT (a,b: IN   STD_LOGIC_VECTOR(3 DOWNTO 0);
           ci: IN   STD_LOGIC;
           S : OUT  STD_LOGIC_VECTOR(3 DOWNTO 0);
          co: OUT   STD_LOGIC);
END;
ARCHITECTURE ONE OF adder_4 IS
Signal temp:std_logic_vector(4 downto 0);
BEGIN
    temp<=('0'&a)+b+ci;
       s<=temp(3 downto 0);
co<=temp(4);
END ;
```

2）BCD 码加法器。二一十进制编码是用四位二进制码的 10 种组合表示十进制数 0～9，简称 BCD 码（Binary Coded Decimal）。8421 BCD 码是最基本和最常用的 BCD 码，它和四位自然二进制码相似，各位的权值为 8、4、2、1，故称为有权 BCD 码。和四位自然二进制码不同的是，它只选用了四位二进制码中前 10 组代码，即用 0000～1001 分别代表它所对应的十进制数，余下的六组代码不用。

当两个 8421 BCD 码数相加时，如遇到低四位向高四位产生进位时，BCD 码要求逢十进一，因此只要产生进位，个位就会少 6，就要进行加 6 调整。也就是低四位结果小于 9 时，结果是正确的 BCD 码；大于 9 时，要进行加 6 调整。两个 8421 BCD 码数加法器的参考代码如下：

```
LIBRARY IEEE;
USE IEEE.STD_LOGIC_1164.ALL;
USE IEEE.STD_LOGIC_UNSIGNED.ALL;
USE IEEE.STD_LOGIC_ARITH.ALL;

ENTITY bcdADDER IS
    PORT (A,B : IN   STD_LOGIC_VECTOR(3 DOWNTO 0);
        Result:OUT   STD_LOGIC_VECTOR(4 DOWNTO 0));
END bcdADDER;

ARCHITECTURE behave OF bcdADDER IS
    SIGNAL A_temp,B_temp:STD_LOGIC_VECTOR(4 DOWNTO 0);
  BEGIN
```

```
Process(A,B)
Begin
  A_temp<='0'&A;
   B_temp<='0'&B;
     If (A<10 AND B<10)THEN
        IF (A_temp+B_temp>="1010")THEN
             Result <= A_temp+B_temp+6;
          Else
            Result <= A_temp+B_temp;
           End if;
      Else
         Result<="11111";
       End if;
End process;
END behave;
```

5. 实验步骤

（1）在 Quartus Ⅱ 13.0 软件中分别创建实验工程文件，VHDL 文本文件，编译，仿真，锁定管脚并下载到目标 FPGA 芯片。

（2）通过 Quartus Ⅱ 13.0 菜单 Tools 里面的 Netlist viewer 查看 VHDL 代码综合后的 RTL 电路图。

（3）以 FPGA 实验平台的按键、电平控制开关作为输入，LED 指示灯作为输出，分别测试各基本组合逻辑电路模块的运行结果，列表记录测试结果。具体引脚锁定查阅附录实验板引脚对照表。

6. 思考题

（1）如何用进程的方式描述基本逻辑门？

（2）如何采用 IF 语句处理含有优先级的编码器电路描述？

（3）IF 语句与条件信号赋值语句的区别是什么？

（4）提高多位加法器的运行速度的设计方法？

5.2　实验 2　VHDL 基本时序逻辑电路设计

1. 实验目的

（1）掌握简单的 VHDL 程序设计。

（2）掌握 VHDL 对基本时序逻辑电路的建模。

2. 实验内容

基于 VHDL 语言分别设计如下基本时序逻辑电路，并完成编辑、编译、仿真和硬件测试。

（1）锁存器。

（2）触发器。

（3）寄存器。

（4）计数器。

3. 实验仪器

（1）PC 机及 Quartus Ⅱ 开发软件。

（2）FPGA 实验平台：开关按键模块、LED 显示模块、时钟源模块。

4．实验原理及参考代码

（1）锁存器（latch）：顾名思义，锁存器（latch）是用来锁存数据的逻辑单元。就是输出端的状态不会随输入端的状态变化而变化，仅在有锁存信号时输入的状态才被保存到输出，直到下一个锁存信号到来时才改变。锁存器的主要作用是缓存，完成高速的控制器与慢速的外设的不同步问题，其次是解决驱动的问题。锁存器是利用电平控制数据的输入，它包括不带使能控制的锁存器和带使能控制的锁存器。锁存器虽然容易引入毛刺但是与触发器相比可以提高电路的集成度。

```
LIBRARY IEEE;
USE IEEE.STD_LOGIC_1164.ALL;

ENTITY latch IS
     PORT(d,en:  IN  STD_LOGIC;
             q:  OUT  STD_LOGIC);
END  latch ;
ARCHITECTURE struc  OF latch  IS
BEGIN
PROCESS(en,d)
        BEGIN
IF  en='1'  THEN
     q<=d;
END IF;
END PROCESS;
END struc;
```

可以将输入信号 d 和输出信号 q 修改为 4 位的总线信号，完成 4 位锁存器的设计实验。

（2）触发器（flip-flop）：触发器（flip-flop）是最基本的时序电路单元，指的是在时钟沿的触发下，引起输出信号改变的一种时序逻辑单元。常见的触发器有三种：D 触发器、T 触发器和 JK 触发器。用这些触发器可以构成各种时序电路。用于数据暂存、延时、计数、分频等电路的设计。D 触发器是最常用的触发器。按照有无复位信号和置位信号，以及复位、置位信号与时钟是否同步，可以分为多种常见的 D 触发器模型。

基本 D 触发器，没有复位和置位信号，在每个时钟信号 clk 的上升沿，输出信号 q 值为输入信号 d；否则，触发器 dff1 的输出信号 q 保持原值。

```
LIBRARY IEEE;
USE IEEE.STD_LOGIC_1164.ALL;
ENTITY Dcfq IS
         PORT(d,clk:IN STD_LOGIC;
             q:OUT STD_LOGIC);
END Dcfq;
ARCHITECTURE struc OF Dcfq IS
BEGIN
PROCESS(clk,d)
BEGIN
   IF  clk'EVENT AND clk='1'  THEN
             q<=d;
   END IF;
```

```
END PROCESS;
END struc;
```

在基本 D 触发器的基础上，修改为异步复位和置位 D 触发器：

```
PROCESS(clk,set,reset)
      BEGIN
         IF set='0' AND reset='1' THEN
                 q<='1';
            ELSIF set='1' AND reset='0' THEN
                 q<='0';
            ELSIF clk'EVENT AND clk='1' THEN
                 q<=d;
            END IF;
END PROCESS;
```

在基本 D 触发器的基础上，修改为同步复位和置位 D 触发器：

```
PROCESS（clk，set，reset）
BEGIN
   IF clk'EVENT AND clk='1' THEN
           IF set='0' AND reset='1' THEN
                   q<='1'; qb<='0';
           ELSIF set='1' AND reset='0' THEN
                   q<='0'; qb<='1';
           ELSE
                   q<=d;
           END IF;
     END IF;
   END PROCESS;
```

（3）寄存器（Register）。

1）通用寄存器（register）也是一种重要的基本时序电路广泛应用于各类数字系统和计算机中，用来暂时存放参与运算的数据和结果。寄存器由触发器构成，常用 D 触发器，N 个触发器组成可存储 N 位二进制代码的寄存器。通用寄存器的功能是在时钟的控制下将输入数据寄存，在满足输出条件时输出数据。下面是 8 位 D 寄存器的参考代码：

```
LIBRARY IEEE;
USE IEEE.STD_LOGIC_1164.ALL;
ENTITY reg8 IS
        PORT(oen,clk:  IN STD_LOGIC;
                    d:  IN STD_LOGIC_vector(7 downto 0);
                    q:  OUT STD_LOGIC_vector(7 downto 0));
END reg8;
ARCHITECTURE struc OF reg8 IS
signal qin:std_logic_vector(7 downto 0);
BEGIN
    q <=qin when oen='0'  else
            "ZZZZZZZZ"
PROCESS(clk,d)
BEGIN
  IF clk'EVENT AND clk='1' THEN
```

```
                qin<=d;
      END IF;
  END PROCESS;
  END struc;
```

2）移位寄存器。移位寄存器在移位脉冲的作用下，可将寄存器中的代码实现左移或者右移。利用移位寄存器可以实现输入数据的数据运算、串并转换和并串转换等功能。双向移位寄存器可以实现同步置数、清零、左移、右移功能，参考代码如下：

```
LIBRARY IEEE;
Use IEEE.STD_LOGIC_1164.ALL;
Use IEEE.STD_LOGIC_ARITH.ALL;
Use IEEE.STD_LOGIC_UNSIGNED.ALL;
ENTITY sxreg8 IS
      PORT(rst,clk:  in  STD_LOGIC;
           Din_left:  in  STD_LOGIC;
          Din_rignt:  in  STD_LOGIC;
                 Sel:  in  Std_logic_vector(1 down to 0);
                 din:  in  Std_logic_vector(7 down to 0);
                   q:  out Std_logic_vector(7 down to 0));
END sxreg8;
ARCHITECTURE struc OF sxreg8 IS
Signal qin:std_logic_vector(7 downto 0);
BEGIN
PROCESS(clk,sel)
BEGIN
  IF clk'EVENT AND clk='1' THEN
        If rst= '0' THEN
           qin<=(others=> '0');
        elsif  Sel="11" THEN
           qin<=din;
        elsif  Sel="01" THEN
          qin<= qin(6 down to 0)& Din_left;
        elsif  Sel="10" THEN
          qin<= Din_rignt &qin(7 down to 1);
        END IF;
  END IF;
END PROCESS;
                 q <= qin;
END struc;
```

（4）计数器（counter）。计数器（counter）是一个用以实现计数功能的时序部件，是数字系统中常用的时序电路，因为计数是数字系统的基本操作之一。计数器在控制信号作用下计数，可以带复位和置位信号。因此，按照复位、置位与时钟信号是否同步可以将计数器分为同步计数器和异步计数器两种基本类型，每一种计数器又可以按照加计数和减计数两种方式进行。同步计数器与其他同步时序电路一样，复位和置位信号都与时钟信号同步，在时钟沿跳变时进行复位和置位操作。异步计数器的复位、置位与时钟不同步。

计数器不仅可用来计脉冲数，还常在数字系统中完成定时、分频和执行数字运算以及其他特定的逻辑功能。常见的集成计数芯片有 74160、74161、74192 等。用 FPGA/CPLD 可以实现计数功能更加灵活的计数器。4 位二进制减法计数器参考代码如下：

```
LIBRARY IEEE;
USE IEEE.STD_LOGIC_1164.ALL;
USE IEEE.STD_LOGIC_UNSIGNED.ALL;
ENTITY CNT IS
   PORT(clk,reset: IN STD_LOGIC;
                 q: OUT STD_LOGIC_VECTOR(3 DOWNTO 0));
END CNT;
ARCHITECTURE struc OF CNT IS
  SIGNAL q_temp:STD_LOGIC_VECTOR(3 DOWNTO 0);
BEGIN
  PROCESS(clk)
  BEGIN
    IF(clk'EVENT AND clk='1')THEN
      IF reset='0'THEN
        q_temp<="1111";
      ELSIF q_temp<="0000" THEN
        q_temp<="1111";
      ELSE
        q_temp<=q_temp-1;
      END IF;
    END IF;
  END PROCESS;
        q<=q_temp;
END struc;
```

5. 实验步骤

（1）在 Quartus Ⅱ 13.0 软件中新建文本文件，输入各电路的 VHDL 程序代码，编译，仿真，锁定管脚并下载到目标 FPGA 芯片完成硬件测试。

（2）查看各个电路的 RTL 综合电路图，观察不同设计方法 RTL 图的变化情况。

（3）实验平台的信号源模块通过短路帽连接到需要的时钟频率 CLK，按键、电平控制开关作为输入数据输入和控制信号输入，LED 指示灯作为锁存器、触发器、寄存器、计数器的输出，分别验证各基本时序逻辑电路结果的正确性，列表记录测试结果。具体引脚锁定查阅芯片引脚对照表。

6. 思考题

（1）锁存器和寄存器的主要区别是什么？应用场合有什么不同？

（2）如何利用移位寄存器设计实现花样流水灯？

5.3 实验 3 FPGA 存储器设计

5.3.1 LPM_ROM 定制与数据读出

1. 实验目的

（1）掌握如何在 FPGA 中定制 lpm_ROM。

（2）掌握 ROM 的数据初始化方法。

（3）验证 FPGA 中 lpm_ROM 的功能。

2. 实验原理

ALTERA 的 FPGA 中有许多可调用的 LPM（Library Parameterized Modules）参数化模块，

如 lpm_rom、lpm_ram、lpm_fifo 等存储器结构。CPU 中的重要部件，如 RAM、ROM 可直接调用它们构成，因此在 FPGA 中利用嵌入式阵列块 EAB 可以构成各种结构的存储器，lpm_ROM 是其中的一种。

　　ROM 只读存储器，是一种重要的时序逻辑存储电路，它的逻辑功能可以表述为在地址信号的选择下从指定存储单元中读取相应的数据。只读存储器只能进行数据的读取而不能修改或写入新的数据。lpm_ROM 有 5 组信号，分别是：地址信号 address［ ］、数据信号 q［ ］、时钟信号 inclock、outclock、允许信号 enable，其参数都是可以设定的。由于 ROM 是只读存储器，所以它的数据口是单向的输出端口，ROM 中的数据是在对 FPGA 现场配置时，通过配置文件一起写入存储单元的。图 5-3 中的 lpm_ROM 有 3 组信号：inclk—输入时钟脉冲；q[23..0]—lpm_ROM 的 24 位数据输出信号；a［5..0］—lpm_ROM 的 6 位读出地址信号。

　　3. 实验内容

　　定制 LPM_ROM 宏功能模块，并对其进行数据初始化，然后读取 ROM 中的数据。

　　4. 实验步骤

　　（1）新建工程。

　　（2）定制 LPM_ROM 宏功能模块。在 mega_lpm 元件库，调用 lpm_rom 元件，设置地址总线宽度 address［ ］和数据总线宽度 q［ ］，分别为 6 位和 24 位，并添加输入输出引脚，如图 5-3 所示。

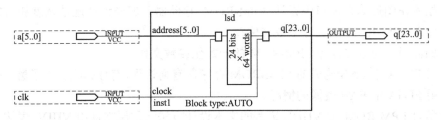

图 5-3　lpm_ROM 的结构图

　　（3）系统 ROM/RAM 读写允许设置。在如图 5-4 所示的 lpm_rom 数据参数选择项中，设置 lpm_ROM 配置文件的路径（rom_a.mif），然后设置在系统 ROM/RAM 读写允许，以便能对 FPGA 中的 ROM 在系统读写。

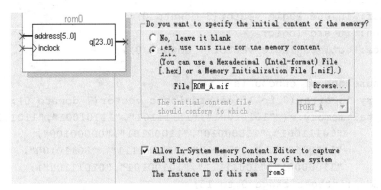

图 5-4　设置在系统 ROM/RAM 读写允许

　　（4）初始化数据。用初始化存储器编辑窗口编辑 lpm_ROM 配置文件（文件名.mif），如

图 5-5 所示。

Addr	+0	+1	+2	+3	+4	+5	+6	+7
00	018108	00ED82	00C050	00E004	00B005	01A206	959A01	00E00F
08	00ED8A	00ED8C	00A008	008001	062009	062009	070A08	038201
10	001001	00ED83	00ED87	00ED99	00ED9C	31821D	31821F	318221
18	318223	00E01A	00A01B	070A01	00D181	21881E	019801	298820
20	019801	118822	019801	198824	019801	018110	000002	000003
28	000004	000005	000006	000007	000008	000009	00000A	00000B
30	00000C	00000D	00000E	00000F	000010	000011	000012	000013
38	000014	000015	000016	000017	000018	000019	00001A	00001C

图 5-5   初始化存储器编辑窗口

（5）添加输入输出引脚，完成引脚分配、全编译，生成下载文件。

（6）下载 SOF 文件至 FPGA，改变 lpm_ROM 的地址 a［5..0］，外加读脉冲，通过实验系统上的数码管比较读出的数据是否与初始化数据相一致。

注：下载 sof 示例文件至实验系统上的 FPGA，可以选择 GW48 实验系统电路模式 NO.0，24 位数据输出由数码 8 至数码 3 显示，6 位地址由键 2、键 1 输入，键 1 负责低 4 位，地址锁存时钟 CLK 由键 3 控制，每一次上升沿，将地址锁入，数码管 8/7/6/5/4/3 将显示 ROM 中输出的数据。发光管 8 至 1 显示输入的 6 位地址值。

5．思考题

（1）如何在图形编辑窗口中设计 LPM-ROM 存储器？怎样设计地址宽度和数据线的宽度？怎样导入 LPM-ROM 的设计参数文件？

（2）如何用其他方法设计 LPM-ROM 的初始化参数文件？

（3）对 FPGA 中 EAB 构成的 LPM-ROM 存储器有何认识，有什么收获？了解 LPM-ROM 存储器占用 FPGA 中 EAB 资源的情况。

（4）学习 LPM-ROM 用 VHDL 语言的文本设计方法（顶层文件用 VHDL 表达）。16×8 的只读存储器 VHDL 参考例程如下：

```
library ieee;
use ieee.std_logic_1164.all;
use ieee.std_logic_unsigned.all;
entity cunchu is
port( addr: in std_logic_vector(3 downto 0);
       en: in std_logic;
     data: out std_logic_vector(7 downto 0));
end;
architecture one of cunchu is
type memory is array(0 to 15)of std_logic_vector(7 downto 0);
signal data1:memory:=( "10101001","11111101","11101001","11011100",
            "10111001","11000010","11000101","00000100",
            "11101100", "10001010", "11001111", "00110100",
            "11000001","10011111","10100101","01011100");
signal addr1:integer range 0 to 15;
begin
addr1<=conv_integer(addr);
process(en,addr1,addr,data1)
```

```
begin
if en='1' then
    data<=data1(addr1);
else
    data<=(others=>'Z');
end if;
end process;
end;
```

5.3.2 LPM_RAM 定制与数据读/写

1. 实验目的

（1）了解 FPGA 中 lpm_ram_dq 的功能。

（2）掌握 lpm_ram_dq 的参数设置和使用方法。

（3）熟悉 lpm_ram_dq 作为随机存储器 RAM 的工作特性和读写方法。

2. 实验原理

随机存储器的逻辑功能是在地址信号的选择下对指定的存储单元进行相应的读/写操作，也就是说随机存储器不但可以读取数据，还可以进行存储数据的修改或重新写入，所以通常用于动态数据的存储。在 FPGA 中利用嵌入式阵列块 EAB 可以构成存储器，lpm_ram_dq 的结构如图 5-6 所示。数据从 ram_dp0 的左边 D［7..0］输入，从右边 Q［7..0］输出，R/W——为读/写控制信号端。数据的写入：当输入数据和地址准备好以后，在 inclock 是地址锁存时钟，当信号上升沿到来时，地址被锁存，数据写入存储单元。数据的读出：从 A［7..0］输入存储单元地址，在 CLK 信号上升沿到来时，该单元数据从 Q［7..0］输出。

R/W——读/写控制端，低电平时进行读操作，高电平时进行写操作；

CLK——读/写时钟脉冲；

DATA［7..0］——RAM_dq0 的 8 位数据输入端；

A［7..0］——RAM 的读出和写入地址；

Q［7..0］——RAM_dq0 的 8 位数据输出端。

3. 实验内容

定制 LPM_RAM 宏功能模块，对 LPM_RAM 进行数据写入和读出操作。

4. 实验步骤

（1）按图 5-6 完成电路图创建。并进行编译、引脚锁定、SOF 文件下载。

（2）可以选择 GW48 实验系统电路模式 NO.1，通过键 1、键 2 输入 RAM 的 8 位数据，键 3、键 4 输入存储器的 8 位地址。键 5 控制读/写允许，低电平时读允许，高电平时写允许；键 6（CLK）产生读/写时钟脉冲，即生成写地址锁存脉冲，对 lpm_ram_dq 进行写/读操作。

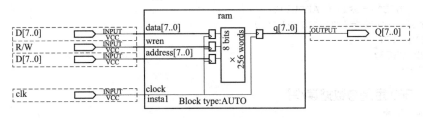

图 5-6 lpm_ram_dp 实验电路图

5. 实验要求

（1）实验前认真复习存储器部分的有关内容。

（2）写出实验报告。

6. 思考题

（1）如何在图形编辑窗口中设计 lpm_ram_dq 存储器？怎样设定地址宽度和数据线的宽度？设计一数据宽度为 6，地址线宽度为 7 的 RAM，仿真检验其功能，并在 FPGA 上进行硬件测试。

（2）如何建立 lpm_ram_dq 的数据初始化，如何导入和存储 lpm_ram_dq 参数文件？生成一个 mif 文件，并导入以上的 RAM 中。

（3）了解 lpm_ram_dq 存储器占用 FPGA 中 EAB 资源的情况。

（4）使用系统读写 RAM 的工具对其中的数据进行读写操作。

（5）使用 VHDL 文件作为顶层文件，学习 lpm_ram_dq 的 VHDL 语言的文本设计方法。
32×8 的随机存储器 vhdl 参考代码如下：

```
LIBRARY IEEE;
USE IEEE.STD_LOGIC_1164.ALL ;
USE IEEE.STD_LOGIC_UNSIGNED.ALL ;
ENTITY RAM IS
  PORT (ADDR: IN STD_LOGIC_VECTOR(4 DOWNTO 0);
          WR: IN STD_LOGIC;
          RD: IN STD_LOGIC;
          CS: IN STD_LOGIC;
         DIN: IN STD_LOGIC_VECTOR(7 DOWNTO 0);
        DOUT: OUT STD_LOGIC_VECTOR(7 DOWNTO 0));
  END RAM;
ARCHITECTURE ONE OF RAM IS
TYPE MEMORY IS ARRAY(0 TO 31)OF STD_LOGIC_VECTOR(7 DOWNTO 0);
SIGNAL DATA1:MEMORY;
SIGNAL ADDR1:INTEGER RANGE 0 TO 31;
BEGIN
ADDR1<=CONV_INTEGER(ADDR);
PROCESS(WR,CS,ADDR1,DATA1,DIN)
BEGIN
    IF CS='0' AND WR='1' THEN
       DATA1(ADDR1)<=DIN;
    END IF;
END PROCESS;
PROCESS(RD,CS,ADDR1,DATA1)
BEGIN
    IF CS='0' AND RD='1' THEN
       DOUT<=DATA1(ADDR1);
    ELSE DOUT<=(OTHERS=>'Z');
    END IF;
END PROCESS;
END ONE;
```

5.3.3 FIFO 定制与数据读/写

1. 实验目的

（1）掌握先进先出存储器 lpm_fifo 的功能，工作特性和读写方法。

（2）掌握 lpm_fifo 的参数设置和使用方法。

2. 实验原理

FIFO（First In First Out）是一种存储电路，用来存储、缓冲在两个异步时钟之间的数据传输。使用异步 FIFO 可以在两个不同时钟系统之间快速而方便地实时传输数据。在网络接口、图像处理、CPU 设计等方面，FIFO 具有广泛的应用。在 FPGA 中利用嵌入式阵列块 EAB 可以构成存储器，lpm_fifo 的电路结构如图 5-7 所示。

WR—写控制端，高电平时进行写操作。

RD—读控制端，高电平时进行读操作。

CLK—读/写时钟脉冲。

CLR—FIFO 中数据异步清零信号。

D [7..0] —lpm_fifo 的 8 位数据输入端。

Q [7..0] —lpm_fifo 的 8 位数据输出端。

U [7..0] —表示 lpm_fifo 已经使用的地址空间。

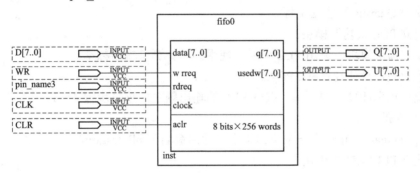

图 5-7　lpm_fifo 电路结构图

3. 实验内容

定制 LPM_fifo 宏功能模块，练习对 FIFO 进行数据写入和读出。

4. 实验步骤

（1）按图 5-6 完成电路图创建，并进行编译、引脚锁定、SOF 文件下载。

（2）可以采用 GW48 实验系统工作模式 NO.0，用键 1、键 2 输入数据，键 3 控制读/写允许 WR（高电平写有效，低电平读有效、键 4 控制数据清 0（高电平清 0 有效）、键 5 输入 CLK 信号，数码管 2/1 显示 FIFO 输出的数据，数码管 4/3 显示地址数。

1）将数据写入 LPM-FIFO：键 3 置高电平（写允许）；键 4 清 0 一次；键 1、键 2 每输入一个新数据（数据显示于发光管 D_8-D_1），键 5 就给出一个脉冲（按键 0-1-0），将数据压入 FIFO 中。

2）将数据读出 LPM-FIFO：键 3 置低电平（读允许）；随着键 5 给出脉冲，观察数码管 2/1 显示的 FIFO 中输出的数据，与刚才写入的数据进行比较，同时注意数码 4/3 显示的地址数变化的顺序。

5. 实验要求

（1）实验前认真预习 LPM-FIFO 存储器部分的有关内容。

（2）完成 FIFO 设计和验证，给出仿真波形图，写出实验报告。

6. 思考题

学习 LPM-ROM 用 VHDL 语言的文本设计方法（顶层文件用 VHDL 表达）。

5.4　实验 4　数字锁相环 PLL 应用

1. 实验目的

掌握 Cyclone 器件内嵌锁相环的使用。

2. 实验仪器设备

（1）PC 机一台。

（2）Quartus Ⅱ 开发软件一套。

（3）EDA 实验开发系统一套。

3. 实验内容

学习嵌入式锁相环 PLL 的使用，具体内容包括：

（1）使用 Quartus Ⅱ 建立工程。

（2）建立 PLL 宏功能模块。

（3）建立顶层模块，调用 PLL 模块，使用频率计测量输出频率。

（4）下载硬件设计到目标 FPGA。

（5）观察频率计显示的频率，改变 PLL 的输出频率，重复步骤 4～5。

4. 实验步骤

（1）启动 Quartus Ⅱ 建立一个空白工程，然后命名为 pll_test.qpf。

（2）建立 PLL 宏功能模块。

1）打开的 Quartus Ⅱ 工程，从【Tool】>>【Mega Wizard Plug-In Manager…】打开如图 5-8 所示的添加宏单元的向导。

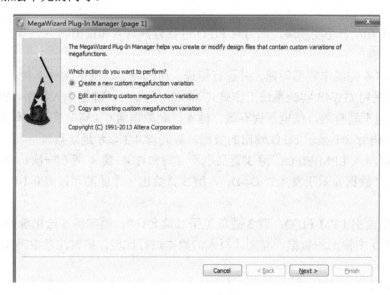

图 5-8　page1

2）点击 Next 进入向导第 2 页，按图 5-9 所示选择和设置，注意标记部分。

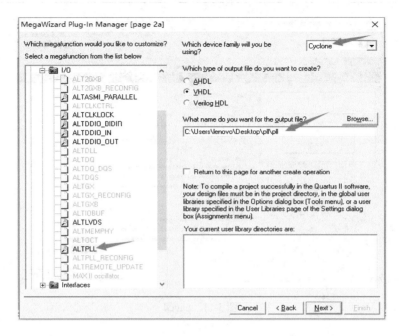

图 5-9　page2

3）点击 Next 进入向导第 3 页，如图 5-10 所示选择和设置，注意标记部分。由于电路板板上的有源晶振频率为 50MHz，所以输入频率为 50MHz。注意，输入时钟频率不能低于 16MHz。

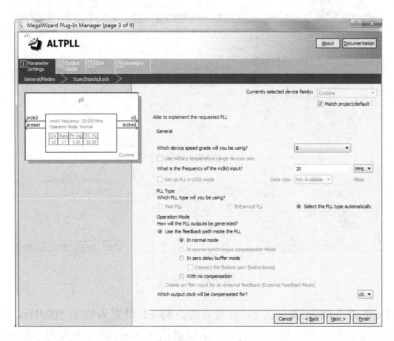

图 5-10　page3

4）点击 Next 进入向导第 4 页，在如图 5-11 所示窗口选择 PLL 的控制信号，如 PLL 使能控制 "pllena"；异步复位 "areset"；锁相输出 "locked" 等。

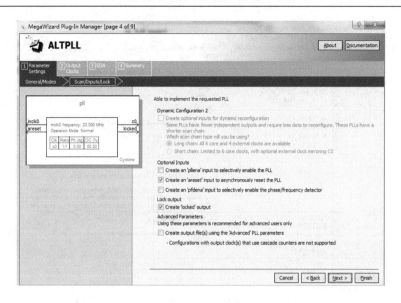

图 5-11　page4

5）点击 Next 进入向导第 5 页，如图 5-12 所示选择 c0 输出频率为 40MHz（c0 为片内输出频率），时钟相移和时钟占空比不改变。

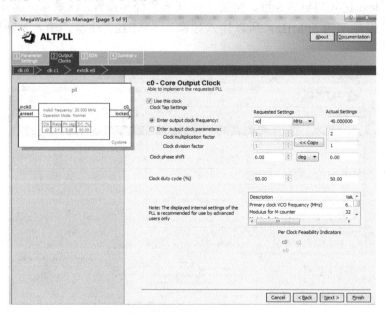

图 5-12　page5

6）点击 Next 进入向导第 6 页 c1 设置界面，将 c1 设置为输出 50MHz，之后点击 Next 进入向导第 7 页 e0 设置界面，这里不适用，所以直接按 Next 跳过进入向导第 9 页，如图 5-13 所示，选中要生成的文件，最后点击 Finish 完成 PLL 兆功能模块的定制。

在完成定制 PLL 后，在 Quartus Ⅱ 工程文件夹中将产生一个含有 PLL 符号的 pll.bsf 符号文件和 pll.vhd 的 VHDL 源文件。顶层模块设计如图 5-14 所示。

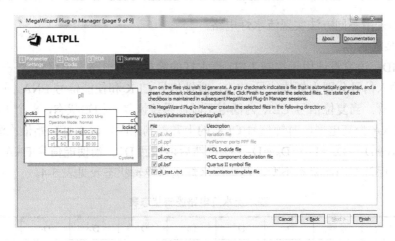

图 5-13　page9

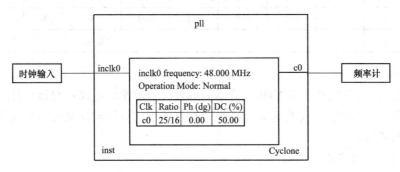

图 5-14　顶层设计框图

（3）新建 VHDL 源程序文件 pll_text.vhd，编写顶层模块，调用 pll.vhd 和频率计模块 freqtest.vhd（参考第六章实验 6）。进行综合编译，若在编译过程中发现错误，则找出并更正错误，直至编译成功为止。

（4）选择目标器件并对相应的引脚进行锁定。

（5）对该工程文件进行全程编译，若在编译过程中发现错误，则找出并更正错误，直至编译成功为止。

（6）硬件连接，下载程序。通过数码管观察测得的频率值并与锁相环设计的频率值做比较。

（7）更改 PLL 的 c1 输出频率值，观察数码管的显示值。

5．实验报告要求

（1）给出 PLL 锁相环的使用方法和步骤。

（2）硬件测试和详细实验过程并给出硬件测试结果。

（3）仿真波形图及其分析报告。

（4）写出学习总结。

5.5　实验 5　流水灯电路设计

1．实验目的

（1）掌握时序电路实现流水灯的设计方法。

（2）掌握采用不同方法实现流水灯电路。

2. 基础实验内容

基于 VHDL 语言设计用于控制 LED 流水灯的简单逻辑电路，电路包含三个输入，八个输出。三个输入信号分别为复位信号 CLR、时钟信号 CLK 和使能信号 ENA，输出信号 Y 接八个发光二极管。当复位信号 CLR 为低电平时，系统恢复为初始状态，8 个 LED 灯全灭。当使能信号 ENA 为高电平，时钟信号 CLK 的上升沿到来时，流水灯开始依次流动。流动次序为：$D_1 \to D_2 \to D_3 \to D_4 \to D_5 \to D_6 \to D_7 \to D_8$，然后再返回 D1。当使能信号 ENA 为低电平时，流水灯暂停，保持在当前状态不变。基本流水灯电路逻辑状态表见表 5-4。

表 5-4　　　　　　　　　　　　　　基本流水灯电路逻辑状态表

时钟	复位	使能	D_8	D_7	D_6	D_5	D_4	D_3	D_2	D_1
X	0	X	灭	灭	灭	灭	灭	灭	灭	灭
X	1	0	不变	不变	不变	不变	不变	不变	不变	不变
上升沿	1	1	进入下一个状态							

3. 实验步骤

（1）在 Quartus II 软件上用 VHDL 文本方式设计该流水灯电路；对该设计进行编辑、语法编译、仿真、引脚分配、综合编译。将经过综合编译的设计输出文件.sof 文件下载到硬件实验箱进行测试验证。

（2）观察综合后的 RTL 图。

（3）输入信号 ENA 接按键 1，CLR 接键 2，CLK 接 CLK0；输出 8 个信号接 8 个发光二极管指示灯。硬件测试时为便于观察，时钟频率最好在 4Hz 左右，测试时根据输入信号的变化观察输出信号的变化情况。根据附录 A 查找 FPGA 具体引脚。基本流水灯电路参考程序如下：

```
LIBRARY IEEE;
USE IEEE.STD_LOGIC_1164.ALL;
USE IEEE.STD_LOGIC_UNSIGNED.ALL;
ENTITY lsd IS
PORT ( CLK: IN STD_LOGIC; --移位时钟
       CLR: IN STD_LOGIC;
       ENA: IN STD_LOGIC;
D: OUT STD_LOGIC_VECTOR(7 DOWNTO 0)); --8 位移位显示码
END lsd;
ARCHITECTURE behav OF lsd IS
SIGNAL SLIP : STD_LOGIC_VECTOR(2 DOWNTO 0);
BEGIN
PROCESS (CLR,CLK,ENA)
BEGIN
IF ENA='1' then
  IF CLK'EVENT AND CLK='1' THEN
SLIP<=SLIP+1;
  END IF;
END IF;
IF CLR='0' then SLIP<="000";
```

```
END IF;
CASE SLIP IS
     WHEN "000"=> D<="00000001";
     WHEN "001"=> D<="00000010";
     WHEN "010"=> D<="00000100";
     WHEN "011"=> D<="00001000";
     WHEN "100"=> D<="00010000";
     WHEN "101"=> D<="00100000";
     WHEN "110"=> D<="01000000";
     WHEN "111"=> D<="10000000";
     WHEN OTHERS=>D<="00000001";
END CASE;
END PROCESS;
END behav;
```

4. 实验扩展

（1）在基础实验的基础上实现其他花样流水显示，控制 8 个 LED 灯进行花样显示。设计 3 种模式：①从左到右逐个点亮 LED；②从右到左逐个点亮 LED；③从中间到两边逐个点亮 LED，3 种模式循环切换，由复位键控制系统的运行和停止。

（2）基于 LPM_ROM 设计流水灯电路。用 8 个 LED 灯可以显示出各种不同的显示效果，本质上是在每个时钟节拍输出 8 位逻辑数据显示在 LED 上。需要显示的数据可以预先写好存储在 ROM 中，设置 ROM 中的数据就可以显示任意的图案。

设计一个 ROM 存储器和一个计数器，如图 5-15 所示。ROM 存储器位宽：16bit，容量：256 个字，用 LED.MIF 作为初始化文件。计数器（counter）可以用宏功能模块（在"Arithmetic"中的"LPM_COUNTER"），采用"q"为 8 位输出的默认设置，即可得到一个 0～255 的加法计数器。计数器输出作为 ROM 地址输入，这样可以按时钟节拍依次输出 0～255 各个地址的数据。顶层原理图输入时钟频率使用 10Hz，输出端信号连接 16 个 LED 指示灯。

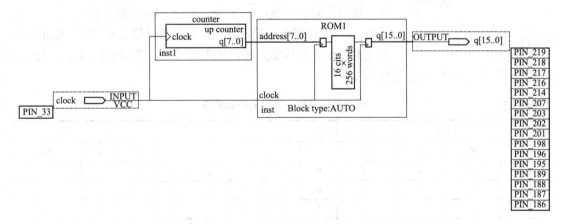

图 5-15　ROM 作为流水灯的输入测试电路

（3）利用移位寄存器完成花样流水灯显示电路设计。

5. 实验报告要求

（1）写出源程序并加以注释。

（2）给出软件仿真结果及波形图。

（3）通过下载器下载到实验板上进行验证并给出硬件测试结果。

（4）写出学习总结。

5.6　实验 6　VHDL 数码管译码显示电路设计

1. 实验目的

（1）熟悉数码管静态显示译码器工作原理。

（2）掌握 VHDL 的 CASE 语句应用及多层次设计方法。

（3）学习 LPM 宏功能模块的调用。

（4）掌握数码管动态扫描显示的设计方法。

2. 实验原理

七段数码管是电子系统常用的输出显示器件，一般分为独立的七段数码管和多位一体的七段数码管。独立的七段数码管可以用静态显示译码电路译码驱动，多位一体的七段数码管一般采用动态扫描的方式实现译码驱动。

（1）七段数码管静态译码显示。7 段数码静态译码显示是纯组合电路，通常的小规模专用 IC，如 74 或 4000 系列的器件只能做十进制 BCD 码译码，然而数字系统中的数据处理和运算都是二进制的，所以输出表达都是十六进制的，为了满足十六进制数的译码显示，最方便的方法就是利用硬件描述语言在 FPGA/CPLD 中来实现。共阴极数码管，如图 5-16 所示。由于七段数码管公共端连接到 GND，当数码管的中的某一段输入高电平信号，则相应的这一段被点亮，反之则不亮。FPGA 输出信号 LED7S 的 7 位分别连接图 5-16 数码管的 7 个段，高位在左，低位在右。例如当 LED7S 输出为"1111101"时，数码管的 7 个段：g、f、e、d、c、b、a 分别接 1、1、1、1、1、0、1，接有高电平的段发亮，于是数码管显示"6"。这里没有考虑表示小数点的发光管，如果要考虑，需要增加段 h。七段数码管显示译码电路真值表见表 5-5。

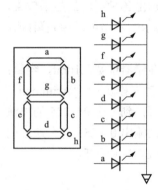

图 5-16　共阴数码管及其电路

表 5-5　　　　　　　　　　　七段数码管显示译码电路真值表

输入				输出							
D3	D2	D1	D0	g	f	e	d	c	b	a	显示
0	0	0	0	0	1	1	1	1	1	1	0
0	0	0	1	0	0	0	0	1	1	0	1
0	0	1	0	1	0	1	1	0	1	1	2
0	0	1	1	1	0	0	1	1	1	1	3
0	1	0	0	1	1	0	0	1	1	0	4
0	1	0	1	1	1	0	1	1	0	1	5
0	1	1	0	1	1	1	1	1	0	1	6
0	1	1	1	0	0	0	0	1	1	1	7
1	0	0	0	1	1	1	1	1	1	1	8

续表

输入				输出							
D3	D2	D1	D0	g	f	e	d	c	b	a	显示
1	0	0	1	1	1	0	1	1	1	1	9
0	0	0	0	0	1	1	1	1	1	1	0
1	0	1	0	1	1	1	0	1	1	1	A
1	0	1	1	1	1	1	1	1	0	0	b
1	1	0	0	0	1	1	1	0	0	1	C
1	1	0	1	1	0	1	1	1	1	0	d
1	1	1	0	1	1	1	1	0	0	1	E
1	1	1	1	1	1	1	0	0	0	1	F

（2）动态扫描译码显示。四位一体的七段数码管在单个静态数码管的基础上加入了用于选择某一位数码管的位选信号端口。八个数码管的 a、b、c、d、e、f、g、h、dp 都串联在了一起，连接到 FPGA/CPLD 的一组端口控制字段输出，8 个数码管分别由各自的位选信号来控制，在某一时刻被选通的数码管显示数据，其余关闭，电路结构如图 5-17 所示。按照静态的数码管驱动方式，则需要 8 个显示译码器进行驱动，占用 IO 资源多，而动态扫描方式只需要一个译码器就可以实现同样功能。

对于一组数码管动态扫描显示需要由两组信号来控制：一组是字段输出口输出的字形代码，用来控制显示的字形，称为段码；另一组是位输出口输出控制信号，用来选择第几位数码管工作，称为位码。在同一时刻如果各位数码管的位码都处于选通状态，8 位数码管将显示相同的字符。若要各位显示不同的字符，就必须采用扫描显示方式。如在某一时刻，k3 为高电平，其余选通信号为低电平，这时仅 k3 对应的数码管显示来自段信号端的数据，而其他 7 个数码管呈现关闭状态。如果希望在 8 个数码管显示不同数据，就必须使得 8 个选通信号 k1、k2、…、k8 分别被单独选通，并在此同时，在段信号输入口加上希望在该对应数码管上显示的数据，于是随着选通信号的扫变，就能实现扫描显示的目的。虽然每次只有一位数码管显示，但只要显示扫描频率达到一定的值，由于人肉眼的视觉余晖效应，使得大家仍会感觉所有的数码管都在同时显示。

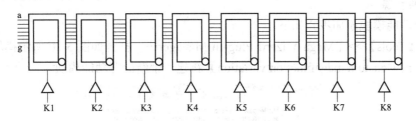

图 5-17　8 位数码扫描显示电路

3. 实验内容

（1）在 Quartus Ⅱ 上用 VHDL 文本方式设计共阳极七段数码管译码显示电路。对该设计进行编辑、编译、综合、适配、仿真和实验及下载测试。仿真时用总线的方式给出输入信号仿真数据。

（2）添加 4 位计数器兆功能模块，如图 5-18 所示连接成顶层设计电路，其中 counter 为

4 位计数器兆功能模块，模块 DECL7S 为实验内容 1 设计的实体元件，注意图中的部分连接线是总线。用数码管 8 显示译码输出，时钟信号接 CLK0。对该顶层工程文件进行全程编译处理，若在编译过程中发现错误，则找出并更正错误，直至编译成功为止。然后将生成的 .sof 文件下载到硬件实验系统进行验证测试。

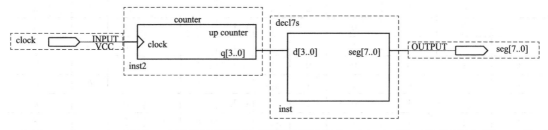

图 5-18　顶层设计电路

（3）制作一个 1 位 BCD 码加法器，其整体设计框架结构如图 5-19 所示。用 VHDL 编程，加数 A、被加数 B、和 S1S0 分别用数码管显示。系统由 2 类子模块构成：1 位 BCD 码加法器模块和七段数码管译码器模块（3 个）。

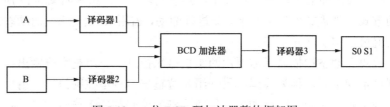

图 5-19　一位 BCD 码加法器整体框架图

（4）用 VHDL 语言完成 8 位数码管动态扫描显示电路设计，对设计进行综合、仿真、硬件下载测试。

（5）修改实验内容 4 中显示数据直接给出的方式，增加 8 个 4 位锁存器，作为显示数据缓冲器，使得所有 8 个显示数据都必须来自缓冲器。缓冲器中的数据可以通过不同方式锁入，如来自 A/D 采样的数据、来自分时锁入的数据、来自串行方式输入的数据、来自常量兆功能模块或来自单片机等。

4．实验步骤

（1）宏功能模块添加步骤如下：

1）从【Tools】>>［Mega Wizard Plug-In Manager…］打开如图 5-20 所示模块向导。选择【Creat a new custom megafunction variation】新建一个新的兆功能模块。

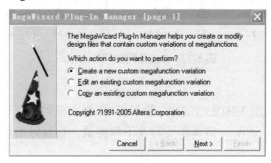

图 5-20　宏功能模块向导 1

2）按 NEXT 进入向导第 2 页，如图 5-21 所示，选择和设置，注意标记处。

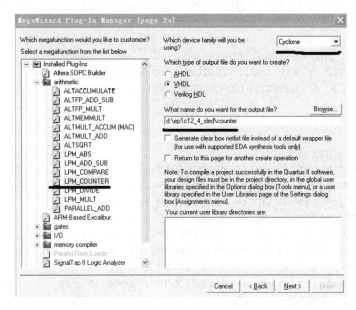

图 5-21　兆功能模块向导 2

3）按 NEXT 进入向导第 3 页，如图 5-22 所示，选择和设置，注意标记处。

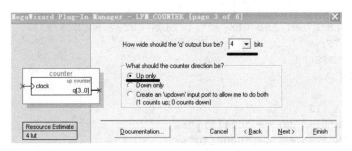

图 5-22　兆功能模块向导 3

4）在图 5-22 中按 NEXT 进入向导第 4 页。第 4 页到第 6 页不用更改设置，直接按 NEXT，最后按 FINISH 完成 4 位计数器兆功能模块的添加。

（2）对于数码管静态译码显示，在完成 VHDL 软件设计、编辑、仿真、实验板下载后，利用四个逻辑开关输入 4 位二进制数，观察其中 1 位数码管的显示输出是否和输入值一致。

（3）对于数码管动态扫描译码显示，在完成 VHDL 编辑、编译后，查表对段码引脚 SG [6]～SG [0]、位码引脚 BT [7]～BT [0] 和扫描时钟信号 CLK 分别进行引脚分配，然后下载到实验板观察测试，8 个数码管输出结果是 13579bdf。修改程序中的显示值，再次下载测试。通过改变扫描时钟信号 CLK 值的大小，观察动态扫描显示过程。如果数码管是共阴极接法，则动态扫描参考程序如下：

```
LIBRARY IEEE;
USE IEEE.STD_LOGIC_1164.ALL;
USE IEEE.STD_LOGIC_UNSIGNED.ALL;
ENTITY SCAN_LED IS
```

```vhdl
      PORT (CLK: IN STD_LOGIC;
              SG: OUT STD_LOGIC_VECTOR(6 DOWNTO 0);
              BT: OUT STD_LOGIC_VECTOR(7 DOWNTO 0));
END;
ARCHITECTURE one OF SCAN_LED IS
    SIGNAL CNT8  : STD_LOGIC_VECTOR(2 DOWNTO 0);
    SIGNAL    A  : INTEGER RANGE 0 TO 15;
BEGIN
P1:PROCESS( CNT8 )
    BEGIN
        CASE  CNT8  IS
          WHEN "000" => BT <= "00000001" ; A <= 1 ;
          WHEN "001" => BT <= "00000010" ; A <= 3 ;
          WHEN "010" => BT <= "00000100" ; A <= 5 ;
          WHEN "011" => BT <= "00001000" ; A <= 7 ;
          WHEN "100" => BT <= "00010000" ; A <= 9 ;
          WHEN "101" => BT <= "00100000" ; A <= 11 ;
          WHEN "110" => BT <= "01000000" ; A <= 13 ;
          WHEN "111" => BT <= "10000000" ; A <= 15 ;
          WHEN OTHERS => NULL ;
        END CASE ;
    END PROCESS P1;
 P2:PROCESS(CLK)
        BEGIN
         IF CLK'EVENT AND CLK = '1' THEN CNT8 <= CNT8 + 1;
         END IF;
     END PROCESS P2 ;
 P3:PROCESS( A )
     BEGIN
      CASE  A  IS
         WHEN 0 => SG <= "0111111";
         WHEN 1 => SG <= "0000110";
         WHEN 2 => SG <= "1011011";
         WHEN 3 => SG <= "1001111";
         WHEN 4 => SG <= "1100110";
         WHEN 5 => SG <= "1101101";
         WHEN 6 => SG <= "1111101";
         WHEN 7 => SG <= "0000111";
         WHEN 8 => SG <= "1111111";
         WHEN 9 => SG <= "1101111";
         WHEN 10 => SG <= "1110111";
         WHEN 11 => SG <= "1111100";
         WHEN 12 => SG <= "0111001";
         WHEN 13 => SG <= "1011110";
         WHEN 14 => SG <= "1111001";
         WHEN 15 => SG <= "1110001";
         WHEN OTHERS => NULL ;
      END CASE ;
     END PROCESS P3;
END;
```

5. 思考

（1）如何将 8 位数码管中某几位动态扫描显示？

（2）如何将译码显示实验案例代码中的 CASE 语句修改 IF 语句结构？

5.7　实验 7　VHDL 多位十进制计数显示电路设计

1. 实验目的

（1）学习计数器的设计、仿真和硬件测试。

（2）进一步熟悉 VHDL 设计技术。

（3）掌握层次化的设计方法。

2. 实验原理

计数器是将几个触发器按照一定的顺序连接起来，然后根据触发器的组合状态按照一定的计数规律随着时钟脉冲的变化记忆时钟脉冲的个数。计数器是一个用以实现计数功能的时序部件，它不仅可用来记脉冲数，还常用作数子系统的定时、分频和执行数字运算以及其他特定的逻辑功能。常见的集成计数芯片有 74160、74161、74192 等。用 FPGA/CPLD 可以实现计数功能更加灵活的计数器。含异步清零和同步时钟使能的十进制加法计数器，其输入分别为时钟信号 CLK，复位信号 RST，使能信号 ENA，输出为 4 位二进制数 D [3..0]。其功能表见表 5-6。

表 5-6　　　　　　　　　　　　　　　　计数器功能表

输　　　入			输　　出
CLK	RST	ENA	D [3..0]
X	1	X	0
X	0	0	保持前一状态
上升沿	0	1	下一状态

输出的 4 位二进制数在 "0000" 到 "1001" 之间变化，即十进制从 "0" 到 "9" 变化。当复位信号 RST 为高电平时，不管 CLK 和 ENA 处于何种状态，输出清零。当 RST 为非有效电平，ENA 为低电平时，输出保持前一状态不发生改变。当 RST 为非有效电平，ENA 为高电平时，此时每来一个时钟 CLK 的上升沿，输出加 1，若输出数据超过 "1001" 则自动清零至 "0000"。多位十进制计数器可以通过多级串联的方式实现，也可以同步实现。单个计数器的参考程序如下：

```
LIBRARY IEEE;
USE IEEE.STD_LOGIC_1164.ALL;
USE IEEE.STD_LOGIC_UNSIGNED.ALL;
ENTITY JSQ IS
    PORT (CLK,RST,EN : IN STD_LOGIC;
               CQ : OUT STD_LOGIC_VECTOR(3 DOWNTO 0);
             COUT : OUT STD_LOGIC );
```

```
END JSQ;
ARCHITECTURE behav OF JSQ IS
SIGNAL  CQI : STD_LOGIC_VECTOR(3 DOWNTO 0);
BEGIN
   PROCESS(CLK, RST, EN)
   BEGIN
     IF RST = '1' THEN  CQI <= "0000" ;          --计数器异步复位
       ELSIF CLK'EVENT AND CLK='1' THEN         --检测时钟上升沿
        IF EN = '1' THEN                         --检测是否允许计数
          IF CQI = 9 THEN
             CQI<= "0000";
          ELSE
             CQI <= CQI + 1;
          END IF;
        END IF;
     END IF;
       IF CQI = 9 THEN COUT <= '1';              --计数大于9,输出进位信号
          ELSE       COUT <= '0';
       END IF;
        CQ <= CQI;                               --将计数值向端口输出
   END PROCESS;
END behav;
```

3. 实验内容

实验内容 1：在 Quartus Ⅱ上对单个十进制计数器进行编辑、编译、综合、适配、仿真和下载测试。说明例程中各语句的作用，详细描述示例程序的功能特点。

实验内容 2：选择 Tools→RTL Viewer，观察综合后的单个计数器的 RTL 电路图，如图 5-23 所示。电路主要由 1 个加法器、1 个多路选择器和一个 4 位锁存器组成。

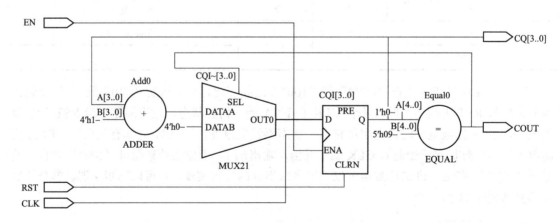

图 5-23　CNT10 工程的 RTL 电路图

实验内容 3：按照图 5-24 所示的顶层原理图设计二位十进制计数显示电路。完成顶层电路的编译、引脚分配和下载测试。其中时钟 CLK1 是计数器的计数时钟，一般选择 1Hz；时钟 CLK2 是二位数码管动态显示的扫描显示时钟，一般选择 1k 以上的时钟频率；二选一选择器的参考程序如下：

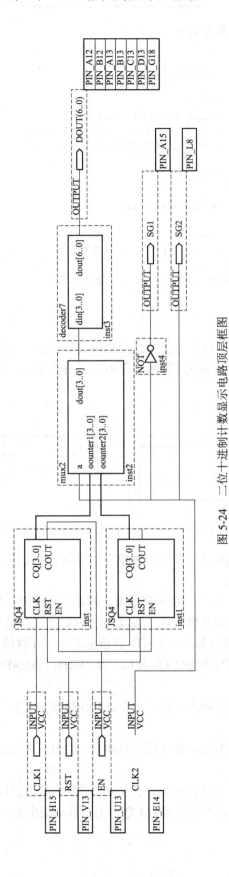

图 5-24　二位十进制计数显示电路顶层框图

二选一选择器的参考程序如下：

```
Library IEEE;
Use IEEE.STD_LOGIC_1164.all;
entity mux2 is
Port ( a : in STD_LOGIC;
counter1 : in STD_LOGIC_VECTOR(3 downto 0);
         counter2 : in STD_LOGIC_VECTOR(3 downto 0);
         dout : out STD_LOGIC_VECTOR(3 downto 0));
end mux2;
Architecture rtl of mux2 is
Begin
    Process(a,counter1,counter2)
    Begin
        if (a='0')then
            dout<=counter1;      ----输出个位
        elsif(a='1')then
            dout<=counter2;      ----输出十位
        end if;
     end process;
end rtl;
```

实验内容 4：按照图 5-25 所示的顶层原理图设计二位十六进制数显示电路，完成顶层电路的编译、引脚分配和下载测试。说明程序中各语句的作用，详细描述程序的功能特点。

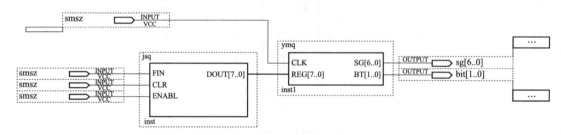

图 5-25　二位十六进制计数显示电路顶层框图

实验内容 5：使用 SignalTap Ⅱ 工具对单个十进制计数器进行实时测试，操作步骤参考教材第一章 1.5 节相关内容。

实验内容 6：从设计中去除 SignalTap Ⅱ，要求全程编译后生成用于配置器件 EPCS1 编程的压缩 POF 文件，通过 AS 模式对实验板上的 EPCS1 进行编程，最后进行验证。

实验内容 7：为此项设计加入一个可用于 SignalTap Ⅱ 采样的独立的时钟输入端（采样时钟选择 clock0＝12MHz，计数器时钟 CLK 分别选择 256Hz、16384Hz、6MHz），并进行实时测试。

4. 实验扩展

（1）在实验内容 2 的基础上，将二位十进制计数器修改为三位十进制计数器，并完成动态扫描显示。

（2）将一位和二位的加法计数器修改为减法计数器，并完成数码管译码显示。

5. 思考

（1）给出含异步清零和同步使能的十六位二进制加减可控计数器的 VHDL 描述。

（2）在例程中是否可以不定义信号 CQI，而直接用输出端口信号完成加法运算，即：CQ<=CQ＋1？为什么？

（3）如何描述同步连接的多位十进制计数器？

5.8　实验 8　分频器设计

1. 实验目的

（1）熟悉分频器的工作原理，学习使用 VHDL 语言设计分频器电路。

（2）学习数控分频器的设计、分析和测试方法。

2. 实验原理

在数字系统的设计中，分频器是一种应用十分广泛的电路，其功能是对较高频率的信号进行分频。分频利用加法计数器完成，其计数值由分频系数 $N = f_{in} / f_{out}$ 决定，其输出不是一般计数器的计数结果，而是根据分频系数对输出信号的高、低电平进行控制。一般来讲，分频器用以得到较低频率的时钟信号、选通信号、中断信号等。常见的分频器有偶数分频器、奇数分频器和半整数分频器，下面详细介绍各种分频器。

（1）分频系数是 2 的整数次幂的分频器设计（rate＝2^N，N 是整数）。

对于分频系数是 2 的整数次幂的分频器来说，可以直接将计数器的相应位赋给分频器的输出信号。那么要想实现分频系数为 2 的 N 次幂的分频器，只需要实现一个模为 N 的计数器，然后把模 N 计数器的最高位直接赋给分频器的输出信号，即可得到所需要的分频信号。

（2）分频系数不是 2 的整数次幂的分频器设计。

定义一个计数器对输入时钟进行计数，在计数的前一半时间里，输出高电平，在计数的后一半时间里，输出低电平，这样输出的信号就是占空比为 50%的偶数分频信号。例如，6 分频，计数值为 0、1、2 输出高电平，计数值为 3、4、5 输出低电平。

（3）奇数分频器设计。

定义两个计数器，分别对输入时钟的上升沿和下降沿进行计数，然后把这两个计数值输入一个组合逻辑，用其控制输出时钟的电平。因为计数值为奇数，占空比为 50%，前半个和后半个周期所包含的不是整数个 clkin 的周期。例如，5 分频，前半个周期包含 2.5 个 clkin 周期，后半个周期包含 2.5 个 clkin 周期。

（4）数控分频器。

数控分频器的功能就是在输入端给定不同输入数据时，对输入的时钟信号有不同的分频比，数控分频器就是用计数值可并行预置的加法计数器设计完成的，方法是将计数溢出位与预置数加载输入信号相接即可。

3. 实验内容

（1）设计一个偶数分频器（分频系数是 2 的整数次幂），参考程序如下：

```
Library ieee;
Use ieee.std_logic_1164.all;
Use ieee.std_logic_unsigned.all;
Entity div248 is
Port( clk:in std_logic;
      Div2:out std_logic;
      Div4:out std_logic;
      Div8:out std_logic;);
```

```
End;
Architecture one of div248 is
Signal cnt:std_logic_vector(2 downto 0);
Begin
Process(clk)
Begin
If clk'event and clk='1' then
        Cnt<=cnt+1;
End if;
End process;
    Div2<=cnt(0);
    Div4<=cnt(1);
    Div8<=cnt(2);
End;
```

（2）设计一个偶数分频器，（分频系数不是 2 的整数次幂），参考程序如下：

```
Library ieee;
Use ieee.std_logic_1164.all;
Use ieee.std_logic_unsigned.all;
Use ieee.std_logic_arith.all;

Entity fdiv is
  generic(N: integer:=6);     --rate=N,N是偶数
  port(  clkin: IN std_logic;
       clkout: OUT std_logic);
End fdiv;
Architecture a of fdiv is
  signal cnt: integer range 0 to n/2-1;
  signal temp: std_logic;
Begin
  process(clkin)
  begin
     if(clkin'event and clkin='1')then
        if(cnt=n/2-1)then
            cnt <= 0;
            temp <= NOT temp;
        else
            cnt <= cnt+1;
         end if;
     end if;
  end process;
  clkout <= temp;
End a;
```

（3）设计一个奇数分频器，参考程序如下：

```
Library ieee;
Use ieee.std_logic_1164.all;
Use ieee.std_logic_unsigned.all;
Use ieee.std_logic_arith.all;

Entity fdiv is
  generic(N: integer:=5);           -- rate=N, N是奇数
```

```
port( clkin: IN std_logic;
      clkout: OUT std_logic );
End fdiv;
process(clkin)
  begin
    if(clkin'event and clkin='0')then --下降沿计数
      if(cnt2<N-1)then
          cnt2 <= cnt2+1;
      else
          cnt2 <= 0;
       end if;
    end if;
  end process;
      clkout <= '1' when cnt1<(N-1)/2 or cnt2<(N-1)/2 else '0';
end a;
```

（4）设计一个数控分频器，输出波形如图 5-26 所示，参考程序如下：

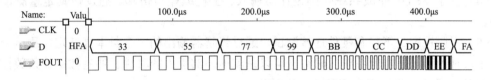

图 5-26　当给出不同输入值 D 时，FOUT 输出不同频率（CLK 周期＝50ns）

```
LIBRARY IEEE;
USE IEEE.STD_LOGIC_1164.ALL;
USE IEEE.STD_LOGIC_UNSIGNED.ALL;
ENTITY DVF IS
    PORT ( CLK : IN STD_LOGIC;
             D : IN STD_LOGIC_VECTOR(7 DOWNTO 0);
           FOUT : OUT STD_LOGIC );
END;
ARCHITECTURE one OF DVF IS
    SIGNAL  FULL : STD_LOGIC;
BEGIN
P-REG: PROCESS(CLK)
  VARIABLE CNT8 : STD_LOGIC_VECTOR(7 DOWNTO 0);
   BEGIN
    IF CLK'EVENT AND CLK = '1' THEN
        IF CNT8 = "11111111" THEN
            CNT8 := D;         --当 CNT8 计满时,输入数据 D 被同步预置给计数器 CNT8
            FULL <= '1';       --同时使溢出标志信号 FULL 输出为高电平
        ELSE CNT8 := CNT8 + 1;  --否则继续作加 1 计数
            FULL <= '0';         --且输出溢出标志信号 FULL 为低电平
        END IF;
    END IF;
  END PROCESS P_REG ;
P-DIV: PROCESS(FULL)
   VARIABLE CNT2 : STD_LOGIC;
 BEGIN
```

```
    IF FULL'EVENT AND FULL = '1' THEN
            CNT2 := NOT CNT2;      --如果溢出标志信号 FULL 为高电平,D 触发器输出取反
        IF CNT2 = '1' THEN FOUT <= '1'; ELSE FOUT <= '0';
        END IF;
    END IF;
END PROCESS P_DIV;
    END;
```

4．实验步骤

（1）根据实验原理，完成各个模块设计。

（2）创建工程。

（3）编译前设置。在对工程进行编译处理前，做好必要的设置：

1）选择目标芯片。

2）选择目标器件编程配置方式。

3）选择输出配置。

（4）基于 VHDL 完成系统代码设计与输入、工程编译与仿真。通过仿真定量测试分频电路。

（5）引脚锁定、下载和硬件连接测试，通过蜂鸣器输出的声音频率高低定性测试分频电路，输入时钟可以是实验系统的时钟也可以是其他外部引入的时钟。通过按键输入数控分频器的 D 值。具体引脚锁定查阅芯片引脚对照表。

5．实验扩展

（1）半整数分频器的 VHDL 设计、仿真、硬件测试。

（2）将数控分频器例程扩展成 16 位分频器，并提出此项设计的实用示例，如 PWM 的设计等。

（3）设计一方波输出电路，其输出方波的正负脉宽的宽度分别由两个 8 位输入数据控制。

5.9　实验 9　16×16 点阵汉字显示实验

1．实验目的

（1）掌握 16×16 点阵的显示电路原理。

（2）掌握用 VHDL 语言设计 LED 点阵汉字显示的方法。

2．实验原理

8×8 点阵 LED 相当于 8×8 个发光管组成的阵列，如图 5-27 所示，每个发光二极管放在行线和列线的交叉点上，每 8 行中的某一行设置成高电平，而 8 列中的一列为低电平时，则相应的发光二极管会导通而发光，某一时刻在 LED 点阵屏上只有一行中指定的发光二极管导通，实现在 8×8 个发光二极管构成的 LED 点阵屏上显示汉字的功能。8×8 点阵是最基本的点阵单元。可将多块 8×8 点阵组合成不同形状的矩阵屏，如 16×16、16×256 等。

16×16 点阵由 256 个 LED 通过排列组合而形成 16 行×16 列的一个矩阵式的 LED 阵列，如图 5-28 所示，其有 16 根行选通线和 16 根列选通线，行选通线接二极管的正极；列选通线接二极管的负极。

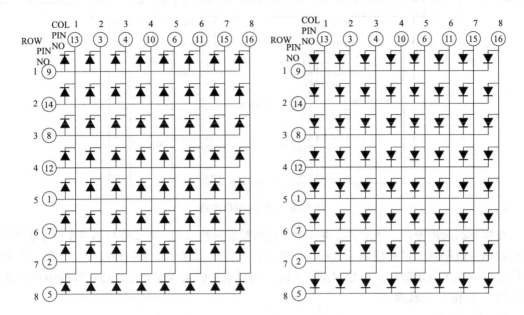

图 5-27　LED 点阵内部结构图

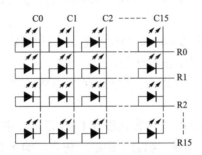

图 5-28　16×16 点阵电路原理图

其列选通线可由序列信号产生电路提供，"0"信号亮，"1"信号灭。行选通线的作用是对 16 行发光二极管进行逐行扫描，每扫一行，次行的发光二极管正极应为高电平。因此行选通线产生电路的功能是一次输出 16 个"1"的正脉冲，如此反复循环。输出的每一个正脉冲应具有驱动 16 只发光二极管的能力，可以由译码电路实现。必要时，译码输出要加驱动电路。因为人眼的余晖效应，行扫描频率较高时，给人的感觉是看到一幅连续的画面或是一幅稳定的图案；如果扫描速度太慢显示屏显示的图案将不稳定，显示原理框图如图 5-29 所示。加入驱动电路后，FPGA 接口电路如图 5-30 所示。

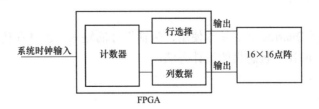

图 5-29　显示原理框图

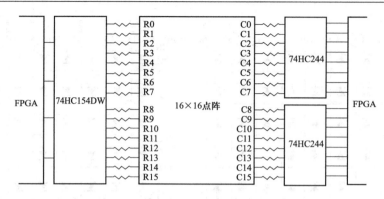

图 5-30   FPGA 接口电路

在实际的应用中，一个汉字是由多个 8 位的数据来构成的，那么要显示多个汉字的时候，这些数据可以根据一定的规则存放到存储器中，当要显示这个汉字的时候只要将存储器中对应的数据读取出显示即可。当数据量不大时，也可以不放入存储器中，而在程序中直接输入对应的一个 16 位的数据。

3. 实验内容

实验内容 1：VHDL 编程实现对 16×16 点阵的控制，在点阵屏循环显示"欢迎使用"这几个汉字。

实验内容 2：在这个程序的基础上试写出其他汉字的字库并在点阵上显示出来。

实验内容 3：思考怎样让汉字左右移动。

实验内容 4：试利用 FPGA 的 ROM 将字库存入 ROM，然后再调用的形式编写程序。

4. 实验步骤

（1）在 Quartus II 上用 VHDL 文本方式设计 LED 点阵汉字显示。

（2）对该设计进行编辑、编译、综合、适配、仿真，给出其所有信号的时序仿真波形。

（3）将经过仿真测试后，下载到硬件实验箱进行验证。

5. 实验报告要求

（1）写出系统设计方案、VHDL 程序并加以详细注释。

（2）给出软件仿真结果及波形图。

（3）通过下载线下载到实验板进行验证并给出硬件测试结果，观察并记录实验现象。

（4）总结 VHDL 设计 16×16 点阵显示的方法。

5.10   实验 10   按键去抖动电路的设计

1. 实验目的

（1）进一步掌握 Quartus II 的基本使用，包括设计的输入、编译和仿真。

（2）掌握 Quartus II 下状态机的设计方法。

2. 实验仪器设备

（1）PC 机一台。

（2）Quartus II 开发软件一套。

（3）EDA 实验开发系统一套。

3. 实验内容

建立按键消抖模块。通过实验系统上的按键 KEY1（经过消抖）或 KEY2（未经过消抖）控制数码管显示数字。对比有加消抖模块和未加消抖模块电路的区别。

4. 实验原理

作为机械开关的键盘，在按键操作时，由于机械接触的弹性及电压突跳等原因，在触点闭合或开启的瞬间会出现电压抖动，如图 5-31 所示，此段时间内如果在时钟的上升沿采集键值则会导致键值的不确定性。

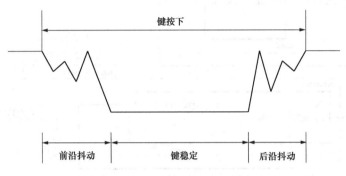

图 5-31　按键电平抖动示意图

为了保证按键识别的准确性，在按键电压信号抖动的情况下不能进行状态输入，为此必须进行去抖处理，消除抖动部分的信号，一般有硬件和软件两种方法。本实验使用状态机的方法设计一个去抖电路，按键去抖动关键在于提取稳定的低电平状态（按键按下时为低电平），滤除前沿、后沿抖动毛刺。对于一个按键信号，可以用一个脉冲对它进行取样，如果连续三次取样为低电平，则可以认为信号已经处于稳定状态，这时输出一个低电平的按键信号。继续取样的过程中，如果不能满足连续三次取样为低，则认为键稳定状态结束，这时输出变为高电平。一个通道的消抖电路原理图如图 5-32 所示。也可以在 3 级 D 触发器后再增加一个 RS 触发器的方式构建消抖模块，取每一级 Q 输出相与和取反分别送到 RS 触发器的 S 和 R 端，RS 触发器 Q 端输出的即为消抖后的电平值。所有触发器使用同一个时钟信号。

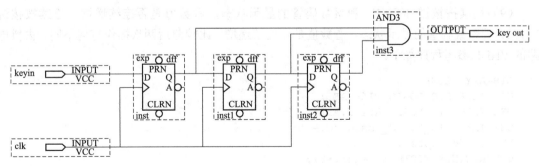

图 5-32　按键消抖硬件原理图

5. 实验步骤

（1）启动 Quartus Ⅱ 13.0 建立一个空白工程，然后命名为 key_debounce.qpf。

（2）将图 5-33 所示的电路用 VHDL 语言描述出来，并扩展为多个通道。新建 VHDL 源文件 debounce.vhd，输入程序代码并保存完整。进行综合编译，若在编译过程中发现错误，则找出并更正错误，直至编译成功为止。

（3）由设计文件创建模块，由 debounce.vhd 生成名为 debounce.bsf 的模块符号文件。

（4）添加 4 位计数器兆功能模块。

（5）按照如图 5-33 所示设计顶层模块原理图。

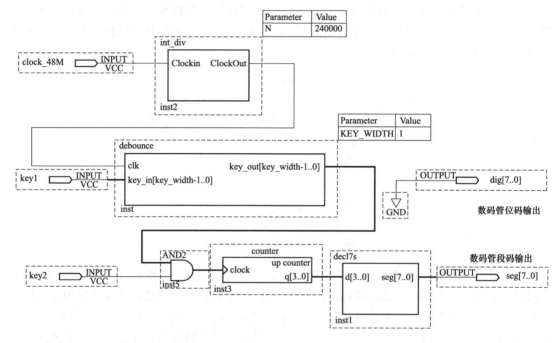

图 5-33　顶层模块

（6）选择目标器件并对相应的引脚进行锁定。

（7）将 key_debounce.bdf 设置为顶层实体。对该工程文件进行全程编译处理，若在编译过程中发现错误，则找出并更正错误，直至编译成功为止。

（8）硬件连接，下载程序。

（9）连续按按键 KEY1，观察数码管的显示状态，看数值是否连续递增；连续按按键 KEY2，观察数码管的显示状态，看数值是否连续递增，比较前后两次操作有何不同。去抖电路的 VHDL 参考程序如下：

```
LIBRARY IEEE;
USE IEEE.STD_LOGIC_1164.ALL;
USE IEEE.STD_LOGIC_Arith.ALL;
USE IEEE.STD_LOGIC_Unsigned.ALL;
ENTITY debounce IS
GENERIC(KEY_WIDTH:Integer:=8);
PORT(clk:IN    STD_LOGIC;                              --系统时钟输入
    key_in: IN  STD_LOGIC_VECTOR(KEY_WIDTH-1 DOWNTO 0);   --外部按键输入
    key_out:OUT STD_LOGIC_VECTOR(KEY_WIDTH-1 DOWNTO 0));  --按键消抖输出
END;
ARCHITECTURE one OF debounce IS
SIGNAL dout1,dout2,dout3:STD_LOGIC_VECTOR(KEY_WIDTH-1 DOWNTO 0);
BEGIN
```

```
   key_out<=dout1 OR dout2 OR dout3;                    --按键消抖输出
PROCESS(clk)
BEGIN
  IF RISING_EDGE(clk)THEN
    dout1<=key_in;
    dout2<=dout1;
    dout3<=dout2;
  END IF;
END PROCESS;
END;
```

6. 实验要求

（1）用 VHDL 语言实现电路设计。

（2）设计仿真文件，进行软件验证。

（3）通过下载线下载到实验板上进行验证。

7. 实验报告要求

（1）画出原理图。

（2）给出软件仿真结果及波形图。

（3）硬件测试和详细实验过程并给出硬件测试结果。

（4）给出程序分析报告、仿真波形图及其分析报告。

（5）写出学习总结。

5.11　实验 11　4×4 键盘扫描电路的设计

1. 实验目的

（1）掌握矩阵键盘的工作原理。

（2）掌握用 VHDL 语言设计矩阵键盘的方法。

2. 实验原理

在数字系统设计中，4×4 矩阵键盘是一种常见的输入装置，通常作为系统的输入模块，键盘上每条水平线垂直线在交叉处不直接连通，而是通过一个按键加以连接。这样的结构可以减少 FPGA 的 I/O 资源占用数量。当行和列的数目一样多时，也就是方形的矩阵，将产生一个最优化的布列方式。矩阵所需的键的数目显然根据应用程序而不同。每一行由一个输出端口的一位驱动，而每一列由一个电阻器上拉且供给输入端口一位，可以采用逐行扫描的方式或者逐列扫描的方式获得所按键的键值。下面介绍用列信号进行扫描时的基本原理和流程，假定键盘是共阴极连接方式，如图 5-34 所示，当进行列扫描时（逐列给出高电平），扫描信号由列引脚进入键盘，以 1000、0100、0010、0001 的顺序每次扫描不同的一列，然后读取行引脚的电平信号，就可以判断是哪个按键被按下。

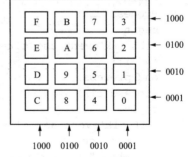

图 5-34　矩阵式键盘示意图

例如，当扫描信号为 0100 时，表示正在扫描"89AB"一列，如果该列没有按键按下，则由行信号读出的值为 0000；反之如果按键 9 被按下，则该行信号读出的值为 0100。若采用共阳极键盘，则输出信号和采集信号都以高电平为有效信号（扫描或者判断信号）。FPGA 与矩阵式键盘的接口电路示意图如图 5-35 所示。

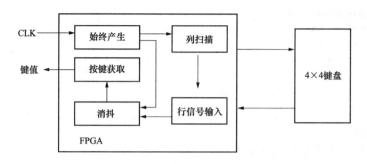

图 5-35　FPGA 与矩阵式键盘的接口电路示意图

3. 实验内容

在时钟控制下循环扫描键盘，根据列扫描信号和对应的键盘响应信号确定键盘按键位置，并将按键值显示在 7 段数码管上。参考程序如下：

```
LIBRARY IEEE;
USE IEEE.STD_LOGIC_1164.ALL;
USE IEEE.STD_LOGIC_UNSIGNED.ALL;
Entity jp is
Port(   clk: in std_logic;
     start:in std_logic;
     kbcol:in std_logic_vector(3 downto 0);
     kbrow:out std_logic_vector(3 downto 0);
     dat_out:out std_logic_vector(3 downto 0));

end;
Architecture one of jp is
  signal count:std_logic_vector(1 downto 0);
  signal dat:std_logic_vector(3 downto 0);
  signal sta:std_logic_vector(1 downto 0);
  signal fn:std_logic;
begin
Process(clk)
begin
  if clk'event and clk='1' then count<=count+1;
end if;
end process;
process(clk)
begin
  if clk'event and clk='1' then
    case count is
    when "00" =>kbrow<="0001";sta<="00";
    when "01" =>kbrow<="0010";sta<="01";
    when "10" =>kbrow<="0100";sta<="10";
    when "11" =>kbrow<="1000";sta<="11";
    when others =>kbrow<="1111";
    end case;
```

```vhdl
end if;
end process;
process(clk,start)
begin
  if start='0' then dat<="0000";
    elsif clk'event and clk='1' then
    case sta is
    when "00"=>
        case kbcol is
          when "0001"=>dat<="0000";
          when "0010"=>dat<="0001";
          when "0100"=>dat<="0010";
          when "1000"=>dat<="0011";
          when others=>dat<="1111";
        end case;
    when "01"=>
        case kbcol is
          when "0001"=>dat<="0100";
          when "0010"=>dat<="0101";
          when "0100"=>dat<="0110";
          when "1000"=>dat<="0111";
          when others=>dat<="1111";
        end case;
    when "10"=>
        case kbcol is
          when "0001"=>dat<="1000";
          when "0010"=>dat<="1001";
          when "0100"=>dat<="1010";
          when "1000"=>dat<="1011";
          when others=>dat<="1111";
        end case;
    when "11"=>
        case kbcol is
          when "0001"=>dat<="1100";
          when "0010"=>dat<="1101";
          when "0100"=>dat<="1110";
          when "1000"=>dat<="1111";
          when others=>dat<="1111";
        end case;
    when others =>dat<="0000";
    end case;
end if;
end process;
fn<=not(dat(0)and dat(1)and dat(2)and dat(3));
process(fn)
begin
    if fn'event and fn='1' then
        dat_out<=dat;
    end if;
end process;
end;
```

4×4 矩阵键盘扫描电路形成的电路符号如图 5-36 所示。输入信号包括：clk（时钟）、开始信号，高电平有效 start、行扫描信号 kbcol[3..0]；输出信号包括：列扫描信号 kbrow[3..0]、7 段显示控制信号 dat_out [3..0]。

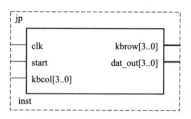

图 5-36　4×4 矩阵键盘扫描电路的电路符号

4. 实验步骤

（1）根据实验原理，完成系统状态分析与设计。

（2）创建工程。

（3）编译前设置。

在对工程进行编译处理前，必须作好必要的设置。具体步骤如下：

1）选择目标芯片。

2）选择目标器件编程配置方式。

3）选择输出配置。

（4）基于 VHDL 完成系统代码设计与输入、工程编译与仿真。顶层模块包括矩阵键盘扫描电路模块和七段显示译码模块。

（5）引脚锁定、下载和硬件连接测试，观察数码管输出数据情况是否与按键输入键值一致。

5. 实验报告要求

（1）给出 VHDL 设计程序和相应注释。

（2）给出软件仿真结果及波形图。

（3）硬件测试和详细实验过程并给出硬件测试结果。

（4）给出程序分析报告、仿真波形图及其分析报告。

（5）写出学习总结。

5.12　实验 12　基于状态机的序列检测器设计

1. 实验目的

（1）掌握序列检测器的工作原理。

（2）掌握利用状态机进行时序逻辑电路设计的方法。

2. 实验原理

有限状态机是时序逻辑电路设计中经常使用的一种方法。在状态连续变化的数字系统设计中，采用状态机的设计思想有利于提高设计效率，增加程序的可读性，减少错误的发生概率。一般来说，标准状态机可以分为摩尔机和米立机两种。摩尔机的输出是当前状态值的函数，并且仅在时钟上升沿到来时才发生变化。米立机的输出是当前状态值、当前输出值和当前输入值的函数。对于基于状态机的设计，首先根据所设计电路的功能作出其状态转换图，然后用硬件描述语言对状态机进行描述。

序列检测器在很多数字系统中都不可缺少，可用于检测一组或多组由二进制码组成的脉冲序列信号，尤其是在通信系统当中应用比较广泛。序列检测器的作用就是从一系列的码流中找出用户希望出现的序列，序列可长可短。比如在通信系统中，数据流帧头的检测就属于一个序列检测器。序列检测器的类型有很多种，有逐比特比较的，有逐字节比较的，也有其他的比较方式，实际应用中需要采用何种比较方式，主要是看序列的多少以及系统的延时要求。逐比特比较的序列检测器是在输入一个特定波特率的二进制码流中，每进一个二进制码，与期望的序列相比较。如果这组序列码与检测器中预设的序列码相同，则输出 F，否则输出 0。这种检测的关键是必须收到连续的正确码，所以要求检测器必须对前一次收到的序列码做记忆分析，直到在连续检测中所收到的每一位二进制码都与预置序列码相同。在检测过程中，只要有一位不相等都将回到初始状态重新开始检测。

3. 实验内容及参考程序

用 VHDL 状态机设计一个 8 位序列信号检测器，完成对输入的序列码进行检测，当这一串序列码高位在前（左移）串行进入检测器后，若此数与预置的密码数相同，则输出 'F'，否则输出 '0'。实验参考程序如下：

```
LIBRARY IEEE;
USE IEEE.STD_LOGIC_1164.ALL;
USE IEEE.STD_LOGIC_UNSIGNED.ALL;
USE IEEE.STD_LOGIC_ARITH.ALL;
ENTITY XLJC IS
    PORT (   data:  IN   STD_LOGIC;                      --输入的序列码
             clk:   IN   STD_LOGIC;                      --时钟信号
             rst:   IN   STD_LOGIC;--复位信号
             dat:   IN   STD_LOGIC_VECTOR(7 DOWNTO 0);   --预置数
             disp:  OUT STD_LOGIC_VECTOR(3 DOWNTO 0));   --输出结果
END;
ARCHITECTURE one OF XLJC  IS
SIGNAL disp_r:STD_LOGIC_VECTOR(3 DOWNTO 0);
TYPE    states   IS (s0,s1,s2,s3,s4,s5,s6,s7,s8);
SIGNAL state:states;
BEGIN
PROCESS(clk,rst)
BEGIN
    IF rst='0'  THEN
        state<=s0;
    ELSE
      IF RISING_EDGE(clk)   THEN
        CASE state  IS
            WHEN s0=>
                IF sda=dat(7)THEN
                    state<=s1;
                ELSE
                    state<=s0;
                END IF;
```

```vhdl
            WHEN s1=>
                IF sda=dat(6)THEN
                    state<=s2;
                ELSE
                    state<=s0;
                END IF;
            WHEN s2=>
                IF sda=dat(5)THEN
                    state<=s3;
                ELSE
                    state<=s0;
                END IF;
            WHEN s3=>
                IF sda=dat(4)THEN
                    state<=s4;
                ELSE
                    state<=s0;
                END IF;
            WHEN s4=>
                IF sda=dat(3)THEN
                    state<=s5;
                ELSE
                    state<=s0;
                END IF;
            WHEN s5=>
                IF sda=dat(2)THEN
                    state<=s6;
                ELSE
                    state<=s0;
                END IF;
            WHEN s6=>
                IF sda=dat(1)THEN
                    state<=s7;
                ELSE
                    state<=s0;
                END IF;
            WHEN s7=>
                IF sda=dat(0)THEN
                    state<=s8;
                ELSE
                    state<=s0;
                END IF;
            WHEN OTHERS=>
                state<=s0;
        END CASE;
      END IF;
   END IF;
END PROCESS;
PROCESS(state)
BEGIN
    IF  state=s8 THEN
```

```
          disp_r<=X"F";
     ELSE
          disp_r<=X"0";
     END IF;
END PROCESS;
disp<=disp_r;
END;
```

4. 实验步骤

（1）根据实验原理，完成系统状态转换图设计。

（2）创建工程。

（3）编译前设置。在对工程进行编译处理前，必须作好必要的设置。具体步骤如下：

1）选择目标芯片。

2）选择目标器件编程配置方式。

3）选择输出配置。

（4）基于 VHDL 状态机方式完成系统代码设计与输入、工程编译与仿真。

（5）设计配合测试模块，完成检测器所需要的时钟，复位、串行输入序列及预置数等信号，同时处理按键、显示等操作。

（6）新建顶层设计文件，如图 5-37 所示。

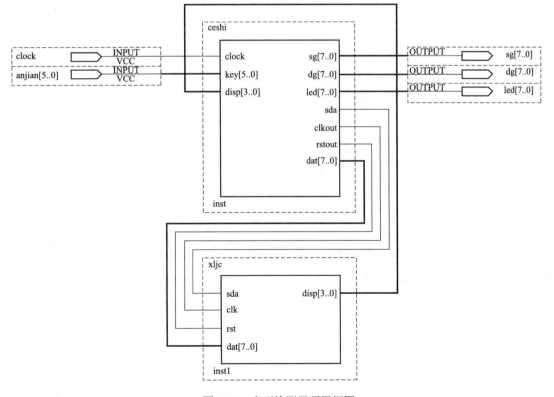

图 5-37　序列检测器顶层框图

（7）引脚锁定、顶层文件全编译、下载和硬件连接测试。按 KEY1\KEY2 输入检测预置数，在数码管 1\2 上显示；按按 KEY3\KEY4 输入待检测序列码，在数码管 3\4 上显示。设置好之后按 KEY5 复位，然后按 KEY6（CLK）8 次，待检测序列码将串行输入，输入过程显示在 LER1-LED8 上，若串行输入的序列码和预置码相同，则数码管 6 显示 "F"；否则仍显示 "0"。更改检测预置码重复验证。

5. 实验思考

（1）增加一个数码管用于显示检测错误的个数，如果与程序设定的值（11100101）相同，在数码管上显示 "0"。

（2）利用有限状态机设计一个时序逻辑电路，其功能是检测一个 4 位二进制序列 "1111"，即输入序列中如果有 4 个或者 4 个以上连续的 "1" 出现，输出为 1，其他情况下，输出为 0。

第6章 VHDL 数字系统设计综合实验

上一章介绍的实验项目基本上是通用性基础模块的 VHDL 实现及其实验验证，目的是让学生掌握 VHDL 基本语法和基本程序结构相关知识，较少涉及具体应用背景知识，内容相对单一，综合性弱。本章将结合一定的实际应用背景在通用性基础模块的基础上设计实验项目，培养学生由模块到系统的工程设计能力。

6.1 实验 1 可控脉冲发生器设计

1. 实验目的

（1）了解可控脉冲发生器的实现原理。

（2）掌握基于 VHDL 的较复杂数字系统设计。

2. 实验原理

在电源控制、电机控制等应用领域，根据不同的应用需求经常需要用到各种单路或者多路的可编程数字脉冲信号，这就需要设计可编程脉冲发生器。脉冲发生器就是要产生一个脉冲波形，而可控脉冲发生器则是要产生一个周期和占空比可编程控制的脉冲波形。可控脉冲发生器设计的基本原理就是采用计数器对输入的时钟信号进行可编程分频。通过改变计数器的上限值来改变脉冲信号的周期，通过改变电平翻转的阈值来改变脉冲信号的占空比。假设利用一个计数器 T 对时钟信号进行分频，其计数的范围是 $0 \sim N$，另取一个值 M（$0 \leqslant M \leqslant N$）作为阈值，时钟信号的输出为 Q，那么 Q 只要满足

$$Q = \begin{cases} 1 & 0 \leqslant T < M \\ 0 & M \leqslant T \leqslant N \end{cases} \tag{6.1}$$

条件时，通过改变 N 值，即可改变。

输出的脉冲波的周期；改变 M 值，即可改变脉冲波的占空比。这样输出的脉冲波的周期和占空比分别为

$$周期 = (N+1) T_{\text{CLOCK}}$$
$$占空比 = \frac{M}{N+1} \times 100\% \tag{6.2}$$

其中 T_{CLOCK} 为系统时钟周期信号。

3. 实验内容

设计一个可控的脉冲发生器，要求输出的脉冲波形的周期和占空比都可调。具体要求如下：

时钟信号选用时钟模块中的 1MHz 以上的时钟信号，然后用按键模块的键 1 和键 2 来控制脉冲波的周期，每按下键 1，N 会在慢速时钟作用下不断地递增 1，按下键 2，N 会在慢速时钟作用下不断地递减 1；用键 3 和键 4 来控制脉冲波的占空比，每按下键 3，M 会在慢速时钟作用下不断地递增 1，每按下键 4，M 会在慢速时钟作用下不断地递减 1，逻辑开关 1 用作复位信号，当逻辑开关 1 打到高电平时，复位 FPGA 内部的脉冲发生器模块。脉冲波信号输出到实验平台的观测模块探针，用数字示波器观察输出波形的变化情况。

4. 实验步骤

（1）打开 Quartus II 软件，新建一个工程。

（2）建完工程之后，再新建一个 VHDL 文件，按照实验原理在 VHDL 编辑窗口编写脉冲发生器 VHDL 程序，可参考附录 C 　VHDL 程序。

（3）编写完 VHDL 程序后，保存 VHDL 程序文件。对编写的 VHDL 程序进行编译并仿真，如果有错误，对程序的错误进行修改。

（4）编译仿真无误后，参照附录 B 选择合适的实验系统进行管脚分配，管脚分配完成后，再进行一次全编译，使管脚分配生效。

（5）连接 FPGA 与输入输出模块的导线，用下载电缆通过 JTAG 口将对应的 sof 文件加载到 FPGA 中，观察实验现象是否与电路的设计思路一致。

5. 实验扩展

PC 机通过串口通信设置可控脉冲发生器的周期和占空比值，产生多路可参数设置脉冲波形。

6. 实验报告

实验原理分析、设计过程描述、仿真波形和硬件测试结果分析，包括波形的误差分析以及改进思路。

6.2　实验 2　正负脉宽数控信号发生器设计

1. 实验目的

（1）在可控脉冲发生器的基础上掌握正负脉宽数控调制信号发生的原理。

（2）掌握基于 VHDL 的较复杂数字系统设计。

2. 实验原理

正负脉宽数控就是直接输入脉冲信号的正脉宽数和负脉宽数，当然，正负脉宽数一旦定下来，脉冲波的周期也就确定下来了。正负脉宽数控信号发生器要用到调制信号的概念，调制信号有很多种，有频率调制、相位调制和幅度调制等，本实验中仅对输出的波形进行最简单的数字调制。为了 EDA 设计的灵活性，实验中要求可以输出未调制波形、正脉冲调制和负脉冲调制。未调制波形就是原始的脉冲波形；正脉冲调制就是在脉冲波输出'1'的期间用输出另一个频率的方波，而在脉冲波为'0'期间还是原始波形；负脉冲调制正好与正脉冲调制相反，要求在脉冲波输出为'0'期间输出另外一个频率的方波，而在'1'期间则输出原始波形。为了简化实验，这里的调制波形（另外一个频率的方波）就用原始的时钟信号。具体的波形示意图如图 6-1 所示。

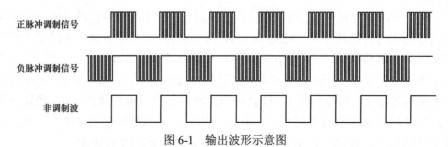

图 6-1　输出波形示意图

3. 实验内容

设计一个正负脉宽数控调制信号发生器。要求能够输出正负脉宽数控的脉冲波、正脉冲调制的脉冲波和负脉冲调制的脉冲波形。具体要求如下：

实验中的时钟信号选择 1MHz 以上的时钟信号，用逻辑开关模块的 K1～K4 作为正脉冲脉宽的输入，用 K5～K8 作为负脉冲脉宽的输入，用按键开关模块中的按键 1 作为模式选择键，每按下一次键，输出的脉冲波形改变一次，依次为原始脉冲波、正脉冲调制波和负脉冲调制波形。脉冲波输出到实验系统观测模块的探针，用数字示波器观察输出波形的改变。

4. 实验步骤

（1）打开 Quartus Ⅱ 软件，新建一个工程。

（2）建完工程之后，再新建一个 VHDL 文件，按照实验原理在 VHDL 编辑窗口编写脉冲发生器 VHDL 程序，可参考附录 C　VHDL 程序。

（3）编写完 VHDL 程序后，保存 VHDL 程序文件。对编写的 VHDL 程序进行编译并仿真，对程序的错误进行修改。

（4）编译仿真无误后，参照附录 B 进行管脚分配，管脚分配完成后，再进行一次全编译，以使管脚分配生效。

（5）连接 FPGA 与输入输出模块的导线，用下载电缆通过 JTAG 口将对应的 sof 文件加载到 FPGA 中，操作按键和逻辑开关，观察实验结果是否与电路的设计思路一致。

5. 实验结果及现象

设计文件加载到目标器件后，选择系统时钟信号，拨动逻辑开关，使 K1～K4 中至少有一个为高电平，K5～K8 至少有一个为高电平，此时输出观测模块用示波器可以观测到一个矩形波，其高低电平的占空比为 K1～K4 高电平的个数与 K5～K8 高电平个数的比。按下按键 1 后，矩形波发生改变，输出如图 6-1 所示的调制波形。

6. 实验报告

实验原理分析、设计过程描述、仿真波形和硬件测试结果分析。

6.3　实验 3　正弦信号发生器设计

1. 实验目的

（1）进一步熟悉 Quartus Ⅱ 及其 LPM_ROM 与 FPGA 硬件资源的使用方法。

（2）掌握 FPGA 与 D/A 的接口和控制技术。

（3）掌握复杂系统的分析与设计方法。

2. 实验原理

现在常用的信号发生器多采用直接数字频率合成技术（DDS），很多公司开发了专用的 DDS 集成电路芯片，同时采用 FPGA 也可以实现波形发生器功能。波形发生与扫频信号发生器电路结构图如图 6-2 所示。

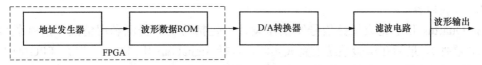

图 6-2　波形发生与扫频信号发生器电路结构图

　　由图 6-2 可知,正弦信号发生器由 4 部分组成:数据计数器或地址发生器、波形数据 ROM、D/A 和滤波电路.性能良好的正弦信号发生器的设计要求此 4 部分具有高速性能,且数据 ROM 在高速条件下,占用最少的逻辑资源,设计流程最便捷,波形数据获取最方便。

　　数据计数器或地址发生器产生控制 ROM 波形数据表的地址,输出信号的频率由 ROM 地址的变化速率决定、变化越快,输出频率越高。波形数据表 ROM 用于存放波形数据,可以存放正弦波、三角波或者其他波形数据。D/A 转换器将 ROM 输出的数据转换成模拟信号,经过滤波电路后输出。

　　波形数据 ROM 可以由多种方式实现:①FPGA 外接普通 ROM。②采用逻辑设计方式在 FPGA 中实现。③由 FPGA 中的 EAB 模块担当,如利用 LPM_ROM 实现。相比之下,第 1 种方式的容量最大,但速度最慢。第 2 种方式容量最小,但速度最快。第 3 种方式则兼顾了两方面的特点。

　　输出波形的频率上限与 D/A 器件的转换速度有关,DAC0832 是常用的一种 D/A 转换器。是 8 位 D/A 转换器,转换周期为 1μs,其参考电压与＋5V 工作电压相接(实用电路应接精密基准电压)。DAC0832 的引脚功能简图如图 6-3 所示。

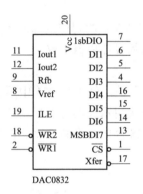

图 6-3　DAC0832 的引脚功能简图

ILE(PIN 19):数据锁存允许信号,高电平有效,系统板上已直接连在＋5V 上。

WR1、WR2(PIN 2、18):写信号 1、2,低电平有效。

Xfer(PIN 17):数据传送控制信号,低电平有效。

Vref(PIN 8):基准电压,可正可负,范围为－10～＋10V。它决定 0 至 255 的数字量转化出来的模拟量电压值的幅度,V_{REF} 端与 D/A 内部 T 形电阻网络相连。

Rfb(PIN 9):反馈电阻引出端,DAC0832 内部已经有反馈电阻,所以 Rfb 端可以直接接到外部运算放大器的输出端,这样相当于将一个反馈电阻接在运算放大器的输出端和输入端之间。

$DI_7 \sim DI_0$:8 位的数据输入端,DI_7 为最高位。

IOUT1/IOUT2(PIN 11、12):电流输出端,I_{OUT2} 与 I_{OUT1} 的和为一个常数,即 $I_{OUT1}+I_{OUT2}$＝常数。D/A 转换量是以电流形式输出的,所以必须将电流信号变为电压信号。

AGND/DGND(PIN 3、10):模拟地与数字地。在高速情况下,此二 GND 地的连接线必须尽可能短,且系统的单点接地点须接在此连线的某一点上。DAC0832 典型连接电路如图 6-4 所示。

　　正弦波波型数据由 64 个点构成,此数据经 DAC0832,并经滤波器后,可在示波器上观察到光滑的正弦波(若接精密基准电压,可得到更为清晰的正弦波形)。地址发生器的时钟 CLK 的输入频率 f_0 与每个周期的波形数据点数(例如选择 64 点),以及 D/A 输出的频率 f 满足如下关系:$f=f_0/64$。

　　3. 实验内容

　　在 Quartus II 上完成正弦信号发生器设计,包括仿真和资源利用情况了解(假设利用 Cyclone 器件)。最后在实验系统上完成实测,包括 SignalTap II 测试(可选)、FPGA 中 ROM 在系统数据读写测试和利用示波器对输出波形进行测试。

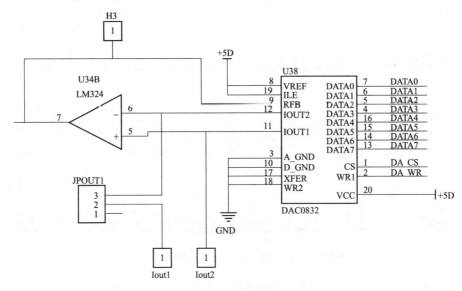

图 6-4　DAC0832 典型连接电路图

4. 实验步骤

（1）创建工程和编辑设计文件。

1）设计 ROM 地址信号发生器，该计数器由 5 位计数器担任，可以用 VHDL 编写也可以调用 LPM 计数器模块。

2）设计正弦数据存放 ROM，由于 LPM_ROM 底层是 FPGA 中的 EAB 或 ESB 等，因此 ROM 由 LPM_ROM 模块构成能达到最优设计。

3）在 LPM_ROM 调用时完成正弦数据的初始化。初始化数据可以由 MATLAB 提前生成（推荐），也可以利用初始化工具直接输入。

（2）编译前设置。

在对工程进行编译处理前，必须作好必要的设置：

1）选择目标芯片。

2）选择目标器件编程配置方式。

3）选择输出配置。

（3）编译及了解编译结果。

（4）仿真。

（5）引脚锁定、下载和硬件测试。示波器探头接在 DA 输出端，通过屏幕观察输出的正弦波波形数据。

（6）使用嵌入式逻辑分析仪进行实时测试，测试结果如图 6-5 所示。

图 6-5　SignalTap II 数据窗的实时信号（一）

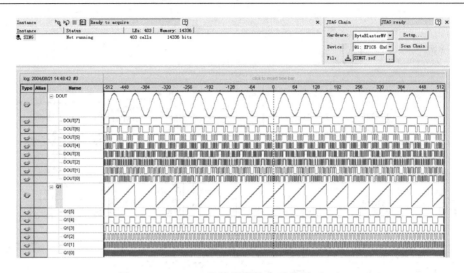

图 6-5   SignalTap Ⅱ 数据窗的实时信号（二）

（7）了解此工程的 RTL 电路图，如图 6-6 所示。

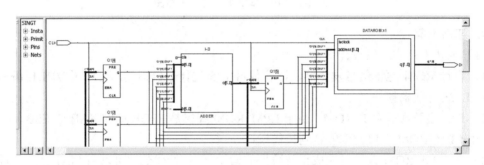

图 6-6   工程 singt 的 RTL 电路图

5. 实验扩展

实验内容 1：修改数据 ROM 文件，设其数据线宽度为 8，地址线宽度也为 8，初始化数据文件使用 MIF 格式，用 C 语言或者 MATLAB 产生正弦信号数据，最后完成以上相同的实验。

实验内容 2：设计一任意波形信号发生器，可以使用 LPM 双口 RAM 担任波形数据存储器，利用单片机产生所需要的波形数据，然后输向 FPGA 中的 RAM。

实验内容 3：设计串行 DA 转换芯片的硬件描述语言（VHDL 或者 VerilogHDL）逻辑控制电路，利用示波器对输出波形进行测试。

6. 思考题

如果 CLK 的输入频率是 50MHz，ROM 中一个周期的正弦波数据是 128 个，要求输出的正弦波频率不低于 150kHz，DAC0832 是否能适应此项工作？为什么？

7. 实验报告要求

（1）做出本项实验设计的完整电路图，详细说明其工作原理。

（2）给出程序代码及程序分析。

（3）给出仿真波形并对其进行分析。

（4）详细叙述硬件实验过程和实验结果分析。

6.4　实验 4　A/D 采样控制电路设计

1. 实验目的

（1）掌握常用并行和串行 A/D 转换器采样控制电路的实现方法。

（2）掌握利用有限状态机实现一般时序逻辑的分析方法。

（3）熟悉 ADC0809 和 TLC549 的工作原理。

2. 实验原理

该实验是利用 FPGA 控制 ADC0809 的时序逻辑，进行 AD 转换，然后将 ADC0809 转换后的数据以十六进制的数据显示出来。ADC0809 是 CMOS 的 8 位 A/D 转换器，片内有 8 路模拟开关，可控制 8 个模拟量中的一个进入转换器中。转换时间约 100μs，含锁存控制的 8 路多路开关，输出有三态缓冲器控制，单 5V 电源供电。ADC0809 主要控制信号和外部引脚排列图如图 6-7 所示。芯片引脚及其说明如下：

D0～D7：8 位数字量输出端。

ADDA、ADDB、ADDC：通道选择地址。

OUTPUT ENABLE：输出允许控制。

Clock：ADC 转换时钟。

Vref＋、Vref－：正负参考电压。

IN0～IN7：8 个模拟信号输入通道。

START：AD 转换启动信号，高电平有效，送 START 一高脉冲，START 的上升沿使逐次逼近寄存器复位，下降沿启动 A/D 转换，并使 EOC 信号为低电平。

EOC：AD 转换结束信号。当 AD 转换结束时（转换时间约 100μs），转换的结果送入输出三态锁存器，并使 EOC 信号回到高电平，表示转换结束。

ALE：是 3 位通道选择地址（ADDC、ADDB、ADDA）信号的锁存信号，输入 3 位地址，并使 ALE＝1，将地址存入地址锁存器中。当模拟量送至某一输入端（如 IN1 或 IN2 等），由 3 位地址信号经地址译码器译码从 8 路模拟通道中选通一路模拟量送到比较器。

OE 是输出使能信号，在 EOC 的上升沿后，若使输出使能信号 OE 为高电平，则控制打开三态缓冲器，把转换好的 8 位数据结果输至数据总线，至此 ADC0809 的一次转换完成。

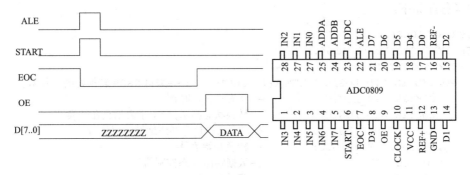

图 6-7　ADC0809 时序图

本实验 FPGA 实现时必须严格遵守 ADC0809 的工作时序,在编写其驱动代码时尤其要注意。ADC 转换时钟可以从外部引入也可以从 FPGA 获取,该时钟在 500kHz 至 800kHz 都可以选择。

采用状态机的方式设计采集控制程序,将整个 AD 转换的数字逻辑控制划分为 5 个状态:状态 1:初始化;状态 2:启动 A/D 转换了;状态 3:采样周期中等待;状态 4:输出数据有效;状态 5:锁存转换好的信号。状态转换图如图 6-8 所示,状态机结构图如图 6-9 所示。

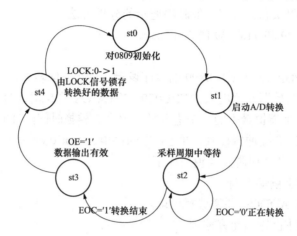

图 6-8   状态转换图

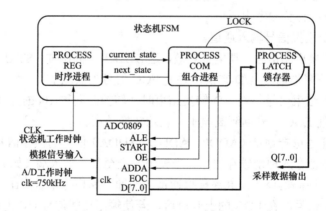

图 6-9   状态机结构图

参考程序如下:

```
LIBRARY IEEE;
USE IEEE.STD_LOGIC_1164.ALL;
ENTITY ADCINT IS
    PORT(D:IN STD_LOGIC_VECTOR(7 DOWNTO 0); --来自 0809 转换好的 8 位数据
        CLK:IN STD_LOGIC;              --状态机工作时钟
        EOC:IN STD_LOGIC;              --转换状态指示,低电平表示正在转换
        ALE:OUT STD_LOGIC;             --8 个模拟信号通道地址锁存信号
      START:OUT STD_LOGIC;             --转换开始信号
         OE:OUT STD_LOGIC;             --数据输出 3 态控制信号
       ADDA:OUT STD_LOGIC;             --信号通道控制信号
       ADDB:OUT STD_LOGIC;             --信号通道控制信号
```

```
        Q: OUT STD_LOGIC_VECTOR(7 DOWNTO 0));  --8 位数据输出
END ADCINT;
ARCHITECTURE behav OF ADCINT IS
TYPE states IS (st0, st1, st2, st3,st4); --定义各状态子类型
    SIGNAL current_state, next_state: states :=st0 ;
    SIGNAL HEX : STD_LOGIC_VECTOR(7 DOWNTO 0);
    SIGNAL LOCK : STD_LOGIC; -- 转换后数据输出锁存时钟信号
BEGIN
    ADDA <= '0';
    ADDB <= '0'; --当 ADDA<='0',当 ADDB<='0',进入通道 IN0
       Q <= HEX;
PROCESS(current_state,EOC)--规定各状态转换方式
BEGIN
CASE current_state IS
WHEN st0=>ALE<='0';START<='0';LOCK<='0';OE<='0';
         next_state <= st1; --0809 初始化
WHEN st1=>ALE<='1';START<='1';LOCK<='0';OE<='0';
         next_state <= st2; --启动采样
WHEN st2=> ALE<='0';START<='0';LOCK<='0';OE<='0';
      IF (EOC='1')THEN next_state <= st3; --EOC=1 表明转换结束
      ELSE next_state <= st2;
      END IF ;    --转换未结束，继续等待
 WHEN st3=> ALE<='0';START<='0';LOCK<='0';OE<='1'; next_state <= st4;
                  --开启 OE,输出转换好的数据
WHEN st4=> ALE<='0';START<='0';LOCK<='1';OE<='1'; next_state <= st0;
WHEN OTHERS => next_state <= st0;
END CASE ;
END PROCESS ;
PROCESS (CLK)
BEGIN
   IF (CLK'EVENT AND CLK='1')THEN current_state<=next_state;
   END IF;
END PROCESS ;           -- 由信号 current_state 将当前状态值带出此进程
PROCESS (LOCK)          -- 此进程中,在 LOCK 的上升沿,将转换好的数据锁入
BEGIN
   IF LOCK='1' AND LOCK'EVENT THEN  HEX <= D ;
   END IF;
  END PROCESS;
END behav;
```

3. 实验内容

（1）利用 Quartus Ⅱ和 VHDL 语言编写 ADC0809 的采样控制电路程序，输出用 8 个 LED 灯表示转换结果。

（2）利用 Quartus Ⅱ和 VHDL 语言编写 ADC0809 的采样控制电路程序，输出用 2 位数码管的十六进制数值显示转换结果。

（3）利用 VHDL 或者 VerilogHDL 语言设计串行 AD 转换芯片 TLC549 的 ADC 控制电路，对电位器输出电压经过串行 AD 转换，最后通过数码管显示转换结果。

4. 实验步骤

（1）编写 ADC0809 时序控制的 VHDL 代码。

（2）用 Quartus Ⅱ 对其进行编译仿真。

（3）确定时序无误后，选择目标芯片。

（4）给芯片进行引脚锁定，查表得出所有输入和输出 PORT 端口的 FPGA 引脚，锁存输出 Q 显示于 LED 指示灯或者两位数码管上。引脚锁定完成后再次进行全编译。

（5）根据绑定的管脚，在实验系统上对 ADC0809、显示器件和 FPGA 之间进行正确连线。

（6）对选定的通道输入一个模拟量，给目标板下载代码，调节电位器改变输入的模拟量，观看实验结果。

注意事项：ADC0809 的转换时钟接 750kHz 的频率源，用 2 个数码管显示 ADC0809 采样的数字值（十六进制），数据来自 FPGA 的输出，当电位器电压调到 0V 时，显示 00；当电位器电压调到 5V 时，显示 FF。

5．实验报告

（1）详细写出 ADC0809 的采样控制电路的工作原理。

（2）给出 ADC0809 的采样控制的程序代码及程序分析。

（3）给出硬件测试结果及结果分析。

6．实验思考

（1）对于外部模拟信号 Vtest 范围超出 0～5V 的情况下，应如何修改设计和显示模块？

（2）不用状态机的方式，编写 ADC0809 驱动控制程序，对这些方法作比较，总结安全状态机设计的经验。

（3）如何将输出的十六进制显示值改变为十进制电压数值？

6.5　实验 5　直接数字合成器（DDS）实现正弦波形发生器设计

1．实验目的

学习利用 EDA 技术、FPGA 和直接数字合成器的原理设计一个正弦波形信号发生器。

2．实验原理

DDS 技术是一种把一系列数字形式的信号通过 DAC 转换成模拟形式的信号合成技术，目前使用最广泛的一种 DDS 方式是利用高速存储器作查找表，然后通过高速 DAC 输出已经用数字形式存入的正弦波。直接数字频率合成技术从相位的概念出发，根据相位与幅度所对应的关系来进行波形的产生与输出。直接数字频率合成器的主要组成部分由 4 个部分组成，包括相位累加器、加法器、波形存储、D/A 转换器，DDS 基本原理如图 6-10 所示。先对频率控制字进行累加计算，并与相位控制字相加后作为波形存储器的地址，然后将该数值输入事先存储波形数据的 ROM 中，作为 ROM 的地址将波形数据取出，最后通过 D/A 转换器将取出的数字幅度码转换为波形信号输出。DDS 系统的核心是相位累加器，它由一个累加器和一个 N 位相位寄存器组成。每来一个时钟脉冲，相位寄存器以步长 M 增加。用这种频率合成方法得到的信号波形具有频率精度和相位分辨率高、频率转换时间短、噪声信号低的特点，并且该结构容易实现，且具有高集成度，因此可以广泛使用。

3．实验内容要求

利用前面实验所学知识和 DDS 技术，设计一正弦波形发生器并在实验系统上实现，频率可调、相位可调。具体指标如下：

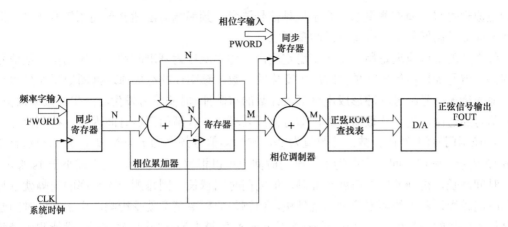

图 6-10　DDS 基本原理图

（1）正弦波输出频率范围：1kHz～10MHz。

（2）具有频率设置功能，频率步进：100Hz。

（3）输出信号频率稳定度：优于 10^{-4}。

（4）输出电压幅度：在 50Ω 负载电阻上的电压峰-峰值 $V_{opp} \geqslant 1V$。

（5）失真度：用示波器观察时无明显失真。

4．实验步骤

（1）依据题目要求，设计总体结构框图。参考实验系统使用说明书，选取适当的模式。

（2）启动 Quartus Ⅱ 建立一个空白工程。

（3）使用 VHDL 语言实现顶层结构中各个模块的功能，并创建顶层文件可调用的图形元件，如：累加器、相位寄存器、加法器、正弦查找表等模块。

（4）创建顶层 GDF 文档，并将各模块连接。

（5）根据所选实验系统查表、锁定引脚。

（6）全编译并下载到目标芯片中。

（7）利用实验系统测试所设计项目的各项功能。

5．实验思考

如何采用 DDS 技术实现任意波形发生器。

6.6　实验 6　八位十六进制频率计设计

1．实验目的

掌握 VHDL 较复杂数字系统设计方法。

2．实验原理

频率测量在电子设计和测量领域中经常用到，因此对频率测量方法的研究在实际工程应用中具有重要意义。常用的频率测量方法有两种：周期测量法和频率测量法。周期测量法是先测量出被测信号的周期 T，然后根据频率 $f = 1/T$ 求出被测信号的频率。频率测量法是在时间 t 内对被测信号的脉冲数 N 进行计数，然后求出单位时间内的脉冲数，即为被测信号的频率。但是上述两种方法都会产生 ±1 个被测脉冲的误差，在实际应用中有一定的局限性。根据测量原理可得，周期测量法适合于低频信号测量，频率测量法适合于高频信号测量，但二者都不能兼顾高低频率同样精度的测量要求。

频率计的工作原理是用一个频率稳定度高的频率源作为基准时钟，对比测量其他信号的频率，也就是周期性信号在单位时间内变化的次数。频率计的组成原理框图如图 6-11 所示。

输入待测信号经过脉冲形成电路形成计数的窄脉冲，时基信号发生器产生计数闸门信号，待测信号通过闸门进入计数器计数，即可得到其频率。若闸门开启时间为 T、待测信号频率为 f_x，在闸门时间 T 内计数器计数值为 N，则待测信号频率为 $f_x = N / T$，其原理示意图如图 6-12 所示。闸门时间通常取为 1s。闸门时间也可以根据需要取值，大于或小于 1s 都可以。闸门时间越长，得到的频率值就越准确，但闸门时间越长，则每测一次频率的间隔就越长。闸门时间越短，测得的频率值刷新就越快，但测得的频率精度就受影响。由于闸门时间通常不是待测信号的整数倍，这种方法的计数值也会产生最大为 ±1 个脉冲误差。设待测信号脉冲周期为 Tx，频率为 Fx，当测量时间为 $T = 1s$ 时，测量相对误差为 $Tx/T = Tx = 1/Fx$。由此可知直接测频法的测量准确度与信号的频率有关：当待测信号频率较高时，测量准确度也较高，反之测量准确度也较低。对于测量精度要求较高的系统，可以通过测频法和测周法综合设计，在高频率段使用测频法完成，在低频率段使用测周法完成。

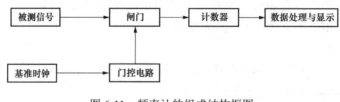

图 6-11   频率计的组成结构框图

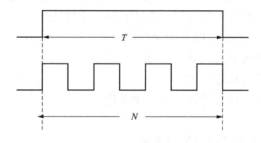

图 6-12   测量原理

3. 实验内容

设计一个能测量方波信号频率的频率计。具体要求如下：

（1）能够测量方波频率范围：10Hz～100kHz。

（2）要求测量的频率绝对误差 ±1Hz。

（3）测量频率结果以十六进制格式在实验箱上的 8 个数码管上显示。

（4）测量响应时间小于等于 2s。

4. 设计方案

根据频率的定义和频率测量的基本原理，系统主要由 5 个模块组成：分别是 1Hz 标准时钟产生模块、控制模块、计数模块、数据锁存模块和动态扫描显示模块组成。系统设计结构框图如图 6-13 所示。

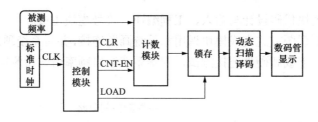

图 6-13　系统设计结构框图

其中 1Hz 标准时钟可以由实验箱现有 1Hz 时钟提供也可以通过 50M 的系统时钟分频以后得到。控制模块是系统的核心模块，其测控时序图如图 6-14 所示。控制模块需要产生一个 1s 脉宽的周期方波信号 CNT_EN，该信号对 32 位二进制计数器使能端进行同步使能控制，当 CNT_EN 高电平时允许计数；低电平时停止计数，并保持其所计的脉冲数；同时产生一个锁存信号 LOAD，该信号的上跳沿将计数器在前 1s 的计数值锁存进锁存器中，设置锁存器的好处是数据显示稳定，不会由于周期性的清 0 信号而不断闪烁；锁存信号后，必须要产生一个清零信号 RST_CNT 对计数器进行清零，为下 1s 的计数操作做准备。计数模块完成 1s 内脉冲个数的计数。锁存模块完成 1s 的计脉冲数值锁存。动态扫描译码模块完成 8 个数码管的动态扫描和 7 段译码功能。

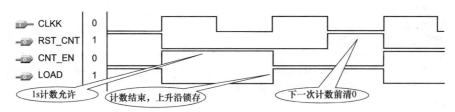

图 6-14　频率计测频控制器 FTCTRL 测控时序图

5. 实验扩展

实验扩展 1：将频率计改为 8 位十进制频率计，提醒：此设计电路的计数器必须是 8 个 4 位的十进制计数器，而不是 1 个。此外注意在测频速度上给予优化。

实验扩展 2：设置量程分挡，自定义各挡位的范围。量程选择通过按键选择，也可以通过程序自动选择量程。不同挡位采用不同的测频方法完成设计，在高频率段使用测频法，在低频率段使用测周法。

实验扩展 3：针对方波信号能够测量方波的占空比，并通过数码管显示。

实验扩展 4：采用等精度测频法完成频率计设计。

6. 实验步骤

（1）根据实验原理，完成系统方案设计，完成系统模块设计、模块与模块之间的信号接口设计以及系统对外端口设计。

（2）创建工程。

（3）编译前设置。在对工程进行编译处理前，必须作好必要的设置。具体步骤如下：

1）选择目标芯片。

2）选择目标器件编程配置方式。

3）选择输出配置。

（4）完成各个模块代码设计与输入、工程编译、符号模块生成。

（5）顶层采用原理图方式完成模块调用和系统画图连接，并对系统顶层原理图进行编译。

（6）引脚锁定、下载和硬件连接测试，观察系统输出频率值与待测频率值是否一致。

参考程序：

```
LIBRARY IEEE;                          --测频控制电路
USE IEEE.STD_LOGIC_1164.ALL;
USE IEEE.STD_LOGIC_UNSIGNED.ALL;
ENTITY FTCTRL IS
    PORT (CLKK : IN STD_LOGIC;         -- 1Hz
           CNTEN : OUT STD_LOGIC;      -- 计数器时钟使能
          RSTCNT : OUT STD_LOGIC;      -- 计数器清零
            Load : OUT STD_LOGIC );    -- 输出锁存信号
END FTCTRL;
ARCHITECTURE behav OF FTCTRL IS
    SIGNAL Div2CLK : STD_LOGIC;
BEGIN
PROCESS( CLKK )
BEGIN
        IF CLKK'EVENT AND CLKK = '1' THEN              -- 1Hz 时钟 2 分频
            Div2CLK <= NOT Div2CLK;
        END IF;
END PROCESS;
PROCESS (CLKK, Div2CLK)
BEGIN
        IF CLKK='0' AND Div2CLK='0' THEN RST_CNT<='1';  --产生计器清零信号
          ELSE RST_CNT <= '0'; END IF;
END PROCESS;
        Load <= NOT Div2CLK;  CNT_EN <= Div2CLK;
END behav;


LIBRARY IEEE; --32 位锁存器
USE IEEE.STD_LOGIC_1164.ALL;
ENTITY REG32B IS
    PORT (  LK : IN STD_LOGIC;
           DIN : IN STD_LOGIC_VECTOR(31 DOWNTO 0);
           DOUT : OUT STD_LOGIC_VECTOR(31 DOWNTO 0));
END REG32B;
ARCHITECTURE behav OF REG32B IS
BEGIN
PROCESS(LK, DIN)
BEGIN
  IF LK'EVENT AND LK = '1' THEN DOUT <= DIN;
     END IF;
   END PROCESS;
END behav;


LIBRARY IEEE; --32 位计数器
USE IEEE.STD_LOGIC_1164.ALL;
USE IEEE.STD_LOGIC_UNSIGNED.ALL;
ENTITY COUNTER32B IS
    PORT (FIN : IN STD_LOGIC;                            -- 时钟信号
```

```
          CLR : IN STD_LOGIC;                          -- 清零信号
        ENABL : IN STD_LOGIC;                          -- 计数使能信号
          DOUT : OUT STD_LOGIC_VECTOR(31 DOWNTO 0));   -- 计数结果
    END COUNTER32B;
ARCHITECTURE behav OF COUNTER32B IS
    SIGNAL CQI : STD_LOGIC_VECTOR(31 DOWNTO 0);
BEGIN
PROCESS(FIN, CLR, ENABL)
BEGIN
      IF CLR = '1' THEN  CQI <= (OTHERS=>'0');          -- 清零
        ELSIF FIN'EVENT AND FIN = '1' THEN
            IF ENABL = '1' THEN CQI <= CQI + 1; END IF;
      END IF;
END PROCESS;
      DOUT <= CQI;
END behav;
```

7. 实验思考题

（1）如何实现测评范围的扩大？

（2）如何提高测量的精度？

6.7　实验 7　交通灯控制器设计

1. 实验目的

（1）掌握交通灯控制的工作原理。

（2）学习较复杂的数字系统设计方法。

（3）学习并掌握状态机的设计方法。

2. 实验原理

交通信号灯一般由红、绿、黄三种颜色的灯组成。红灯亮的时候，禁止通行；绿灯亮的时候，允许通行；黄灯亮的时候，提示通行时间已经结束，即将要转换为红灯状态。十字路口交通信号灯简化示意图如图 6-15 所示，十字路口的交通分为南北和东西两个方向，其中南北方向为主干道，东西方向为次干道。单独一个方向上的信号灯点亮顺序是：红灯熄灭后绿灯亮，绿灯熄灭后黄灯亮，黄灯熄灭后红灯亮，这样一直往复循环。另外，同一方向上的一对信号灯亮的颜色一致，且显示的时间也是一样的。一般各灯色的配时时长可以根据交通流量状况进行不定期调整。

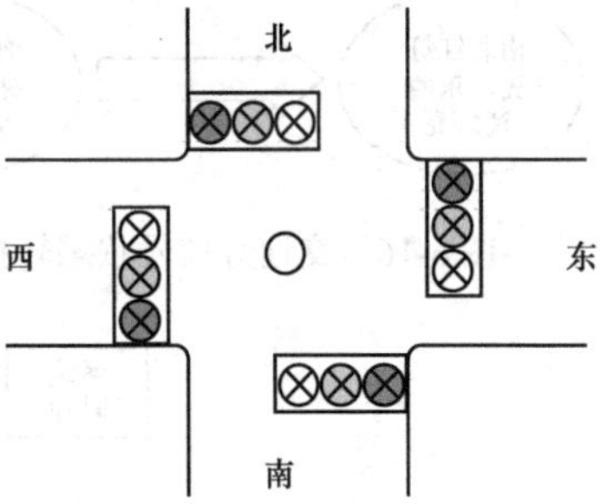

图 6-15　交通信号灯简化示意图

3. 设计任务

要求基于 FPGA 设计一个交通灯控制器，假设此控制器安装在由一条主干道（南北方向）和一条次干道（东西方向）汇合而成的十字路口。具体要求如下：

（1）在自动控制模式时，主干道（南北方向）每次放行时间为 50s，次干道（东西方向）每次放行时间为 30s。

（2）交通灯从绿变红时，有 5s 黄灯亮的间隔时间；黄灯持续时间为 5s。交通灯红变绿是直接进行，没有间隔时间。

（3）两个方向信号灯不同信号持续时间以倒计时的方式计时并各通过两个数码管显示。

（4）要求交通灯控制器有复位功能，和紧急状态功能，在紧急状态下，南北主干道和东西支干道均显示红灯，并要求所有交通灯的状态变化在时钟脉冲上升沿处。

4. 设计方案

（1）确定系统的逻辑状态。

定义了 4 个状态 S0，S1，S2，S3。当状态为 S0 时，南北方向亮绿灯，东西方向亮红灯，持续时长 50s；当状态为 S1 时，南北方向亮黄灯，东西方向亮红，持续时长 5s；当状态为 S2 时，南北方向亮红灯，东西方向绿灯，持续时长 30s；当状态为 S3 时，南北方向亮红灯，东西方向黄灯，持续时长 5s。设计了一个紧急信号情况，当遭遇紧急情况时，主干道和支干道都亮红灯。列出状态转换表见表 6-1。也可以通过状态图的方式表示，如图 6-16 所示。

表 6-1　　　　　　　　　　　　交通灯信号状态转换表

状态	南北方向（主干道）			东西方向（次干道）		
	绿	红	黄	绿	红	黄
1（st0）	1	0	0	0	1	0
2（st1）	0	0	1	0	1	0
3（st2）	0	1	0	1	0	0
4（st3）	0	1	0	0	0	1

（2）系统方案设计思路。

本程序设计的主要电路为时序电路，难点在于控制逻辑，如何保证主干道信号和次干道信号的同步。整个系统由单片 FPGA 实现，可以由分频电路、主控电路、倒计时电路和数码管扫描译码显示电路组成。主控电路可以采用状态机的方式设计，完成状态转换以及信号输出控制。因为系统需要两种不同的频率，因此需要设计分频电路输出不同的频率信号；倒计时电路主要完成不同时段两个方向信号灯倒计时任务，可以通过定义两个计时信号或者变量来完成。在不同状态下，给赋以不同的计时数值，通过计时信号或者变量是否为 0 来判断是否需要进行逻辑状态的转换。扫描译码显示电路采用动态扫描的方式用 4 个数码管完成两个方向不同时段的计时显示，要对数码管进行分时复用，在不同状态时将不同的时间数值送给数码管译码显示。系统组成示意图如图 6-17 所示。

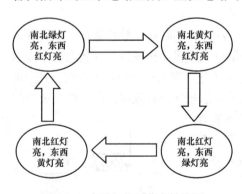

图 6-16　交通灯信号状态转换图

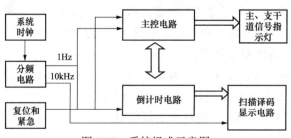

图 6-17　系统组成示意图

控制和计时部分参考源码：

```
library IEEE;
use IEEE.STD_LOGIC_1164.ALL;
use IEEE.STD_LOGIC_ARITH.ALL;
use IEEE.STD_LOGIC_UNSIGNED.ALL;
entity jtd is
  Port ( clk,R,SPC : in STD_LOGIC;
        LIGHT : out STD_LOGIC_VECTOR (5 downto 0);
        Q1,Q2: out INTEGER RANGE 0 TO 55);
end JTD;
ARCHITECTURE behav OF jtd IS
    TYPE STATES IS (S0,S1,S2,S3);                    --定义枚举
    SIGNAL STATE : STATES ;
    SIGNAL T1,T2: INTEGER RANGE 0 TO 55;             --定义两个计时信号
  BEGIN
PROCESS (CLK,STATE)
  BEGIN
  IF R='1'THEN
     STATE<=S0;T1<=50;T2<=55;   --复位
     ELSIF SPC='1' THEN LIGHT<="010010";             --特殊情况亮红灯
   ELSIF CLK'EVENT AND CLK='1'
     THEN
     CASE STATE IS --states 为 s0 时,南北方向亮绿灯,东西方向亮红灯,50s
       WHEN S0=> LIGHT<="100010";
            T1<=T1-1;T2<=T2-1; --倒计时
            Q1<=T1;Q2<=T2;
              IF T1=0 THEN
                STATE<=S1;T1<=5;T2<=5;
              END IF; --states 为 s1 时,南北方向亮黄灯,东西方向继续亮红灯,5s．
       WHEN S1=> LIGHT<="001010";
            T1<=T1-1;T2<=T2-1;
            Q1<=T1;Q2<=T2;
              IF T1=0  THEN
                STATE<=S2;T1<=35;T2<=30;
              END IF;     --states 为 s2 时,南北方向亮红灯,东西方向绿灯,30s．
       WHEN S2=> LIGHT<="010100";
            T1<=T1-1;T2<=T2-1;
            Q1<=T1;Q2<=T2;
             IF T2=0 THEN
               STATE<=S3;T1<=5;T2<=5;
              END IF;   --states 为 s3 时,南北方向亮红灯,东西方向黄灯,5s．
       WHEN S3=> LIGHT<="010001";
            T1<=T1-1;T2<=T2-1;
            Q1<=T1;Q2<=T2;
              IF T1=0 THEN
                 STATE<=S0;T1<=50;T2<=55;
               END IF;
          WHEN OTHERS=>STATE<=S0;T1<=50;T2<=55;
       END CASE;
   END IF;
    END PROCESS;
 END behav;
```

交通灯控制仿真结果如图 6-18 所示。

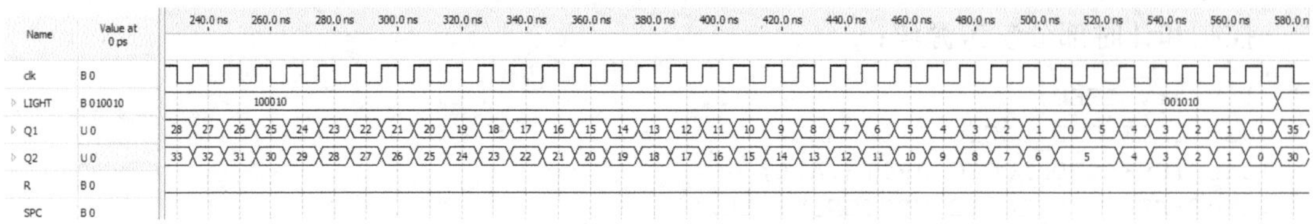

图 6-18　交通灯控制仿真结果

5. 实验步骤

（1）根据实验原理，完成系统方案设计，完成系统模块设计、模块与模块之间的信号接口设计以及系统对外端口设计。

（2）创建工程。

（3）编译前设置。在对工程进行编译处理前，必须作好必要的设置。具体步骤如下：

1）选择目标芯片。

2）选择目标器件编程配置方式。

3）选择输出配置。

（4）完成各个模块代码设计与输入、工程编译、符号模块生成。

（5）顶层采用原理图方式完成模块调用和系统画图连接，并对系统顶层原理图进行编译。

（6）引脚锁定、下载和硬件连接测试，观察系统输出功能是否与设计任务一致。引脚锁定根据所选择的目标芯片和实验板外围电路查表确定。

6. 实验扩展

（1）增加交通灯控制器手动控制模式。

（2）增加交通灯控制器交通流量传感器信号输入判断功能。

6.8　实验 8　数字钟设计

1. 实验目的

（1）掌握数字钟的基本工作原理。

（2）掌握 Quartus Ⅱ 环境下基于 VHDL 完成较复杂数字系统的设计方法。

2. 实验仪器设备

（1）PC 机一台。

（2）Quartus Ⅱ 开发软件一套。

（3）EDA 实验开发系统一套。

3. 设计任务

设计一个数字钟，具体要求如下：

（1）用 6 个数码管分别显示时、分、秒的计数，以 24h 循环计时。

（2）具有清零、校时、校分功能。

4. 设计方案

数字钟主要由六十进制计数器和二十四进制计数器以及其他辅助模块组成，计数器在正常工作情况下是对 1Hz 的频率脉冲信号进行计数，在调整时间状态下校时和校分按键按下时，表示相应的调整模块要加 1。显示时间的 LED 数码管采用动态扫描显示方式实现，需要设计数据选择模块、位扫描模块和 7 段显示模块。数字钟设计结构框图如图 6-19 所示。

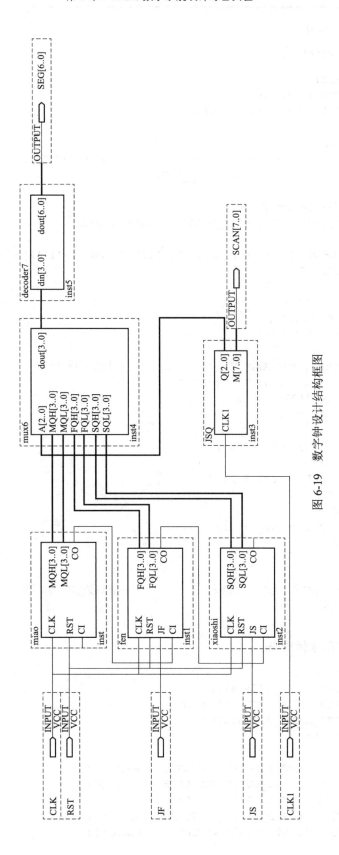

图 6-19　数字钟设计结构框图

5. 部分参考代码

（1）计分、校分模块。

```
LIBRARY IEEE;
USE IEEE.STD_LOGIC_1164.ALL;
USE IEEE.STD_LOGIC_UNSIGNED.ALL;
ENTITY fen IS
  PORT (CLK,RST,JF,CI : IN STD_LOGIC;
                FQH,FQL : OUT STD_LOGIC_VECTOR(3 DOWNTO 0);
                    CO: OUT STD_LOGIC );
END fen;
ARCHITECTURE behav OF fen IS
SIGNAL QH1,QL1 : STD_LOGIC_VECTOR(3 DOWNTO 0);
BEGIN
  CO<='1' WHEN (QH1="0101" AND QL1="1001" AND CI='1')ELSE '0';
PROCESS(CLK, RST)
  BEGIN
    IF RST = '1' THEN
      QH1 <= "0000" ;
      QL1 <= "0000" ;

    ELSIF CLK'EVENT AND CLK='1' THEN        --检测时钟上升沿
    IF (CI = '0')OR (JF = '0')THEN
     IF QL1 = "1001" THEN
        QL1<= "0000";
            IF QH1 = "0101" THEN
              QH1<= "0000";
          ELSE
            QH1 <= QH1 + 1;
      END IF;
          ELSE
            QL1 <= QL1 + 1;
    END IF;
  END IF;
END IF;
      FQH<= QH1;  FQL<= QL1;            --将计数值向端口输出
  END PROCESS;
END behav;
```

（2）计时数据选择模块。

```
Library IEEE;
USE IEEE.STD_LOGIC_1164.all;
USE IEEE.STD_LOGIC_UNSIGNED.ALL;
USE IEEE.STD_LOGIC_ARITH.ALL;
entity mux6 is
    port(
            A: in STD_LOGIC_VECTOR(2 downto 0);
        MQH: in STD_LOGIC_VECTOR(3 downto 0);
        MQL: in STD_LOGIC_VECTOR(3 downto 0);
        FQH: in STD_LOGIC_VECTOR(3 downto 0);
        FQL: in STD_LOGIC_VECTOR(3 downto 0);
```

```
         SQH: in STD_LOGIC_VECTOR(3 downto 0);
         SQL: in STD_LOGIC_VECTOR(3 downto 0);
        dout: out STD_LOGIC_VECTOR(3 downto 0));
end mux6;
Architecture rtl of mux6 is
begin
     process(A,MQL,MQH,FQL,FQH,SQL,SQH)
       begin
            if (a="000")then
                dout<=MQL;
            elsif(a="001")then
                dout<=MQH;
            elsif(a="010")then
                dout<=FQL;
            elsif(a="011")then
                dout<=FQH;
            elsif(a="100")then
                dout<=SQL;
            elsif(a="101")then
                dout<=SQH;
            end if;
            end process;
end rtl;
```

6. 实验步骤

（1）分析数字钟的功能及工作原理，画出结构框图。

（2）用 VHDL 语言实现各个电路模块的设计、在 Quartus Ⅱ环境下完成编译、综合和仿真。

（3）完成顶层原理图设计、综合及仿真分析。

（4）通过下载线下载到实验板上进行硬件验证，观察实验现象，分析设计结果。根据附录的实验平台输入锁定到按键、逻辑开关和两个不同的时钟信号。输出锁定到数码管的段码和位码上。

7. 实验扩展

在现有实验基础上增加整点报时功能。

6.9　实验 9　汽车尾灯控制器的设计

1. 实验目的

（1）了解汽车尾灯控制电路的工作原理。

（2）掌握自顶向下模块化设计方法。

（3）进一步掌握复杂数字系统的设计和仿真方法。

2. 实验原理

设计要求如下。

1）汽车尾部左右两侧各有 3 个指示灯（用发光二极管模拟）。当汽车正常行驶时指示灯全灭；汽车右转弯时，右侧的 3 盏指示灯按照右循环顺序点亮；汽车左转弯时，左侧的 3 盏指示灯按照左循环顺序点亮；刹车时，6 个指示灯同时点亮。

2）设计思想。根据系统设计要求，采用自顶向下设计方法，顶层设计采用原理图设计。采用模块化设计，各模块单独进行编辑、编译、仿真。编译、仿真正确后将各个模块进行封装，然后，新建原理图文件，将各模块的封装图调出来并进行连接（用细线连接信号，用粗线连接位矢量信号）。最后对顶层原理图文件进行编译、仿真、引脚锁定及硬件测试。汽车尾灯控制电路系统框图如图 6-20 所示，控制电路由主控模块、左边灯控制模块和右边灯控制模块三部分组成。

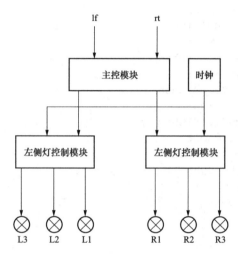

图 6-20　汽车尾灯控制电路系统框图

输入信号：左转信号 lf，右转信号 rt。为了实现指示灯的循环点亮，需要 1 个时钟输入信号 CLK。

输出信号：左转 3 个指示灯 L1，L2，L3；右转 3 个指示灯 R1，R2，R3。

3）功能模块设计：

主控模块：用于产生汽车正常行驶、左转、右转刹车控制信号。

左转模块：用于产生左循环顺序循环点亮信号。

右转模块：用于产生右循环顺序循环点亮信号。

汽车尾灯状态表见表 6-2。

表 6-2　　　　　　　　　　　　　　　　汽车尾灯状态表

开关控制		汽车运行状态	左转尾灯	右转尾灯
LF	RT			
0	0	正常运行	灯灭	灯灭
0	1	右转	灯灭	右循环点亮
1	0	左转	左循环点亮	灯灭
1	1	刹车	灯亮	灯亮

3. 实验内容及步骤

（1）编写各个模块的 VHDL 程序，分别进行编译和功能仿真。

（2）调用各模块完成系统顶层模块原理图设计，并进行功能仿真。

（3）根据附录的实验平台锁定输入左转信号 LF，右转信号 RT 到按键上，同时锁定时钟信号，输出信号 L1，L2，L3 和 R1，R2，R3 锁定到 LED 指示灯上。

（4）全编译后，连接下载线，下载.sof 编程文件到实验板上进行硬件验证，观察实验现象，分析设计结果。

4. 实验报告要求

（1）写出实验电路源程序，做出实验电路原理图，分析仿真波形及下载结果。

（2）写出心得体会。

5. 实验扩展

设计实现故障时，6 个指示灯全部按照一定的频率闪烁。

6.10　实验 10　VHDL 多路彩灯控制器设计

1. 实验目的

（1）掌握基于时序逻辑的多路彩灯控制设计。

（2）掌握较复杂数字系统设计方法。

2. 设计要求

基于 VHDL 语言设计 1 个 16 路彩灯控制器：

（1）6 种花型循环变化。

（2）输出 16 个 LED 灯。

（3）按照快慢两种节拍运行。

3. 设计思路

系统总共包含 3 个输入信号：控制彩灯节奏快慢的基准时钟信号 CLK_IN，系统清零信号 CLR 和彩灯节奏快慢选择开关 xuanze_key；包含 16 个输出信号 LED［15..0］，用于控制 16 路彩灯。彩灯控制器逻辑控制分为两大部分，时序控制模块 sxkz 和显示控制模块 xskz，如图 6-21 所示。时序控制模块用于产生节奏控制信号，选择产生基准时钟频率的 1/4 和 1/8 的时钟信号来改变运行节奏；显示控制模块，生成变化的花形信号。

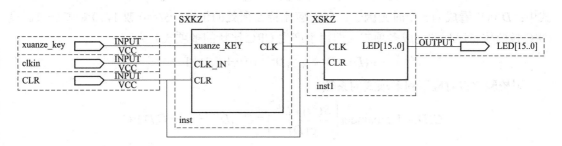

图 6-21　彩灯控制器系统组成框图

4. 实验步骤

（1）启动 Quartus Ⅱ，在编程界面中建立项目，编写好时序控制模块和显示控制模块 VHDL 实验程序，并分别进行编译，然后生成模块符号文件。

（2）完成顶层原理图文件设计输入，对项目进行编译，根据附录的实验平台，执行命令 Assignment pins 分配引脚，再次全编译项目生成可下载文件（*.sof）。

（3）连接好硬件，将.sof 文件下载到 FPGA 目标芯片中。

（4）拨动拨码开关，按照实验内容要求的相关说明，观察验证 LED 数码管显示的结果。

5．实验要求

（1）系统方案设计、总体框图设计、电路模块划分。

（2）用 VHDL 语言实现各电路设计。系统顶层设计。

（3）设计仿真文件，进行分电路和总体电路的软件仿真验证。

（4）通过下载线下载到实验板上进行硬件测试验证。

6.11　实验 11　循环冗余校验（CRC）模块设计

1．实验目的

（1）学习使用 FPGA 器件完成数据传输中的差错控制。

（2）了解循环冗余校验 CRC 模块的工作原理。

（3）应用 VHDL 语言设计循环冗余校验 CRC 模块，实现在数字传输中的校验和纠错功能。

2．实验原理

数字通信系统中，往往需要同时考虑提高传输的有效性和可靠性。信道编码是提高可靠性的必要手段，又称为差错控制编码。CRC 即 Cyclic Redundancy Check 循环冗余校验，是一种使用广泛，检错能力强的数字通信信道编码技术。经过 CRC 方式编码的串行发送序列码，称为 CRC 码，共由两部分构成：k 位有效信息数据和 r 位 CRC 校验码。其中 r 位 CRC 校验码是通过 k 位有效信息序列被一个事先选择的 r+1 位"生成多项式"相"除"后得到的，这里的除法是"模 2 运算"。CRC 校验码一般在有效信息发送时产生，拼接在有效信息后被发送。在接收端，CRC 码用同样的生成多项式相除，除尽表示无误，弃掉 r 位 CRC 校验码，接收有效信息。反之，则表示传输出错，纠错或请求重发。

在发送端，将输入比特序列表示为下列多项式的系数

$$S(D)=S_{K-1}D^{K-1}+S_{K-2}D^{K-2}+\cdots+S_1D+S_0$$

式中：D 可以看成为一个时延因子，D^i 对应比特 S_i 所处的位置。$Si=0$ 或 1，$0 \leqslant i \leqslant k-1$。设 CRC 校验比特序列的生成多项式（即用于产生 CRC 比特的多项式）为

$$g(D)=D^L+g_{L-1}D^{L-1}+\cdots+g_1D+1$$

则校验比特对应下列多项式的系数

$$C(D)=\mathrm{Remainder}\left[\frac{S(D) \cdot D^L}{g(D)}\right]=C_{L-1}D^{L-1}+\cdots+C_1D+C_0$$

式中：Remainder［.］表示取余数。式中的除法与普通的多项式长除相同。差别是系数为二进制，其运算以模 2 为基础。

在接收端，将接收到的序列 $R(D)=r_{K+L-1}D^{K+L-1}+r_{K+L-2}D^{K+L-2}+\cdots+r_1D+r_0$ 与生成多项式 $g(D)$ 相除，并求其余数。如果 $\mathrm{Remainder}\left[\dfrac{R(D)}{g(D)}\right]=0$，则认为接收无误。$\mathrm{Remainder}\left[\dfrac{R(D)}{g(D)}\right]=0$

有两种情况：一是接收的序列正确无误；二是 $R(D)$ 有错，但此时的错误使得接受序列等同于某一个可能的发送序列。出现后一种情况为漏检。

3．实验内容与要求

设计完成 12 位信息加 5 位 CRC 校验码发送、接收。系统由两个模块构成，如图 6-22 所示：CRC 校验生成模块（发送）和 CRC 校验检错模块（接收），采用输入、输出都为并行的 CRC 校验生成方式。CRC 生成多项为 $X^5+X^4+X^2+1$，校验码为 5 位，有效信息数据为 12 位。

图 6-22　CRC 模块

CRC 模块端口数据说明如下：

sdata：12 位的待发送信息；datald：sdata 的装载信号；

error：误码警告信号；datafini：数据接收校验完成；

rdata：接收模块（检错模块）接收的 12 位有效信息数据；　　clk：时钟信号；

datacrc：附加上 5 位 CRC 校验码的 17 位 CRC 码，在生成模块被发送，在接收模块被接收；

hsend、hrecv：生成、检错模块的握手信号，协调相互之间关系。

参考代码如下：

```
LIBRARY IEEE;
USE IEEE.STD_LOGIC_1164.ALL;
USE IEEE.STD_LOGIC_Arith.ALL;
USE IEEE.STD_LOGIC_Unsigned.ALL;
ENTITY crc5 IS
PORT(
    clk:       IN  STD_LOGIC;
    rst_n:     IN  STD_LOGIC;
    sdata:     IN  STD_LOGIC_VECTOR(11 DOWNTO 0);
    dload:     IN  STD_LOGIC;
    hrecv:     IN  STD_LOGIC;
    datacrco:  OUT STD_LOGIC_VECTOR(16 DOWNTO 0);
    hsend:     OUT STD_LOGIC;
    datacrci:  IN STD_LOGIC_VECTOR(16 DOWNTO 0);
    rdata:     OUT STD_LOGIC_VECTOR(11 DOWNTO 0);
    dfinish:   OUT STD_LOGIC;
    error01:   OUT STD_LOGIC);
END;
ARCHITECTURE one OF crc5 IS
SIGNAL datacrco_r: STD_LOGIC_VECTOR(16 DOWNTO 0);
SIGNAL hsend_r:    STD_LOGIC;
SIGNAL rdata_r:    STD_LOGIC_VECTOR(11 DOWNTO 0);
```

```
SIGNAL dfinish_r:    STD_LOGIC;
SIGNAL error01_r:    STD_LOGIC;
SIGNAL rdatacrc:     STD_LOGIC_VECTOR(16 DOWNTO 0);
CONSTANT POLYNOMIAL: STD_LOGIC_VECTOR(5DOWNTO 0):="110101";
                                         --G(x)=x^5 + x^4 + x^2 + 1
BEGIN
PROCESS(clk,rst_n)
VARIABLE dtemp:      STD_LOGIC_VECTOR(11 DOWNTO 0);
VARIABLE sdtemp:     STD_LOGIC_VECTOR(11 DOWNTO 0);
BEGIN
   IF RISING_EDGE(clk)  THEN
     IF  rst_n='0' THEN
         hsend_r<='0';
         datacrco_r<=B"0_0000_0000_0000_0000";
     ELSIF   dload='1'   THEN
         dtemp   :=sdata;
         sdtemp  :=sdata;
         IF dtemp(11)='1' THEN
             dtemp(11 DOWNTO 6):=dtemp(11 DOWNTO 6)XOR POLYNOMIAL;
         END IF;
         IF dtemp(10)='1' THEN
             dtemp(10 DOWNTO 5):=dtemp(10 DOWNTO 5)XOR POLYNOMIAL;
         END IF;
         IF dtemp(9)='1' THEN
             dtemp(9 DOWNTO 4):=dtemp(9 DOWNTO 4)XOR POLYNOMIAL;
         END IF;
         IF dtemp(8)='1' THEN
             dtemp(8 DOWNTO 3):=dtemp(8 DOWNTO 3)XOR POLYNOMIAL;
         END IF;
         IF dtemp(7)='1' THEN
             dtemp(7 DOWNTO 2):=dtemp(7 DOWNTO 2)XOR POLYNOMIAL;
         END IF;
         IF dtemp(6)='1' THEN
             dtemp(6 DOWNTO 1):=dtemp(6 DOWNTO 1)XOR POLYNOMIAL;
         END IF;
         IF dtemp(5)='1' THEN
             dtemp(5 DOWNTO 0):=dtemp(5 DOWNTO 0)XOR POLYNOMIAL;
         END IF;
         datacrco_r<=sdtemp & dtemp(4 DOWNTO 0);
         hsend_r<='1';
     ELSE
         hsend_r<='0';
     END IF;
   END IF;
END PROCESS;
PROCESS(clk,rst_n)
VARIABLE rdtemp:     STD_LOGIC_VECTOR(11 DOWNTO 0);
BEGIN
    IF RISING_EDGE(clk) THEN
        IF rst_n='0'    THEN
            rdata_r <=X"000";
```

```
            dfinish_r    <='0'; error01_r    <='0';
        ELSIF    hrecv='1'    THEN
            rdatacrc      <=datacrci;
            rdtemp  :=datacrci(16 DOWNTO 5);
            IF  rdtemp(11)='1'  THEN
                rdtemp(11 DOWNTO 6):=rdtemp(11 DOWNTO 6)XOR POLYNOMIAL;
            END IF;
            IF  rdtemp(10)='1'  THEN
                rdtemp(10 DOWNTO 5):=rdtemp(10 DOWNTO 5)XOR POLYNOMIAL;
            END IF;
            IF  rdtemp(9)='1'  THEN
                rdtemp(9 DOWNTO 4):=rdtemp(9 DOWNTO 4)XOR POLYNOMIAL;
            END IF;
            IF  rdtemp(8)='1'  THEN
                rdtemp(8 DOWNTO 3):=rdtemp(8 DOWNTO 3)XOR POLYNOMIAL;
            END IF;
            IF  rdtemp(7)='1'  THEN
                rdtemp(7 DOWNTO 2):=rdtemp(7 DOWNTO 2)XOR POLYNOMIAL;
            END IF;
            IF  rdtemp(6)='1'  THEN
                rdtemp(6 DOWNTO 1):=rdtemp(6 DOWNTO 1)XOR POLYNOMIAL;
            END IF;
            IF  rdtemp(5)='1'  THEN
                rdtemp(5 DOWNTO 0):=rdtemp(5 DOWNTO 0)XOR POLYNOMIAL;
            END IF;
        IF  (rdtemp(4 DOWNTO 0)XOR rdatacrc(4 DOWNTO 0))="00000"   THEN
                rdata_r <=rdatacrc(16 DOWNTO 5);
                    dfinish_r    <='1'; error01_r<='0';
        ELSE
                rdata_r<=X"000";      error01_r<='1';
        END IF;
        ELSE
            dfinish_r<='0';
        END IF;
    END IF;
END PROCESS;
    datacrco<=datacrco_r;
hsend<=hsend_r; rdata<=rdata_r; dfinish<=dfinish_r; error01<=error01_r;
END;
```

4. 实验步骤

（1）启动 Quartus Ⅱ，在编程界面中建立项目，编写好 CRC5 模块 VHDL 实验程序，并进行编译，然后生成模块符号文件。

（2）编写输入、输出与显示模块 VHDL 实验程序，并进行编译，然后生成符号模块文件。

（3）完成顶层原理图文件设计输入，对项目进行编译，根据附录的实验平台，执行命令 Assignment pins 分配引脚，再次全编译项目生成可下载文件（*.sof）。

（4）连接好硬件，将.sof 文件下载到 FPGA 目标芯片中。

（5）采用按键 KEY1～KEY3 输入信息，显示于数码管 1～3 上，接收到的数据显示于数码管 4～6 上，CRC 校验码显示于数码管 7～8 上。按 KEY4 加载要发送的数据，由 LED1 指示其状态，KEY5 为复位键，由 LED2 指示，数据接收状态由 LED3 完成，LED4 指示出错。通过 KEY1～KEY5 进行操作，观察数码管和发光二极管的状态，取几个数计算验证。

5. 思考

如果输入数据、输出 CRC 码都是串行的，设计该如何实现（提示：采用 LFSR）。

6. 实验报告

叙述 CRC 的工作原理，将设计原理、程序设计与分析、仿真分析和硬件测试的详细步骤写入设计报告。

6.12　实验 12　乐曲硬件演奏电路设计

1. 实验目的

掌握利用数控分频器设计硬件乐曲演奏电路。

2. 实验原理

硬件乐曲演奏电路由 3 个模块组成，顶层电路结构，如图 6-23 所示。内部包含 3 个功能模块，分别是：TONETABA.VHD、NOTETABS.VHD 和 SPEAKER.VHD。

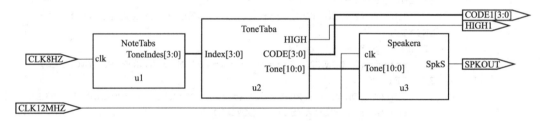

图 6-23　硬件乐曲演奏电路结构

本实验设计项目实现"梁祝"乐曲演奏电路。组成乐曲的每个音符的发音频率值及其持续的时间是乐曲能连续演奏所需的两个基本要素，如何来获取这两个要素所对应的数值以及通过纯硬件的手段来利用这些数值实现所希望乐曲的演奏效果是设计的关键点。模块 U1 类似于弹琴的人的手指；U2 类似于琴键；U3 类似于琴弦或音调发声器。

（1）音符的频率可以由图 6-23 中的 SPEAKERA 获得，这是一个数控分频器。由其 clk 端输入一较高频率的信号，通过 SPEAKERA 分频后由 SPKOUT 输出，由于直接从数控分频器中出来的输出信号是脉宽极窄的脉冲式信号，为了有利于驱动扬声器，需另加一个 D 触发器以均衡其占空比，但这时的频率将成为原来的 1/2。SPEAKERA 对 clk 输入信号的分频比由 11 位预置数 Tone [10..0] 决定。SPKOUT 的输出频率将决定每一音符的音调，这样，分频计数器的预置值 Tone [10..0] 与 SPKOUT 的输出频率，就有了对应关系。

（2）音符的持续时间须根据乐曲的速度及每个音符的节拍数来确定，图 6-23 中模块 TONETABA 的功能首先是为 SPEAKERA 提供决定所发音符的分频预置数，而此数在 SPEAKER 输入口停留的时间即为此音符的节拍值。模块 TONETABA 是乐曲简谱码对应的分频预置数查表电路，其中设置了"梁祝"乐曲全部音符所对应的分频预置数，共 13 个，每一音符的停留时间由音乐节拍和音调发生器模块 NOTETABS 的 clk 的输入频率决定，在此为 4Hz。这 13 个值的输出由对应于 TONETABA 的 4 位输入值 Index [3..0] 确定，而 Index [3..0] 最多有 16 种可选值。输向 TONETABA 中 Index [3..0] 的值 ToneIndex [3..0] 的输出值与持续的时间由模块 NOTETABS 决定。

（3）音符数据 ROM 的地址发生器由 NOTETABS 中设置的 8 位二进制计数器产生，这个计数器的计数频率选为 4Hz，即每一计数值的停留时间为 0.25s，恰为当全音符设为 1s 时，四四拍的 4 分音符持续时间。例如，NOTETABS 在以下的 VHDL 逻辑描述中，"梁祝"乐曲的第一个音符为"3"，此音在逻辑中停留了 4 个时钟节拍，即 1s 时间，相应地，所对应的"3"音符分频预置值为 1036，在 SPEAKERA 的输入端停留了 1s。

3．实验内容与步骤

实验内容与步骤 1：定制 NoteTabs 模块中的音符数据 ROM "music"。

实验内容与步骤 2：完成 TONETABA.VHD 和 NOTETABS.VHD 编辑与编译。

实验内容与步骤 3：完成顶层原理图设计输入，并进行编译。

实验内容与步骤 4：根据附录的实验平台，执行命令 Assignment pins 分配引脚，再次全编译项目生成可下载文件（*.sof）。连接好硬件，将 .sof 文件下载到 FPGA 目标芯片中。测试蜂鸣器输出的演奏乐曲。

实验内容与步骤 5：填入新的乐曲，如"友谊地久天长"或其他熟悉的乐曲。

（1）根据所填乐曲可能出现的音符，修改例程中的音符数据表格，同时注意每一音符的节拍长短；

（2）如果乐曲比较长，可增加模块 NOTETABA 中计数器的位数，如 9 位时可达 512 个基本节拍。

4．思考

在电路上应该满足哪些条件，才能用数字器件直接输出的方波驱动扬声器发声？

相关模块参考代码如下：

```
LIBRARY IEEE;--SPEAKER.VHD
USE IEEE.STD_LOGIC_1164.ALL;
USE IEEE.STD_LOGIC_UNSIGNED.ALL;
ENTITY Speakera IS
  PORT ( clk : IN STD_LOGIC;
         Tone : IN STD_LOGIC_VECTOR (10 DOWNTO 0);
         SpkS : OUT STD_LOGIC );
END;
ARCHITECTURE one OF Speakera IS
  SIGNAL PreCLK, FullSpkS : STD_LOGIC;
BEGIN
 DivideCLK : PROCESS(clk)
   VARIABLE Count4 : STD_LOGIC_VECTOR (3 DOWNTO 0);
  BEGIN
   PreCLK <= '0'; -- 将 CLK 进行 16 分频,PreCLK 为 CLK 的 16 分频
   IF Count4>11 THEN PreCLK <= '1'; Count4 := "0000";
   ELSIF clk'EVENT AND clk = '1' THEN Count4 := Count4 + 1;
   END IF;
  END PROCESS;
  GenSpkS : PROCESS(PreCLK, Tone)-- 11 位可预置计数器
   VARIABLE Count11 : STD_LOGIC_VECTOR (10 DOWNTO 0);
BEGIN
  IF PreCLK'EVENT AND PreCLK = '1' THEN
```

```
      IF Count11 = 16#7FF# THEN Count11 := Tone ; FullSpkS <= '1';
        ELSE Count11 := Count11 + 1; FullSpkS <= '0'; END IF;
      END IF;
    END PROCESS;
DelaySpkS : PROCESS(FullSpkS)    --将输出再 2 分频, 展宽脉冲, 使扬声器有足够功率发音
        VARIABLE Count2 : STD_LOGIC;
     BEGIN
        IF FullSpkS'EVENT AND FullSpkS = '1' THEN Count2 := NOT Count2;
        IF Count2 = '1' THEN SpkS <= '1';
        ELSE SpkS <= '0'; END IF;
      END IF;
    END PROCESS;
END;
LIBRARY IEEE;--TONETABA.VHD
USE IEEE.STD_LOGIC_1164.ALL;
ENTITY ToneTaba IS
  PORT ( Index : IN STD_LOGIC_VECTOR (3 DOWNTO 0);
      CODE : OUT STD_LOGIC_VECTOR (3 DOWNTO 0);
      HIGH : OUT STD_LOGIC;
      Tone : OUT STD_LOGIC_VECTOR (10 DOWNTO 0));
END;
ARCHITECTURE one OF ToneTaba IS
BEGIN
  Search : PROCESS(Index)
  BEGIN
  CASE Index IS -- 译码电路, 查表方式, 控制音调的预置数
    WHEN "0000" => Tone<="11111111111" ; CODE<="0000"; HIGH <='0';-- 2047
    WHEN "0001" => Tone<="01100000101" ; CODE<="0001"; HIGH <='0';--  773;
    WHEN "0010" => Tone<="01110010000" ; CODE<="0010"; HIGH <='0';--  912;
    WHEN "0011" => Tone<="10000001100" ; CODE<="0011"; HIGH<='0';--1036;
    WHEN "0101" => Tone<="10010101101" ; CODE<="0101"; HIGH<='0';--1197;
    WHEN "0110" => Tone<="10100001010" ; CODE<="0110"; HIGH<='0';--1290;
    WHEN "0111" => Tone<="10101011100" ; CODE<="0111"; HIGH<='0';--1372;
    WHEN "1000" => Tone<="10110000010" ; CODE<="0001"; HIGH<='1';--1410;
    WHEN "1001" => Tone<="10111001000" ; CODE<="0010"; HIGH<='1';--1480;
    WHEN "1010" => Tone<="11000000110" ; CODE<="0011"; HIGH<='1';--1542;
    WHEN "1100" => Tone<="11001010110" ; CODE<="0101"; HIGH<='1';--1622;
    WHEN "1101" => Tone<="11010000100" ; CODE<="0110"; HIGH<='1';--1668;
    WHEN "1111" => Tone<="11011000000" ; CODE<="0001"; HIGH<='1';--1728;
    WHEN OTHERS => NULL;
  END CASE;
  END PROCESS;
END;
LIBRARY IEEE;--NOTETABS.VHD
USE IEEE.STD_LOGIC_1164.ALL;
USE IEEE.STD_LOGIC_UNSIGNED.ALL;
ENTITY NoteTabs IS
  PORT ( clk : IN STD_LOGIC;
    ToneIndex : OUT STD_LOGIC_VECTOR (3 DOWNTO 0));
END;
ARCHITECTURE one OF NoteTabs IS
```

```
COMPONENT MUSIC          --音符数据 ROM
 PORT(address : IN STD_LOGIC_VECTOR (7 DOWNTO 0);
     inclock : IN STD_LOGIC ;
        q : OUT STD_LOGIC_VECTOR (3 DOWNTO 0));
END COMPONENT;
SIGNAL Counter : STD_LOGIC_VECTOR (7 DOWNTO 0);
BEGIN
  CNT8 : PROCESS(clk, Counter)
  BEGIN
    IF Counter=138 THEN Counter <= "00000000";
    ELSIF (clk'EVENT AND clk = '1')THEN Counter <= Counter+1; END IF;
  END PROCESS;
     u1 : MUSIC PORT MAP(address=>Counter , q=>ToneIndex, inclock=>clk);
 END;
```

6.13　实验 13　移位相加 8 位硬件乘法器设计

1. 实验目的

（1）学习应用移位相加原理设计 8 位乘法器。

（2）掌握用 VHDL 语言设计移位相加硬件乘法器的方法。

2. 实验原理

在数字信号处理中，经常会遇到卷积、数字滤波、FFT 等运算，而在这些运算中则存在大量类似 $\Sigma A（k）B（n\sim k）$ 的算法过程。因此，乘法器是数字信号处理中必不可少的一个模块。目前常见的乘法器有纯组合逻辑乘法器和基于可编程逻辑器件（PLD）外接 ROM 九九表的乘法器。纯组合逻辑构成的乘法器中的最小单元 MU 主要由与门和全加器构成，工作速度比较快，但当乘法器位数比较多时，硬件资源耗费也较大，同时会产生传输延时和进位延时。而基于 PLD 外接 ROM 九九表的乘法器却无法构成单片系统，实用性偏弱。

移位相加乘法器是由 8 位加法器构成的以时序方式设计的 8 位乘法器，通过逐项移位相加来实现相乘。从被乘数的最低位开始，若为 1，则乘数左移后与上一次的和相加；若为 0，左移后全零相加，直至被乘数的最高位。后面参考例程中 start 信号的上跳沿及其高电平有两个功能，即 16 位寄存器清零和被乘数 A [7..0] 向移位寄存器 SREG8B 加载；它的低电平则作为乘法使能信号，CLK 为乘法时钟信号，当被乘数被加载于 8 位右移寄存器 SREG8B 后，随着每一时钟节拍，最低位在前，由低位向高位逐位移出。当为 1 时，1 位乘法器 ANDRITH 打开，8 位乘数 B [7..0] 在同一节拍进入 8 位加法器，与上次锁存在 16 位锁存器 REG16B 中的高 8 位进行相加，其和在下一个时钟节拍的上升沿被锁进此锁存器。而当被乘数的移出位为 0 时，与门全零输出。如此往复，直至 8 个时钟脉冲后，最后乘积完整出现在 REG16B 端口。这里，1 位乘法器 ANDARITH 的功能类似于一个特殊的与门，即当 ABIN 为 '1' 时，DOUT 直接输出 DIN，当 ABIN 为 '0' 时，DOUT 输出全 "00000000"。

3. 实验内容

根据移位相加乘法器工作原理及参考例程，在 Quartus II 上完成全部模块的编辑、编译、综合和仿真操作等。以 87H 乘以 F5H 为例，进行仿真，对仿真波形做出详细解释，包括对 8 个工作时钟节拍中，每一节拍乘法操作的方式和结果，对照波形图给以详细说明。并进行硬件下载测试。参考程序如下：

```
LIBRARY IEEE;
USE IEEE.STD_LOGIC_1164.ALL;
ENTITY SREG8B IS                    -- 8 位右移寄存器
   PORT ( CLK : IN STD_LOGIC;  LOAD : IN STD_LOGIC;
            DIN : IN STD_LOGIC_VECTOR(7 DOWNTO 0);
            QB : OUT STD_LOGIC );
END SREG8B;
ARCHITECTURE behav OF SREG8B IS
   SIGNAL REG8 : STD_LOGIC_VECTOR(7 DOWNTO 0);
BEGIN
PROCESS (CLK, LOAD)
   BEGIN
     IF CLK' EVENT AND CLK = ' 1' THEN
       IF LOAD = ' 1' THEN
         REG8 <= DIN;
         ELSE
           REG8(6 DOWNTO 0)<= REG8(7 DOWNTO 1);
       END IF;
     END IF;
END PROCESS;
   QB <= REG8(0);
END behav;
LIBRARY IEEE;
USE IEEE.STD_LOGIC_1164.ALL;
USE IEEE.STD_LOGIC_UNSIGNED.ALL;
ENTITY ADDER8B IS     --8 位加法器
   PORT ( CIN : IN STD_LOGIC;
            A : IN STD_LOGIC_VECTOR(7 DOWNTO 0);
            B : IN STD_LOGIC_VECTOR(7 DOWNTO 0);
            S : OUT STD_LOGIC_VECTOR(7 DOWNTO 0);
          COUT : OUT STD_LOGIC );
END ADDER8B;
ARCHITECTURE struc OF ADDER8B IS
SIGNAL SINT,AA,BB: STD_LOGIC_VECTOR(8 DOWNTO 0)
BEGIN
AA<='0'&A;BB<='0'&B;SINT<=AA+BB+CIN;S<=SINT(7 DOWNTO 0);
COUT<=SINT(8);
END behav;
LIBRARY IEEE;
USE IEEE.STD_LOGIC_1164.ALL;
ENTITY ANDARITH IS                    -- 选通与门模块
   PORT ( ABIN : IN STD_LOGIC;
            DIN : IN STD_LOGIC_VECTOR(7 DOWNTO 0);
            DOUT : OUT STD_LOGIC_VECTOR(7 DOWNTO 0));
END ANDARITH;
ARCHITECTURE behav OF ANDARITH IS
BEGIN
   PROCESS(ABIN, DIN)
   BEGIN
```

```vhdl
       FOR I IN 0 TO 7 LOOP          -- 循环,完成 8 位与 1 位运算
         DOUT(I)<= DIN(I)AND ABIN;
       END LOOP;
     END PROCESS;
END behav;


LIBRARY IEEE;
USE IEEE.STD_LOGIC_1164.ALL;
ENTITY REG16B IS              -- 16 位锁存器
  PORT (
    CLK : IN STD_LOGIC;
    CLR : IN STD_LOGIC;
     D : IN STD_LOGIC_VECTOR(8 DOWNTO 0);
     Q : OUT STD_LOGIC_VECTOR(15 DOWNTO 0)
  );
END REG16B;
ARCHITECTURE behav OF REG16B IS
  SIGNAL R16S : STD_LOGIC_VECTOR(15 DOWNTO 0);
BEGIN
  PROCESS(CLK, CLR)
  BEGIN
   IF CLR = '1' THEN              -- 清零信号
   R16S <= "0000000000000000";     -- 时钟到来时,锁存输入值,并右移低 8 位
    ELSIF CLK'EVENT AND CLK = '1' THEN
      R16S(6 DOWNTO 0)<= R16S(7 DOWNTO 1);  -- 右移低 8 位
      R16S(15 DOWNTO 7)<= D;           -- 将输入锁到高 8 位
    END IF;
  END PROCESS;
  Q <= R16S;
END behav;


LIBRARY IEEE;
USE IEEE.STD_LOGIC_1164.ALL;
USE IEEE.STD_LOGIC_UNSIGNED.ALL;
ENTITY ARICTL IS                      --运算控制模块
  PORT (CLK, START : IN STD_LOGIC;
    CLKOUT,RSTALL : OUT STD_LOGIC );
END ARICTL;
ARCHITECTURE behav OF ARICTL IS
     SIGNAL CNT4B : STD_LOGIC_VECTOR(3 DOWNTO 0);
BEGIN
  PROCESS(CLK, START)
  BEGIN
    RSTALL <= START;
    IF START = '1' THEN CNT4B <= "0000";
    ELSIF CLK'EVENT AND CLK ='1' THEN
     IF CNT4B < 8 THEN CNT4B <= CNT4B + 1; END IF;
    END IF;
  END PROCESS;
  PROCESS(CLK, CNT4B, START)
  BEGIN
```

```
    IF START = ' 0 ' THEN
        IF CNT4B < 8 THEN CLKOUT <= CLK;
        ELSE CLKOUT <= ' 0 ' ; END IF;
    ELSE CLKOUT <= CLK; END IF;
  END PROCESS;
END behav;
```

4. 实验步骤

（1）了解移位相加乘法器原理，画出原理结构图。

（2）完成各个模块的输入、编译、综合及仿真分析。

（3）完成顶层程序的设计输入、综合及仿真分析。

（4）根据附录的实验平台，执行命令 Assignment pins 分配引脚，再次全编译项目生成可下载文件（*.sof）。连接好硬件，将.sof 文件下载到 FPGA 目标芯片中进行验证，记录运算结果。KEY1～KEY4 输入乘数和被乘数显示于数码管 1～4，计算结果显示于数码管 5～8。用 KEY8 输入 CLK，KEY7 输入 start（start 由高到低是清 0，由低到高电平是允许乘法计算）。详细观察每一时钟节拍的运算结果，并与仿真结果进行比较。

5. 实验报告

根据以上实验要求，将设计项目的设计原理、设计描述、设计仿真和硬件测试的详细步骤写入设计报告。

6.14　实验 14　采用流水线技术设计高速数字相关器

1. 实验目的

（1）掌握采用流水线技术设计高速数字相关器的原理。

（2）掌握用 VHDL 语言设计高速数字相关器的方法。

2. 实验原理

数字相关器用于检测等长度的两个数字序列间相等的位数，实现序列间的相关运算。一位相关器，即异或门，异或的结果可以表示两个 1 位数据的相关程度。异或为 0 表示数据位相同；异或为 1 表示数据位不同。多位数字相关器可以由多个一位相关器构成，如 N 位的数字相关器由 N 个异或门和 N 个 1 位相关结果统计电路构成。如图 6-24 所示为 16 位相关器的结构图，它由 4 个 4 位相关器、两个 3 位加法器和 1 个 4 位加法器构成，是用 3 级组合逻辑电路实现的，为改善其运行速度需设计成流水线形式，在输入、输出及每一级组合逻辑的结果处加入流水线寄存器。

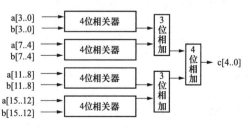

图 6-24　16 位相关器的结构图

3. 实验内容

实验内容 1：根据上述原理设计一个并行 4 位数字相关器。提示：利用 CASE 语句完成 4 个 1 位相关结果的统计。

实验内容 2：利用实验内容 1 中的 4 位数字相关器设计并行 16 位数字相关器。使用 Quartus Ⅱ 估计最大延时，并计算可能运行的最高频率。

实验内容 3：上面的 16 位数字相关器是用 3 级组合逻辑实现的，在实际使用时，对其有高速的要求，试使用流水线技术改善其运行速度。在输入、输出及每一级组合逻辑的结果处加入流水线寄存器，提高速度。

4．实验步骤

（1）启动 Quartus Ⅱ，在编程界面中建立工程项目，分别编写、编译和仿真各个模块的 VHDL 实验程序。

（2）在工程中新建原理图顶层文件，然后对顶层文件进行引脚分配，再次编译项目生成可执行文件（*.sof）。

（3）连接好硬件，将.sof 文件下载到 FPGA 目标芯片中。

（4）用 KEY1～KEY 4 四个按键输入序列 a，KEY5～KEY 8 个四个按键输入序列 b，分别显示于数码管 1～4 和数码管 5～8.相关的结果以二进制的形式显示于 LED1～LED5，LED5 为最高位，LED1 为最低位。

（5）利用时序分析器工具【Timing Analyzer Tool】分析、记录最大延时，最高频率参数。

5．思考

（1）考虑采用流水线后的运行速度与时钟 clock 的关系，测定输出与输入的总延迟。若输入序列是串行化的，数字相关器的结构如何设计？如何利用流水线技术提高其运行速度？

（2）将流水线相关器改成非流水线相关器，进行时序分析，分析非流水线相关器的运行速度，测定输出与输入的总延时，并与流水线相关器做比较。

6．实验报告

根据以上的实验内容写出实验报告，包括设计原理、程序设计、程序分析、仿真分析、硬件测试和详细实验过程。

6.15　实验 15　线性反馈移位寄存器设计

1．实验目的

学习用 VHDL 设计 LFSR，掌握利用 FPGA 的特殊结构中高效实现 LFSR 的方法。

2．实验原理

LFSR 即 Linear Feedback Shift Register 线性反馈移位寄存器，是一种十分有用的时序逻辑结构，广泛用于伪随机序列发生、可编程分频器、CRC 校验码生成、PN 码等。典型的 LFSR 结构，如图 6-25 所示。由图中可以看出 LFSR 由移位寄存器加上 xor 构成，不同的 xor 决定了不同的生成多项式。图 6-25 中的生成多项为 $X^3 + X^2 + X^0$。

3．实验内容

依据图 6-25 设计一个 LFSR，其生成多项式为 $X^4 + X^3 + X^0$。试在 FPGA 器件上加以实现，并利用 Quartus Ⅱ优化选项，以达到最高运行速度，并在 FPGA 实验开发系统上，对其产生的码序列进行观察。

4．实验思考

（1）另有一种 LFSR 的结构，如图 6-26 所示，试分析与图 6-25 中 LFSR 结构的异同点。

（2）对图 6-26 结构的 LFSR 电路进行改进，设计成串行 CRC 校验码发生器（提示：反馈线上加入 xor，xor 的一个输入端接待编码串行有效信息输入）。

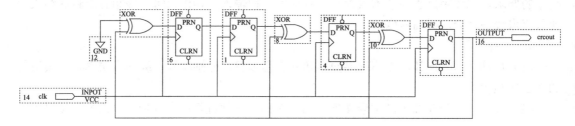

图 6-25　LFSR 举例

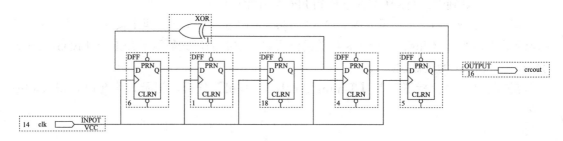

图 6-26　另一种 LFSR 结构

5. 实验报告

做出本项实验设计的完整电路图，详细说明其工作原理，完成测试实验内容，对实验中的码序列进行记录，写出电路可达到的最高运行速度及设置的 Quartus Ⅱ 选项。

6.16　实验 16　FPGA 直流电机 PWM 控制实验

1. 实验目的

学习直流电机 PWM 的 FPGA 控制。掌握 PWM 控制的工作原理，对直流电机进行速度控制、旋转方向控制、变速控制。

2. 实验原理

对直流电机的调速控制，可以通过改变加在电机两端的电压值来实现。而改变电压值可以通过对一频率固定的脉冲的占空比进行调节，故可以用 PWM 波来控制电机调速。设置一个 16 位的时钟计数器对时钟进行计数，计数器的值与读取的该时刻的数据量相比较，若计数值小于读取的数字量则在 PWM_OUT 上输出高电平，否则输出低电平。这样由于数据量的不同，导致输出高低电平的时刻也将不同，从而达到控制输出平均电压的大小的目的。由于红外光电电路测得的转速脉冲信号没经过整形，会存在很多干扰脉冲，如果直接对其计数，测得的结果不准确，因此一般需要对转速脉冲信号进行数字滤波处理。

3. 实验内容

利用 VHDL 语言设计一个直流电机 PWM 控制数字电路，能够完成直流电机加速/减速，正传/反转，停止/启动等操作功能。具体要求如下：

（1）电机速度等级分成 16 级（0～F），用 KEY1 输入并由 LED1～LED4 指示；KEY2 控制电机的停止/启动，由 LED5 指示其状态；KEY3 控制电机正传/反转。

（2）电机转动时检测回来的脉冲通过频率计测量然后显示在数码光 1～8 上。

4．实验步骤

（1）启动 Quartus Ⅱ，在编程界面中建立工程项目，分别编写、编译各个模块的 VHDL 实验程序。参考例程见附录 D。对 PWM 波形生成控制模块进行仿真测试。

（2）在工程中新建原理图顶层文件如图 6-27 所示，然后对顶层文件进行引脚分配，再次编译项目生成可执行文件（*.sof）。

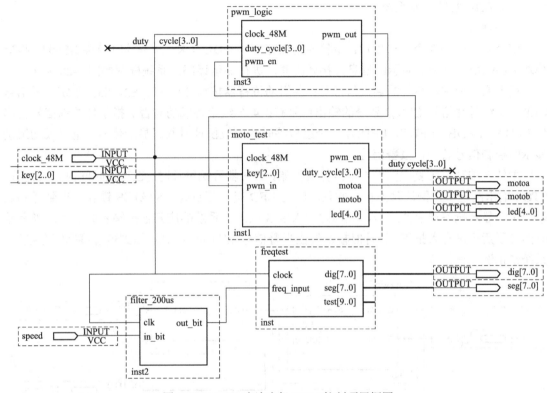

图 6-27　FPGA 直流电机 PWM 控制顶层框图

（3）连接好硬件，将 .sof 文件下载到 FPGA 目标芯片中。

（4）按动 KEY1～KEY3 按键，观察直流电机、数码管和 LED 发光二极管的状态，并进行记录。

5．实验思考题

（1）将实验中的计数消抖模块去掉，再做测试，观察去掉该模块前后转速测量值有何变化？

（2）提高本实验例程 PWM 信号占空比的精度。

（3）在本实验基础上实现直流电机的闭环调速。

（4）用嵌入式逻辑分析仪观察直流电机速度为 1 级和 3 级时输出的 PWM 波，并给予分析解释。

6.17　实验 17　VHDL 四路数字抢答器电路设计

1．实验目的

（1）了解抢答器的工作原理。

（2）掌握复杂系统的分析与设计方法。

（3）理解异步复位和同步复位的实现方法的不同。

2. 实验仪器设备

（1）PC 机一台。

（2）Quartus Ⅱ 开发软件一套。

（3）EDA 实验开发系统一套。

3. 实验原理

整个系统分为 3 个主要模块：抢答鉴别锁存模块 QDLOCK；抢答计时模块 JISHU；报警模块 ALARM。对于需显示的信息，接译码器，进行显示译码。系统框图如图 6-28 所示。

根据系统要求，系统的输入信号有：各组的抢答器按钮 S0，S1，S2，S3，系统清零信号 CLR，系统时钟信号 CLK；系统的输出信号有：4 个组抢答成功与否的指示灯控制信号输出口 LEDA，LEDB，LEDC，LEDD，4 个组抢答时的两位倒计时数码显示信号，抢答成功组别显示的控制信号若干，报警信号。

主持人按动系统复位信号 CLR，抢答开始，计时器开始倒计时，在有效时间内有人抢答，STOP 输出高电平，倒计时停止，并且对应的 LED 指示灯点亮，STATES 锁存输出到译码显示模块，显示抢答选手的组号，并锁定输入端 S 以阻止系统响应其他抢答者的信号。当有效时间到了后还没有人抢答，则计时模块发出报警信号 WARN，同时反馈到抢答鉴别锁存模块，系统禁止选手再抢答。

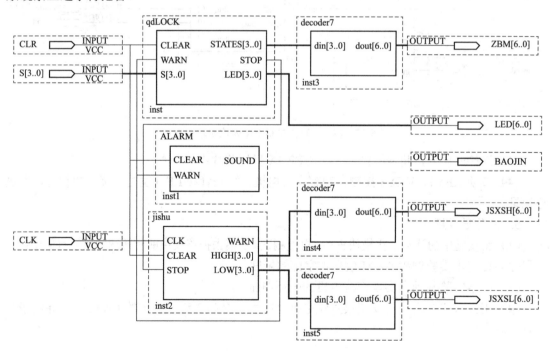

图 6-28　抢答器组成框图

4. 实验内容

本实验设计一个可容纳 4 组参赛者的数字智力抢答器，每组有一个对应的按钮模拟。设置一个系统复位开关，由主持人控制，当主持人按下该开关后，以前的状态复位并且开始计时抢答。参赛者通过抢先按下抢答按钮获得答题资格。当某一组按下按钮并获得答题资格后，LED 显示出该组编号，并有抢答成功显示，同时锁定其他组的抢答器，使其他组抢答无效。抢答成功的选手的编号一直保持到主持人将系统清除为止。

抢答器具有定时抢答功能，且一次抢答的时间为 30s。当主持人启动"开始复位"按键后，定时器进行减计时。如果定时时间已到，无人抢答，本次抢答无效，系统报警并禁止抢答，定时器显示 00。

5. 实验步骤

（1）启动 Quartus Ⅱ，在编程界面中建立项目，编写好抢答鉴别锁存模块、抢答计时模块、报警模块和译码显示模块 VHDL 实验程序，并分别进行编译，然后生成模块符号文件。

（2）完成顶层原理图文件设计输入，对项目进行编译，然后执行命令 Assignment pins 分配引脚，再次编译项目生成可执行文件（*.sof）。

（3）连接好硬件，将.sof 文件下载到 FPGA 目标芯片中。

（4）拨动拨码开关，按照实验内容的相关说明，观察并验证 LED 指示灯和数码管显示的结果。

6. 实验要求

（1）系统方案设计、总体框图设计、电路模块划分。

（2）用 VHDL 语言实现各电路设计以及系统顶层设计。

（3）设计仿真文件，进行分电路和总体电路的软件仿真验证。

（4）通过下载线下载到实验板上进行硬件测试验证。

7. 实验报告要求

（1）画出原理图。

（2）给出软件仿真结果及波形图。

（3）硬件测试和详细实验过程并给出硬件测试结果。

（4）给出程序分析报告、仿真波形图及其分析报告。

（5）写出学习总结。

6.18　实验 18　简易计算器设计

1. 实验目的

（1）了解简易计算器的工作原理。

（2）掌握键盘扫描的设计方法。

（3）掌握复杂系统的分析与设计方法。

2. 实验仪器设备

（1）PC 机一台。

（2）Quartus Ⅱ开发软件一套。

（3）EDA 实验开发系统一套。

3. 实验原理

简易计算器包括键盘扫描电路、运算电路和输出显示电路。其中键盘扫描电路包括分频器、键盘扫描计数器、键盘行列检测、按键消抖、按键编码等部分，其工作原理框图如图 6-29

所示。

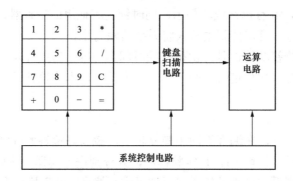

图 6-29　简易计算器原理框图

4. 设计要求

设计并实现一个简易的计算器，该计算器主要完成加、减、乘、除运算功能，另外，作为计算器还具有数据输入、运算符输入和输出显示功能。

5. 实验步骤

（1）设计一个 4×4 的键盘扫描程序。

（2）设计一个实现 4 位十进制数加、减、乘、除运算的运算电路。

（3）设计一个实现 4 位以内十进制数加、减、乘、除运算的计算器，并具有数据输入、运算符输入和结果输出的功能。

6. 实验要求

（1）系统方案设计、总体框图设计、电路模块划分。

（2）用 VHDL 语言实现各电路设计，系统顶层设计。

（3）设计仿真文件，进行分电路和总体电路的软件仿真验证。

（4）通过下载线下载到实验板上进行硬件测试验证。

7. 实验报告要求

（1）画出原理图。

（2）给出软件仿真结果及波形图。

（3）硬件测试和详细实验过程并给出硬件测试结果。

（4）给出程序分析报告、仿真波形图分析报告。

（5）写出学习总结。

8. 实验思考与扩展

（1）如何提高按键响应速度？

（2）在本实验基础上，增加按键能够发声设计。

6.19　实验 19　脉冲信号数字滤波器的设计

1. 实验目的

（1）掌握数字滤波器的工作原理。

（2）掌握用 VHDL 语言设计数字滤波器的方法。

2. 实验原理

脉冲信号数字滤波器包括单路脉冲信号滤波与计数电路，其基本原理框图如图 6-30 所示。

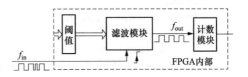

图 6-30　脉冲信号数字滤波器原理框图

滤波原理是将要滤除的干扰信号对应的最小脉宽转换成 5 位的数字量（jicun），每当输入信号 f_{in} 上升沿到来时将预设的脉冲最小宽度值（yuzhi）与通过 clk 测量到的脉冲宽度（jicun）进行比较，如果输入信号 fin 高电平足够宽，在其下降沿到来前 fout 输出高电平，说明输入信号是有效信号；如果输入信号 fin 高电平宽度不够，在其下降沿到来后 fout 输出低电平，说明输入信号是干扰信号。通过此方法实现对干扰信号的滤除，再通过一个计数器模块对滤波器的输出信号进行计数（fout_jsq）。

3. 实验内容与步骤

根据实验原理，在 Quartus II 环境下利用 VHDL 语言设计一个脉冲信号数字滤波器，完成设计输入、仿真验证、硬件下载测试。

脉冲信号数字滤波器的顶层电路原理图如图 6-31 所示。输入信号：计数脉冲 clk、脉冲信号 fin、设置阈值 yuzhi [1..0]；输出信号：计数输出 jicun [4..0]、滤波输出信号 fout、滤波计数输出 jsq [4..0]。

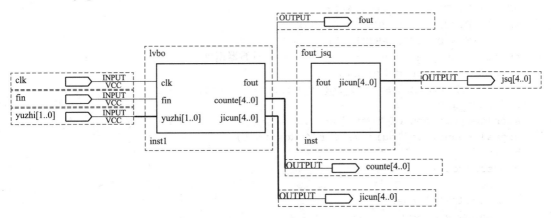

图 6-31　脉冲信号数字滤波器顶层原理图

参考代码如下：

```
LIBRARY IEEE;
USE IEEE.STD_LOGIC_1164.ALL;
USE IEEE.STD_LOGIC_UNSIGNED.ALL;
USE IEEE.STD_LOGIC_ARITH.ALL;
entity lvbo is--数字滤波器
port (clk,fin: in std_logic;
        yuzhi: in std_logic_vector(1 downto 0);
        fout: out std_logic;
        counte: out std_logic_vector(4 downto 0);
        jicun: buffer std_logic_vector(4 downto 0));  //寄存器
end lvbo;
architecture con of lvbo is
signal count:std_logic_vector(4 downto 0);
```

```
begin
process(clk,fin,yuzhi)
begin
 if clk'event and clk='1' then
  if fin='1' then
   count<=count+1;
   elsif fin='0' then count<="00000";
 end if;
   if (count=31)then
   count<="00000";
end if;
jicun <= count;
counte<=count;
if (jicun<yuzhi)then                  --寄存值与阈值比较
fout<=fin;
else fout<='0';
end if;
end if;
end process;
end con;
LIBRARY IEEE;
USE IEEE.STD_LOGIC_1164.ALL;
USE IEEE.STD_LOGIC_UNSIGNED.ALL;
USE IEEE.STD_LOGIC_ARITH.ALL;
entity fout_jsq is                --计数器模块
  port (fout:in std_logic;
        jicun: buffer std_logic_vector(4 downto 0));
end fout_jsq;
architecture con of fout_jsq is
signal count:std_logic_vector(4 downto 0);
begin
process(fout)
begin
  if fout='1' then
  count<=count+1;
 end if;
   if (count=31)then
   count<="00000";
end if;
    jicun <= count;
end process;
end con;
```

4. 实验报告要求

（1）给出 VHDL 设计程序和相应注释。

（2）给出软件仿真结果及波形图。

（3）硬件测试和详细实验过程并给出硬件测试结果。

（4）给出程序分析、仿真波形图及其分析。

（5）写出学习总结。

第7章 数字系统设计项目实践案例

本章根据 FPGA 并行运算能力强、集成度高的特点，设计了既接近工程实际又在复杂度、工作量上适当裁减，适合实验教学的项目实践案例。包括常规较复杂数字逻辑控制工程案例、数字信号处理案例和图像采集、传输与预处理案例。通过这些案例抛砖引玉，培养学生的工程和科技创新能力以及解决复杂工程问题的能力。

7.1 案例1 数字电压表设计

1. 实验目的

（1）了解 ADC0809 的控制原理。

（2）学会用 FPGA 控制 ADC0809 实现 A/D 转换。

（3）掌握数据转换程序设计方法。

（4）掌握复杂系统的分析与设计方法。

2. 实验仪器设备

（1）PC 机一台。

（2）Quartus Ⅱ 开发软件一套。

（3）EDA 实验开发系统一套。

3. 实验任务

设计一个数字电压表，使用 8 位 AD 转换器，将连续的模拟信号转换为离散的数字电信号，并通过数码管显示。量程为 0～5V，分辨率为 0.02V，3 位数码管显示电压值，1 位为整数，2 位为小数，能正确显示小数点。

4. 实验原理

数字电压表是电工电子技术类实验中常用的仪表，其数字化是指将连续的模拟电压量转换成不连续、离散的数字量并进行输出显示。数字电压表可以使用单片机控制完成，也可以使用可编程逻辑器件控制完成，本实验采用可编程逻辑器件 FPGA 控制完成。整个系统如图 7-1 所示，由 AD 转换控制模块、数据转换处理模块和动态扫描译码显示模块 3 个模块组成。AD 转换器负责采集模拟电压信号，转换成 8 位数字信号送入 FPGA 的 AD 转换控制模块，AD 转换控制模块负责 AD 转换的启动、输入通道选择、地址锁存、数据读取等工作，数据转换处理模块将 8 位二进制数转换成 16 位十进制 BCD 码送入动态扫描译码显示模块，最后通过数码管显示当前电压值。

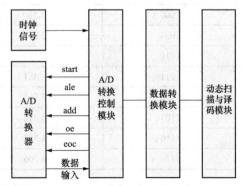

图 7-1 数字电压表整体逻辑结构框图

ADC0809 的内部逻辑结构和引脚功能在第六章的实验 4 中已经做了详细的介绍，这里不再赘述。这里只补充说明一下分辨率和量程的概念。

分辨率是指 A/D 转换器能分辨的最小模拟输入量，通常用能转换成的数字量的位数来表示，如 8 位、10 位、12 位、16 位等。位数越高，分辨率越高。例如，对于 8 位 A/D 转换器，当输入电压刻满度为 5V 时，其输出数字量的变化范围为 $0\sim2^8-1$，转换电路对输入模拟电压的分辨能力为 $5V/(2^8-1)=19.6mV$。量程是指 A/D 转换器所能转换的输入电压范围。

（1）AD 转换控制模块：该模块设计原理与代码参考第 6 章实验 4 中的相关内容，这里不再赘述，最后形成 AD 转换控制模块图，如图 7-2 所示。

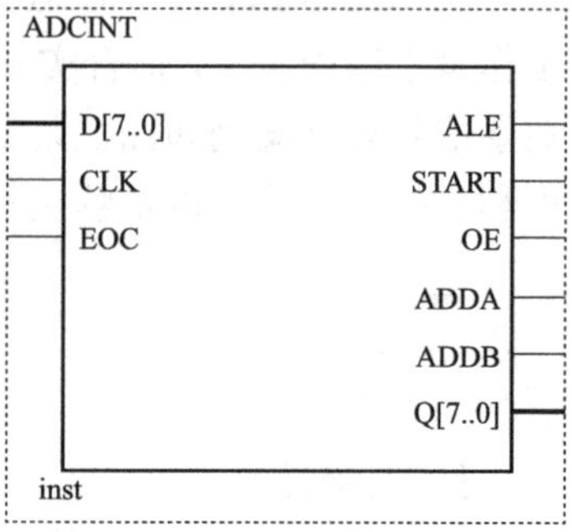

（2）数据处理转换模块：ADC0809 是 8 位 A/D 器，它的输出状态共有 256 种，由于 ADC0809 芯片的 Vref（＋）和＋5V 相连，输入电压信号 Ui 为 0~5V 电压范围，这样 ADC0809 的最小输出单位（测量分辨率），也就是两个状态之间的电压差值为 $5V/(256-1)\approx0.02V$。可以采用查表的方式得到电压值，待转换数值与实际电压值的对应表，见表 7-1。

图 7-2　AD 转换控制模块

表 7-1　　　　　　　　　待转换数值与实际电压值的对应表

高四位		低四位	
二进制	电压（V）	二进制	电压（V）
0000	0.000	0000	0.000
0001	0.314	0001	0.020
0010	0.627	0010	0.039
0011	0.941	0011	0.059
0100	1.255	0100	0.078
0101	1.569	0101	0.098
0110	1.882	0110	0.118
0111	2.196	0111	0.137
1000	2.510	1000	0.157
1001	2.814	1001	0.176
1010	3.137	1010	0.196
1011	3.451	1011	0.216
1100	3.765	1100	0.235
1101	4.078	1101	0.255
1110	4.392	1110	0.275
1111	4.706	1111	0.294

本模块参考例程见附录 C。程序将输入的 8 位数据信号分为高 4 位和低 4 位，利用查表的方法分别得到高 4 位对应的电压值和低 4 位对应的电压值，这些电压值用 16 位 BCD 码表示，然后做 BCD 码加法得到 16 位 BCD 码表示的电压值，这组数据以 4 组 4 位 BCD 码的形

式 q1 [3..0]、q2 [3..0]、q3 [3..0]、q4 [3..0] 送入下一级。最后形成数据处理转换模块图,如图 7-3 所示。

(3)动态扫描译码显示模块:该模块的任务是把来自数据处理转换模块的 BCD 码转换成能被数码管识别的字形编码。8 位二进制数在数据处理转换模块已经转换成了 16 位的 BCD 码,最后 4 位 BCD 码位小数部分的估算值,可以忽略不计,所以采用 3 位 LED 数码管动态扫描显示高位的三组 BCD 码 q2 [3..0]、q3 [3..0]、q4 [3..0] 就可以,从左往右依次显示整数位和小数点后两位数字。具体的动态扫描译码显示原理和程序设计可以参考第 5 章实验 6 的内容完成。最后形成的动态扫描译码显示模块图,如图 7-4 所示。dpout 表示小数点。

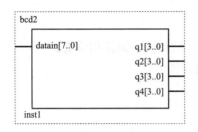

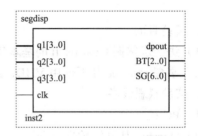

图 7-3 数据转换处理模块   图 7-4 动态扫描译码显示模块

(4)顶层设计:数字电压表的顶层设计,包含了 A/D 控制模块、数据转换模块和动态扫描显示模块 3 部分,顶层设计原理图如图 7-5 所示。

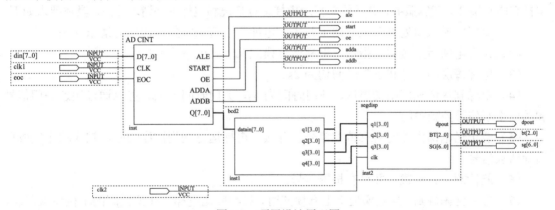

图 7-5 顶层设计原理图

5. 实验步骤

(1)启动 Quartus II,在编程界面中建立工程项目,分别编写、编译和仿真各个模块的 VHDL 实验程序。

(2)在工程中新建原理图顶层文件,然后对顶层文件进行引脚分配,再次编译项目生成可执行文件(*.sof)。

(3)连接好硬件,将.sof 文件下载到 FPGA 目标芯片中。

(4)调节可变电阻,观察和检验 LED 数码管显示的电压值。

6. 实验拓展

在基本实验内容的基础上,增加挡位等级设置,比如设置 0~10V;10~100V;100~200V 几个挡位等级来测量输入的电压值。

7. 实验报告要求

（1）画出原理图。

（2）给出软件仿真结果及波形图。

（3）硬件测试和详细实验过程并给出硬件测试结果。

（4）给出程序分析报告、仿真波形图及其分析报告。

（5）写出实验总结。

7.2 案例 2 六层电梯控制器设计

1. 实验目的

（1）进一步掌握 Quartus II 的基本使用，包括设计的输入、编译和仿真。

（2）掌握 Quartus II 下使用 VHDL 设计电梯控制器的方法。

2. 实验仪器设备

（1）PC 机一台。

（2）Quartus II 开发软件一套。

（3）EDA 实验开发系统一套。

3. 实验内容及设计思路

设计要求：设计一个 6 层自动升降电梯的控制电路，该控制器按照循环方向优先原则控制电梯完成 6 层楼的载客服务，并且能够指示电梯运行情况和电梯内外请求信息。具体要求如下：

（1）每层电梯入口处设有上下请求开关，电梯内设有乘客到达楼层的请求开关。

（2）设有电梯所处楼层的指示、电梯运行模式（上升或下降）指示。

（3）电梯每层的上升和下降时间均为 2s。

（4）电梯到达请求停站楼层后，开门时间为 4s，关门时间为 3s，可以通过快速关门信号和关门中断信号控制关门。

（5）能记忆电梯内外的所有请求信号，并按照电梯运行规则次序响应，响应动作完成后清除请求信号。

（6）能检测是否超载，并设有报警信号。

（7）方向优先规则：当电梯处于上升模式时，只响应比电梯所在位置高的上楼请求信息，由上而下逐个执行，直到最后一个上楼请求执行完毕，故最高层有下楼请求，则直接到有下楼请求的最高层接客，然后进入下降模式。电梯处于下降模式时，与上升模式相反。

设计思路：电梯控制器通过乘客在电梯内外的请求信号来控制电梯的上升或下降，而楼层信号由电梯本身的装置来触发，从而确定电梯处在哪个楼层。乘客在电梯中选择所要达到的楼层，通过主控制器的处理，电梯开始运行，状态显示器显示电梯的运行状态，电梯所在楼层数通过 LED 数码管显示。其系统结构框图如图 7-6 所示。电梯门的状态分为开门、关门和正在关门 3 种状态，并通过开门信号、上升预操作、下降预操作来控制。这里可设为"00"表示门已关闭；"10"表示门已开启；"01"表示正在关门。

4. 实验步骤

（1）分析电梯控制器的功能及工作原理，画出功能结构框图。

（2）在 Quartus II 环境下，创建工程，用 VHDL 语言编辑设计文件，并完成编译、综合

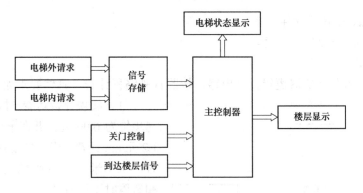

图 7-6　电梯控制器系统结构框图

和仿真，生成顶层原理图文件。电梯控制器 VHDL 程序生成的电路符号如图 7-7 所示。其中输入信号为：系统时钟 clk（为 1Hz）、超载信号 full、关门中断信号 stop，快速关门信号 close、清除报警信号 clr，电梯外请求上升信号 up1、up2、up3、up4、up5，电梯外请求下降信号 down2、down3、down4、down5、down6，电梯内请求信号 k1、k2、k3、k4、k5、k6，到达楼层信号 g1、g2、g3、g4、g5、g6。输出信号：电梯门控制信号 door［1..0］，楼层显示信号 led［6..0］、电梯上升控制信号 up、电梯下降控制信号 down、电梯状态显示信号 ud、超载报警信号 alarm。

（3）根据实验系统硬件资源，完成引脚分配，输入信号通过按键或者逻辑开关模拟，CLK 信号通过系统时钟分频获得，输出信号通过不同的指示灯来模拟。引脚分配完成后进行全编译。

（4）全编译后通过下载线下载.sof 文件到实验板上进行硬件验证，分析设计结果。

5．实验报告要求

（1）根据实验原理，写出详细的设计思路和实验步骤。

（2）给出软件分析、仿真结果及波形图分析。

（3）硬件测试及结果分析。

（4）写出学习总结。

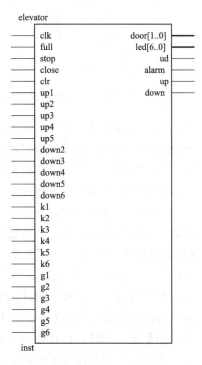

图 7-7　电梯控制器的电路符号

7.3　案例 3　出租车计费器设计

1．实验目的

（1）进一步掌握 Quartus Ⅱ的基本使用，包括设计的输入、编译、仿真和下载测试。

（2）掌握 Quartus Ⅱ环境下使用 VHDL 语言设计出租车计费器的方法。

2．实验仪器设备

（1）PC 机一台。

（2）Quartus Ⅱ开发软件一套。

（3）EDA 实验开发系统一套。

3. 设计要求

设计一个出租车计费器逻辑控制电路，按照行驶路程计费，具体要求如下：

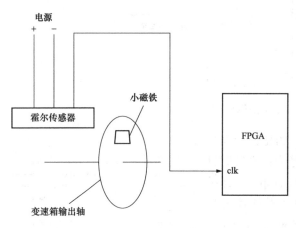

图 7-8　里程检测示意图

（1）实现计费功能。按行驶里程计费，起步价为 6.00 元，并在车辆行驶 3km 后按 1.2 元/km 计费，当计费器达到或超过 20 元时，每千米加收 50%的空驶费，车辆停止和暂停时不计费。

（2）通过实验系统模拟汽车的启动、停止、暂停和换挡等状态。

（3）设计数码管动态扫描电路，将车费和路程显示出来，各保留两位小数。

4. 设计原理

检测里程可以在变速箱输出轴上安装霍尔传感器。霍尔传感器有三个接线端，两个端口是电源和地，第三个端口是脉冲输出，随着车轮的转动，霍尔传感器产生一定的脉冲，把脉冲的输出端接到某计数模块的 clk 引脚，利用计数器对脉冲计数，再把脉冲数转换成里程。假设车轮转一圈时霍尔传感器输出 1 个脉冲（变速比为 1:1），车轮一圈的行程假设是 2m，那么累计 500 个脉冲，里程为 1km。里程检测示意图如图 7-8 所示。

设出租车有启动键、停止键、暂停键和挡位键。启动键为脉冲触发信号，当它为一个脉冲时，表示汽车已启动，并根据车速的选择发出相应频率的脉冲（计费脉冲）实现车费和里程的计数，同时车费显示起步价；当停止键为高电平时，表示汽车熄火，同时停止发出脉冲，此时车费和里程计数清零；当暂停键为高电平时，表示汽车暂停并停止发出脉冲，此时车费和里程计数暂停；挡位键用来改变车速，不同的挡位对应着不同的车速，同时里程计数的速度也就不同。

出租车计费器设计可分为 2 大模块：控制模块和译码显示模块。其系统框图如图 7-9 所示。控制模块实现了计费和里程的计数，并且通过不同的挡位来控制车速。译码显示模块实现数据到 4 位十进制数的转换，以及车费和里程的显示。

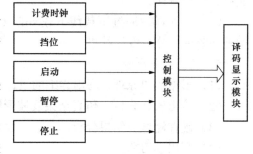

图 7-9　出租车计费器系统框图

5. 实验步骤

（1）系统方案设计、总体框图设计、电路模块划分。

（2）采用混合编辑法，用 VHDL 语言实现各电路模块设计，采用原理图方式实现系统顶层设计。其顶层原理框图如图 7-10 所示。其中，taxi 为控制模块；decoder 为译码和显示模块。其中，clk 为计费时钟脉冲信号输入端，clk 50MHz 为译码高频时钟信号输入端，start 为汽车启动键，stop 为汽车停止键，pause 为汽车暂停键，speedup［1..0］为挡位键，scan［7..0］为数码管地址选择信号输出端，seg7［6..0］为 7 段显示控制信号输出端，dp 为小数点信号输出端。

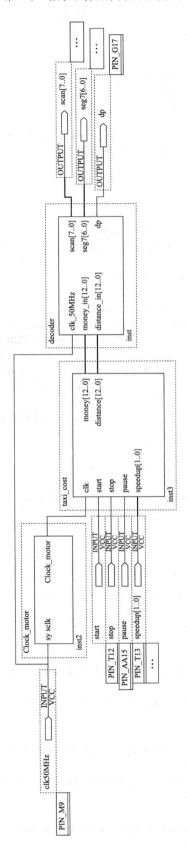

图 7-10 出租车计费器的顶层原理框图

控制模块的参考代码如下：

```vhdl
library ieee;
use ieee.std_logic_1164.all;
use ieee.std_logic_unsigned.all;
entity taxi_cost is port
(
clk:in std_logic;    -- 计费时钟,1 个上升沿为发动机轴转一圈,如果是 1 挡,车轮转一圈;
                        如果是 2 挡,车轮转 2 圈。
start:in std_logic;                             --汽车启动
stop:in std_logic;                              --汽车停止
pause:in std_logic;                             --汽车暂停
speedup: in std_logic_vector(1 downto 0);       --挡位(4 个挡位)
money: out integer range 0 to 8000;             --车费
distance: out integer range 0 to 8000);         --路程
end;
architecture one of taxi_cost is
begin
process(clk,start,stop,pause,speedup)
variable money_reg,distance_reg:integer range 0 to 8000;
                                       --车费和路程的寄存器
variable num:integer range 0 to 9;      --控制车速的计数器
variable dis:integer range 0 to 100;    --千米计数器
variable d:std_logic;                   --千米标志位
begin
    if stop='1' then                    --汽车停止,计费和路程清零
      money_reg:=0;
      distance_reg:=0;
      dis:=0;
      num:=0;
    elsif start='1' then                --汽车启动后,起步价为 6 元
      money_reg:=600;
      distance_reg:=0;
      dis:=0;
      num:=0;
elsif clk'event and clk='1' then
    if start='0' and speedup="00" and pause='0' and stop='0' then --1 挡
        if num=9 then
            num:=0;distance_reg:=distance_reg+1;dis:=dis+1;
        else num:=num+1;
        end if;
    elsif start='0' and speedup ="01" and pause='0' and stop='0' then--2 挡
        if num=9 then
            num:=0;distance_reg:=distance_reg+2;dis:=dis+2;
        else num:=num+1;
        end if;
    elsif start='0' and speedup ="10" and pause='0' and stop='0' then--3 挡
        if num=9 then
            num:=0;distance_reg:=distance_reg+5;dis:=dis+5;
        else num:=num+1;
        end if;
    elsif start='0' and speedup ="11" and pause='0' and stop='0' then--4 挡
```

```
                distance_reg:=distance_reg+1;dis:=dis+1;
        end if;
if dis>=100 then
        d:='1';dis:=0;else d:='0';
end if;
if distance_reg>=300 then---如果超过 3km,则按 1.2 元/km 计算
  if money_reg<2000 and d='1' then
            money_reg:=money_reg+120;
      elsif money_reg>=2000 and d='1' then
          money_reg:=money_reg+180;   ---当计费器达到 20 元时,每千米加收 50%的车费
      end if;
  end if;
end if;
      money <= money_reg; distance <= distance_reg;
end process;
end;
```

（3）设计仿真文件，完成控制模块的逻辑仿真验证。控制模块 taxi 的功能仿真结果如图 7-11 所示，观察波形可知，当启动键（start）为 1 个脉冲时，表示汽车已启动，车费 money 显示起步价 6.00 元，同时里程 distance 随着计费脉冲开始计数；当停止键（stop）为 1 时，表示汽车熄火停止，车费 money 和里程 distance 均为 0；当暂停键（pause）为 1 时，车费和里程停止计数；当挡位键分别取 0、2、3 时，里程的计数逐渐加快，表示车速逐渐加快。

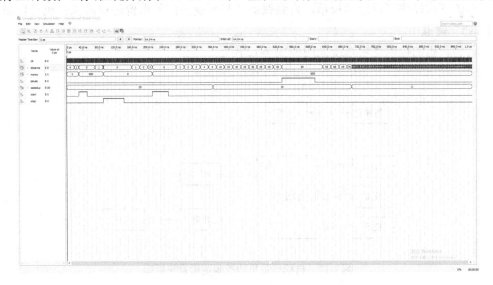

图 7-11　控制模块功能仿真结果

（4）完成顶层原理图设计、引脚分配。

（5）全编译后，通过下载线下载到实验板上进行硬件测试验证。

7.4　案例 4　自动售货机设计

1. 实验目的

（1）进一步掌握 Quartus Ⅱ 的基本使用，包括设计的输入、编译和仿真。

（2）掌握 Quartus Ⅱ下使用 VHDL 设计自动售货机的方法。

2．实验仪器设备

（1）PC 机一台。

（2）Quartus Ⅱ开发软件一套。

（3）EDA 实验开发系统一套。

3．设计要求

设计一个自动售货机逻辑控制系统。该系统能完成对货物信息的存储、进程控制、硬币处理、余额计算、显示等功能。可以管理 4 种货物，每种货物的数量和单价在初始化时输入，在存储器中存储。用户可以用硬币购买，用按键进行选择；售货时能够根据用户输入的货币，判断钱币是否够用，钱币足够则根据顾客要求自动售货，钱币不够则给出提示并退出；能够自动计算出应找钱币余额、库存数量并显示。

4．设计原理

首先售货员把自动售货机的每种商品的数量和单价通过"set"键和"sel"键置入 RAM里。然后顾客通过"sel"键对所需要购买的商品进行选择，选定以后通过"get"键进行购买，再按"finish"键取回找币，同时结束此次交易。

按"get"键时，如果投的钱数等于或大于所购买的商品单价，则自动售货机会给出所购买的商品；如果钱数不够，自动售货机不做响应，继续等待顾客的下次操作。

顾客的下次操作可以继续投币，直到钱数达到所要的商品单价进行购买；也可以是直接按"finish"键退币。

自动售货机的控制逻辑系统框图如图 7-12 所示。

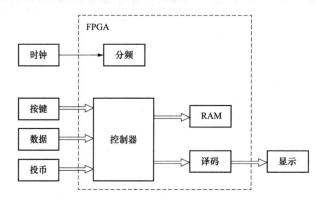

图 7-12　自动售货机的控制逻辑系统框图

5．实验步骤

（1）系统方案设计、总体框图设计。

（2）用 VHDL 语言实现电路逻辑设计，并生成顶层原理图符号，如图 7-13 所示。其中输入信号包括：时钟 clk（20MHz）、设置键 set、购买键 get、种类选择键 sel、完成交易键 finish、5 角钱币 coin0、1 元钱币 coin1、单价数据输入 price［3..0］、数量数据输入 quantity ［3..0］。输出信号包括：商品种类信号 item［3..0］、购买商品开关信号 act［3..0］、数码管地址选择信号 scan［2..0］、7 段显示控制信号 seg7［6..0］、5 角硬币找回 act5、1 元硬币找回 act10。

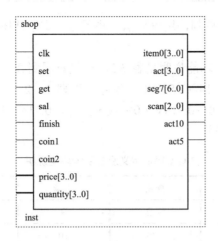

图 7-13　自动售货机的电路符号图

（3）设计仿真文件，完成总体电路的软件仿真验证。

（4）完成顶层原理图设计、引脚分配。

（5）全编译后，通过下载线下载到实验板上进行硬件测试验证。

6. 实验报告要求

（1）画出原理图。

（2）给出软件仿真结果及波形图。

（3）硬件测试和详细实验过程并给出硬件测试结果。

（4）给出程序分析报告、仿真波形图及其分析报告。

（5）写出学习总结。

7.5　案例 5　VGA 彩条信号显示控制器设计

1. 实验目的

（1）熟练掌握 VHDL 语言和 Quartus II 软件的使用方法。

（2）掌握状态机的设计方法。

（3）掌握 VGA 接口传输协议。

2. 实验原理

计算机显示器的显示有许多标准，常见的有 VGA、SVGA 等。VGA 是 IBM 公司在 1987年推出的一种视频传输标准，它具有分辨率高、显示速率快、颜色丰富等优点，因而在彩色显示器领域得到了广泛的应用。VGA 的全称是 Video Graphics Array，即视频图形阵列，是一个使用模拟信号进行视频传输的标准。早期的 CRT 显示器由于设计制造上的原因，只能接收模拟信号输入，因此计算机内部的显卡负责进行数模转换，而 VGA 接口就是显卡上输出模拟信号的接口。如今液晶显示器虽然可以直接接收数字信号，但是为了兼容显卡上的 VGA 接口，也大都支持 VGA 标准。VGA

图 7-14　VGA 接口的物理结构

接口的物理结构如图 7-14 所示，一般 VGA 显示控制都用专用的显示控制器。但是使用 FPGA

也可以实现 VGA 图像显示控制，用以显示一些图形，文字或图像，这在产品开发设计中有许多实际应用。

VGA 接口定义及各引脚功能说明见表 7-2，一般只用到其中的 1（RED）、2（GREEN）、3（BLUE）、13（HSYNC）、14（VSYNC）信号。引脚 1、2、3 分别输出红、绿、蓝三原色模拟信号，电压变化范围为 0～0.714V，0V 代表无色，0.714V 代表满色；引脚 13、14 输出 TTL 电平标准的行/场同步信号。

表 7-2   VGA 接口定义及各引脚功能说明

引脚	名称	描述	引脚	名称	描述
1	RED	红色	9	KEY	预留
2	GREEN	绿色	10	GND	场同步地
3	BLUE	蓝色	11	ID0	场址码 0
4	ID2	地址码 2	12	ID1	地址码 1
5	GND	行同步地	13	HSYNC	行同步
6	RGND	红色地	14	VSYNC	场同步
7	GGND	绿色地	15	ID3	场址码 3
8	BGND	蓝色地			

常见的彩色显示器的彩色是由 R、G、B（红：Red，绿：Green，蓝 Blue）三基色组成，用逐行扫描的方式解决图像显示问题。扫描从屏幕的左上方开始，从左到右、从上到下进行扫描。每扫完一行，电子束回到屏幕的左边下一行的起始位置，在这期间，CRT 对电子束进行消隐，每行结束时，用行同步信号 HS 进行行同步。扫描完所有行，用场同步信号 VS 进行场同步，并使扫描回到屏幕左上方，同时进行场消隐，预备下一场的扫描。在 VGA 视频传输标准中，视频图像被分解为红、绿、蓝三原色信号，经过数模转换之后，在行同步（HSYNC）和场同步（VSYNC）信号的同步下分别在 3 个独立通道传输。计算机内部以数字方式生成的显示图像信息，被显卡中的数字/模拟转换器转变为 R、G、B 三原色信号和行、场同步信号，信号通过电缆传输到显示设备中。设计 VGA 控制器的关键是产生符合 VGA 接口协议规定的行同步和场同步信号，其时序图分别如图 7-15、图 7-16 所示。

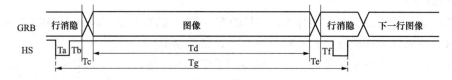

图 7-15　行扫描时序图

图 7-16　场扫描时序图

从图 7-15 和图 7-16 中可以看出一行或一场（又称一帧）数据可以分为 4 个部分：低电平同步脉冲、显示后沿、有效数据段以及显示前沿。行同步信号 HSYNC 在一个行扫描周期中完成一行图像的显示，场同步信号 VSYNC 在一个场扫描周期中完成一帧图像的显示，不同的是行扫描周期的基本单位是像素点时钟，即完成一个像素点显示所需要的时间；而场扫描周期的基本单位是完成一行图像显示所需要的时间。

行扫描时序图的参数意义和时间长度为：Ta：水平同步脉冲，负电平，96 个时钟周期；Tb＋Tc：行消隐后沿时间，高电平，48 个时钟周期；Td：视频数据有效时间，高电平，640 个时钟周期；Te＋Tf：行消隐前沿时间，高电平，16 个时钟周期；总的行周期时间：96＋48＋640＋16＝800 个时钟周期。场扫描时序图的参数意义和时间长度为：Ta：垂直同步脉冲，负电平，2 个行周期；Tb＋Tc：列消隐后沿时间，高电平，33 个行周期；Td：视频数据有效时间，高电平，480 个行周期；Te＋Tf：列消隐前沿时间，高电平，10 个行周期；总的行周期时间：2＋33＋480＋10＝525 个行周期。在设计时，可用两个计数器进行计数，分别作为行和场扫描计数器，行计数器的驱动时钟为 25MHz，场计数器的驱动时钟为行计数器的溢出信号。

早期的 VGA 特指分辨率为 640×480 的显示模式，后来根据分辨率的不同，VGA 又分为 VGA（640×480）、SVGA（800×600）、XGA（1024×768）、SXGA（1280×1024）等。不同分辨率的 VGA 显示时序是类似的，仅存在参数上的差异，见表 7-3。

表 7-3　　　　　　　　　　　　　不同分辨率的 VGA 时序参数

显示模式	时钟（MHz）	行时序（像素数）					帧时序（行数）				
		a	b	c	d	e	o	p	q	r	s
640×480@60	25.175	96	48	640	16	800	2	33	480	10	525
640×480@75	31.5	64	120	640	16	840	3	16	480	1	500
800×600@60	40.0	128	88	800	40	1056	4	23	600	1	628
800×600@75	49.5	80	160	800	16	1056	3	21	600	1	625
1024×768@60	65	136	160	1024	24	1344	6	29	768	3	806
1024×768@75	78.8	176	176	1024	16	1312	3	28	1024	1	800
1280×1024@60	108.0	112	248	1280	48	1688	3	38	1024	3	1066
1280×800@60	83.46	136	200	1280	64	1680	3	24	800	1	828
1440×900@60	106.47	152	232	1440	80	1904	3	28	900	1	932

按照每秒 60 帧的刷新速度来计算，所需要的时钟频率为：时钟频率（Clock Frequency）：60Hz（帧数）×525（行）×800（每一行像素数）＝25.2MHz（像素输出的频率）。行频（Line Frequency）：31469Hz。场频（Field Frequency）：59.94Hz（每秒图像刷新频率）。

实验箱的 VGA 接口提供 8 位数据输入，三基色信号 R、G、B 共占用 8 位（分别为 R：3 位、G：3 位、B：2 位），因此可以显示 256 种颜色。RGB 数据的格式见表 7-4。8 种颜色的彩条信号的颜色编码表见表 7-5。

表 7-4　　　　　　　　　　　　　　　RGB 数据格式

D7	D6	D5	D4	D3	D2	D1	D0
R2	R1	R0	G2	G1	G0	B1	B0

表 7-5　　　　　　　　　　　　　　颜 色 编 码 表

颜色	黑	蓝	红	紫	绿	青	黄	白
R	0	0	1	1	0	0	1	1
G	0	0	0	0	1	1	1	1
B	0	1	0	1	0	1	0	1
数据编码	0x00	0x03	0xE0	0xE3	0x1C	0x1F	0xFC	0xFF

3. 实验内容

设计一个基于 FPGA 的 VGA 图像显示控制器，具体要求如下：

（1）显示模式为 640×480×60Hz 模式。

（2）在显示器上显示横向彩条信号（显示 8 种颜色）。

（3）在显示器上显示纵向彩条信号（显示 8 种颜色）。

（4）在显示器上显示两种模式的棋盘格信号。

4. 设计方案

VGA 显示控制器划分为 3 个子模块如图 7-17 所示：①时钟分频子模块；②时序控制子模块，提供同步信号（h_sync 和 v_sync）及像素位置信息；③生成图形子模块，接收像素位置信息，并输出颜色信息。由于系统时钟为 50MHz，实验所需频率为 25MHz，故时钟分频模块只需在程序中通过分频语句完成；生成图形子模块由系统提供；所以重点设计的模块就是时序控制模块。

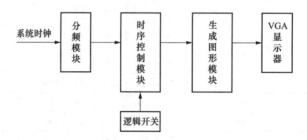

图 7-17　VGA 显示控制器逻辑系统框图

5. 实验步骤

（1）根据实验原理，完成系统方案设计，状态转换关系设计，以及常量、信号、端口等元素的规划。

（2）创建工程。

（3）编译前设置。

在对工程进行编译处理前，必须作好必要的设置。具体步骤如下：①选择目标芯片。②选择目标器件编程配置方式。③选择输出配置。

（4）完成代码设计与输入、工程编译及了解编译结果。

（5）引脚锁定、下载和硬件测试，观察显示器显示的图案。

6. 实验扩展

在完成实验内容 1 的基础上，可以尝试完成如下的扩展实验任务。

实验扩展 1：通过逻辑开关选择显示模式。

实验扩展 2：设计可显示英语字母的 VGA 信号发生器电路。

实验扩展 3：设计可显示移动彩色斑点的 VGA 信号发生器电路。

7.6　案例 6　基于 ROM 的 VGA 图像显示控制器设计

1. 实验目的

（1）进一步掌握 VGA 显示器的工作时序及其控制电路的工作原理。

（2）熟悉和掌握基于 ROM 的 VGA 显示原理以及 ROM 的使用方法。

（3）培养系统分析、设计及独立解决实际问题的能力。

2. 预习要求

（1）认真阅读实验指导，了解 ROM 的两种创建方法，以及利用 BmpToMif 软件从 BMP 格式图片生成 MIF 文件的方法。

（2）掌握图像显示位置与寻址 ROM 地址信号的映射方法。

（3）用 VHDL 语言编写代码并进行时序仿真。

3. 实验原理

VGA 显示原理参见第七章案例 5 相关内容。基于 ROM 的 VGA 显示系统原理框图如图 7-18 所示。

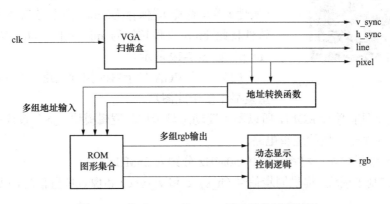

图 7-18　基于 ROM 的 VGA 显示系统原理框图

VGA 扫描核：提供符合 VGA 显示器标准的行同步和场同步信号。

地址转换函数：接收行列信号作为输入，以相同或不同映射关系输出寻址 ROM 的地址信号，以确定欲显示图像的颜色值。

ROM 图形集合：由多块 ROM 组成，分别接收地址转换函数输出的地址信号，输出符合各种图形的 RGB 信号。

动态显示控制逻辑：监控时钟或其他信号量，根据控制逻辑，选择 RGB 信号组中的一组输出给显示器。显示器接收行同步和场同步信号（h_sync、v_sync）及 RGB 颜色信号，输出稳定图像。

Altera 的器件内部提供了各种存储器模块（RAM、ROM 或双口 RAM），可以在设计中使用 MegaWizard Plug-In Manager，执行【Tools】|【MegaWizard Plug-In Manager】菜单命令来创建所需要的存储器模块。每个 ROM 模块有 CLOCK（时钟）、address（地址）这两个输入

信号和一个 q（值）输出信号。ROM 在每个时钟上升沿取出由地址信号所指定的存储单元中的值并输出。ROM 内的值通过加载 MIF（Memory Initialization File，存储器初始化文件）文件来实现。

MIF 文件的生成：当在设计中使用了器件内部的存储器模块时，需要对存储器模块进行初始化。在 Quartus II 中，可以使用两种格式的存储器初始化文件：Intel Hex 格式（.hex）文件或 Altera 存储器初始化格式（.mif）文件。如果将要存储于 ROM 中的内容容量比较小或者很有规律，可以执行【File】|【New…】菜单命令，创建 MIF 文件并编辑其内容。如果已经有 BMP 格式的图片，则可以使用 BmpToMif 软件将 BMP 格式图片生成 MIF 文件。可以通过各种图形编辑软件，如 Windows 自带的画图程序、Photoshop 等修改调整原图片的大小。

4. 实验内容

设计 VGA 显示器的控制电路，控制显示器完成相应的图形显示功能，具体要求如下：用 ROM 实现重复图案的显示，将指定的小尺寸图片（如 80×60）在全屏幕范围内重复输出。

5. 实验步骤

（1）先用 Windows 自带的画图程序，画一个大小为 80×60 的彩色图像，或者从网上下载图片，或者从"我的文档/图片收藏"中打开一个现有的图片文件，并用 Windows 自带的画图程序将其裁剪为适当的大小（执行【图像】|【拉伸/扭曲】菜单命令或【图像】|【属性】菜单命令），保存为.bmp 格式，然后使用 BmpToMif 软件将此 bmp 文件转换为 mif 文件。80×60 的彩色图片（bmp）如图 7-19 所示。

图 7-19　80×60 的彩色图片（bmp）

（2）设计 VGA 显示器的控制电路，在 VGA 显示器上重复显示多个此图片。

由于本实验只有单片 ROM，所以不需要动态显示控制逻辑模块。整个系统包括 3 个子模块，分别设计 3 个子模块的逻辑电路。

1）时钟分频子模块：将系统时钟 50MHz 分频为 25MHz。

2）时序控制子模块：提供同步信号（h_sync 和 v_sync）和像素位置信息，以及寻址 ROM 的地址信号。

3）ROM 子模块：根据地址信号，输出图形的颜色信息。

其中时序控制子模块是系统的核心：根据 VGA 显示器的工作原理，提供同步信号和像素位置信息，以及寻址 ROM 的地址信号。本模块的关键是 pixel 和 line 信号到 addr 的映射方式，如果将显示于整个屏幕上的图像对应的颜色值按从左到右、从上到下的顺序存于 ROM 中，则 addr 与 line 和 pixel 的对应关系非常简单，即 addr＝（line-1）×640＋（pixel-1），但对于有重复图像的显示，这样做显然浪费了大量的 ROM 空间。节省 ROM 空间的方法是将单个图片的颜色值存于 ROM 中，然后对 pixel 和 line 值按一定的函数转换后赋给 addr。当电子束扫描到某一行、某一列时，即访问 ROM 中对应的某个存储单元，取出相应的颜色值。这个函数是根据要显示的单个图片的尺寸定义的。例如图形大小是 100×50，如果从该图片的第 1 行第 1 列开始将各像素的颜色值按顺序存于 ROM 中，则转换函数为：addr＝（line-1）%50 ×100＋（pixel-1）%100。其原理如图 7-20 所示。当要显示重复的图片时，只需按其位置（line、pixel）去寻址 ROM 相应的存储单元即可。

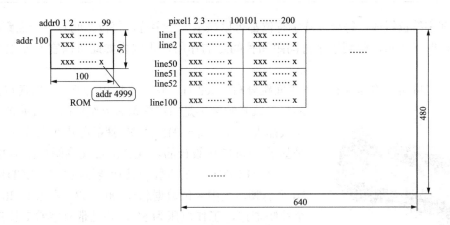

图 7-20　pixel 和 line 信号到 addr 的映射方式示意图

（3）在 Quartus II 中打开刚才生成的.mif 文件，将其第一个存储单元的颜色值改为 000（黑色），保存。

（4）创建顶层图形设计文件 vga_rom_top.bdf。

（5）全编译整个工程，然后完成引脚锁定和编程下载测试。

6. 实验扩展

实现简单的动画显示，在屏幕上分时循环显示多幅指定图像，产生动画效果。在屏幕正中位置动画显示一个 128×128 的图像。即在 177～304 行、257～384 列的位置显示该图像。动画的本质就是多个静态画面的切换。动画利用了人眼的视觉暂留效应，连续播放内容连续的静止图片给人以活动的感觉。当一系列图像画面按一定的速度在人的视线中经过时，人脑便会产生物体运动的印象，即产生动画的效果。实现简单的动画显示的原理是采用一组扫描和输出信号，并通过多路选择器使能多个 ROM，就可以在多个画面中反复切换，形成动画。

7.7　案例 7　基于 FPGA 的 LCD 字符显示设计

1. 实验目的

（1）了解 LCD1602 的基本原理，掌握其基本的工作流程。

（2）学习用 Verilog HDL 语言编写 LCD1602 的控制指令程序，能够在液晶屏上显示出正确的符号。

（3）能够自行改写程序，并实现符号的动态显示。

2. 实验仪器设备

（1）PC 机一台。

（2）Quartus II 开发软件一套。

（3）EDA 实验开发系统一套。

3. 实验原理

LCD 本身不发光，其通过借助外界光线照射液晶材料而实现现实的被动显示器件。1602 液晶也叫 1602 字符型液晶，它是一种专门用来显示字母、数字、符号等的点阵型液晶模块。1602LCD 是指显示的内容为 16×2，即最多只能显示 32 个字符。它由若干个 5×7 或者 5×

11 等点阵字符位组成，每个点阵字符位都可以显示一个字符，每位之间有一个点距的间隔，每行之间也有间隔，起到了字符间距和行间距的作用，正因为如此所以它不能很好地显示图形。

5×7 点阵可以看作 5 行 7 列等间距分布的 led 灯，每一个灯相当于一个像素点，要显示的字母或者数字都是由这些像素点组成的。目前市面上的字符液晶大多数是基于 HD44708 液晶芯片而设计的，1602 也是基于 HD44708 设计的。LCD1602 实物图如图 7-21 所示。

图 7-21　LCD1602 实物图

（1）LCD1602 的引脚及其功能见表 7-6。LCD1602 拥有 16 个引脚，其中 8 位数据总线 D0～D7，和 RS、R/W、E 三个控制端口，工作电压为 5V，并且带有字符对比度调节和背光。

（2）1602LCD 的 CGROM、CGRAM 和 DDRAM。CGROM 中存储了一些标准的字符的字模编码，是液晶屏出厂时固化在控制芯片中的，用户不能改变其中的存储内容，只能读取调用，包含有标准的 ASCⅡ码、日文字符和希腊文字符。CGRAM 是控制芯片留给用户，用以存储用户自己设计的字模编码。DDRAM 是和屏幕显示区域有对应关系的一组存储器，其功能有点中转的性质。（80 个字节）类似的字模编码都要先被读取到对应的 DDRAM 中，经如上中转以后，屏幕的相应位置才显示出字符。三者对应的功能如下：

1）CGROM：字模存储用空间。要显示某个 ASCⅡ字符时，对应字符的字模就存在这里。只能读取，不能改变其中的存储内容。

2）CGRAM：允许用户自建字模区的空间。通过查看 LCD1602 的 CGROM 字符代码表，可以发现有部分地址内容是没有定义的，用户可以通过先定义 LCD1602 的 CGRAM 中的内容，然后就可以同调用 CGROM 字符一样来调用自定义好的字符。

3）DDRAM：用于字符显示。写入 DDRAM 中的地址与 LCD1602 上的字符显示位置一一对应，写入 DDRAM 的数据即为要显示的字符（一般为 ASCⅡ码）。

表 7-6　　　　　　　　　　　　LCD1602 的引脚及其功能

编号	符号	引脚说明	编号	符号	引脚说明
1	VSS	电源地	9	D2	数据 IO 口
2	VDD	电源正（5V）	10	D3	数据 IO 口
3	V0	液晶显示偏压信号	11	D4	数据 IO 口
4	RS	数据/命令选择端（H/L）	12	D5	数据 IO 口
5	R/W	读/写选择端（H/L）	13	D6	数据 IO 口
6	E	使能信号，下降沿触发	14	D7	数据 IO 口
7	D0	数据 IO 口	15	BLA	背光电源正极
8	D1	数据 IO 口	16	BLK	背光电源负极

（3）LCD1602 字符显示与 DDRAM 的地址对应关系。DDRAM 中的地址与 LCD1602 的字符显示位置对应，对应关系见表 7-7。

表 7-7　　　　　　　　　**LCD1602 字符显示位与 DDRAM 的对应关系**

显示位序号		1～16	17～40
RAM 地址（HEX）	第一行	00，01，02，03，04，05，…，0F	10，11，12，13，14，15，…，27
	第二行	40，41，42，43，44，45，…，4F	50，51，52，53，54，55，…，67

第一行的地址是 8'H00 到 8'H27，第二行的地址从 8'H40 到 8'H67，其中第一行 8'H0H 到 8'H0F 是与液晶上第一行 16 个字符显示位置相对应的，第二行 8'H40 到 8'H4F 是与第二行 16 个字符显示位置相对应的，如图 7-22 所示。1602 字符液晶是显示字符的，它与 ASCII 字符表是对应的。比如我们给 8'H00 这个地址写一个"a"，也就是十六进制的 61，液晶的最左上方的那个字符块就会显示一个字母"a"。

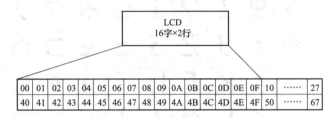

图 7-22　LCD1602 内部显示地址

需要注意的是，在指定 8'H00 这个地址时，不能直接写入 8'H00，因为在写入显示地址时要求最高位 D7 恒定为高电平 1，所以在指定 8'H00 这个地址时，实际要写入的地址为 1000_0000B＋00H＝80H。相应的，在指定第二行起始地址 40H 时应写入 C0H。

（4）LCD1602 的 CGROM 字符代码表，见表 7-8。1602 液晶模块内部的字符发生存储器已经存储了若干个不同的点阵字符图形，这些字符有：阿拉伯数字、英文字母的大小写、常用的符号、和日文假名等，每一个字符都有一个固定的代码，比如大写的英文字母"A"的代码是 01000001B（41H），显示时将 41H 通过数据的方式发送到 DDRAM，就能在指定的显示位置看到字母"A"。

表 7-8　　　　　　　　　**LCD1602 的 CGROM 字符代码表**

Higher 4 bits Lower 4 bit	0000	0010	0011	0100	0101	0110	0111	1010	1011	1100	1101	1110	1111
××××0000	CG RAM (1)		0	@	P	`	P		—	夕	ミ	α	P
××××0001	(2)	!	1	A	Q	a	q	。	ア	チ	ム	ä	q
××××0010	(3)	"	2	B	R	b	r	「	イ	ツ	メ	β	θ
××××0011	(4)	#	3	C	S	c	s	」	ウ	テ	モ	ε	∞
××××0100	(5)	$	4	D	T	d	t	、	エ	ト	ヤ	μ	Ω

续表

Higher 4 bits Lower 4 bit		0000	0010	0011	0100	0101	0110	0111	1010	1011	1100	1101	1110	1111
××××0101	(6)		%	5	E	U	e	u	·	オ	ナ	ユ	ロ	ü
××××0110	(7)		&	6	F	V	f	v	ヲ	カ	ニ	ヨ	ロ	Σ
××××0111	(8)		'	7	G	W	g	w	ア	キ	ヌ	ラ	g	π
××××1000	(1)		(	8	H	X	h	x	ィ	ク	ネ	リ	ー	ᐟ
××××1001	(2)		)	9	I	Y	i	y	ゥ	ケ	ノ	ル	゛	y
××××1010	(3)		*	:	J	Z	j	z	エ	コ	ハ	レ	j	千
××××1011	(4)		+	;	K	[	k	⟨	オ	サ	ヒ	ロ	×	万
××××1100	(5)		,	<	L	¥	l	l	ャ	シ	フ	ワ	⊄	円
××××1101	(6)		-	=	M	]	m	⟩	ュ	ス	ヘ	ン	￮	÷
××××1110	(7)		.	>	N	^	n	→	ヨ	セ	ホ	￮	ñ	
××××1111	(8)		/	?	O	_	o	←	ッ	ソ	マ	゜	ö	■

（5）设置 CGRAM。CGRAM 是提供给用户自定义字模的存储空间，见表 7-8，CGRAM 可用的字符码有 16 个，但实际上只有 8 个，因为 CGRAM 字符码规定 D3 位是无效的，在使用时可用的为 00H～07H（等同于 08H～0FH）。

前面已经说明了 CGRAM 可用的字符码有 8 个，在使用前需要在 CGRAM 的地址中写入字符数据，然后将对应的字符码以数据方式发送给 DDRAM 即可显示，见表 7-9，CGRAM 的地址高 2 位为 01，D5～D3 表示 8 个自定义字符的地址，D2～D0 表示每个自定义字符中每一行的字模数据地址（一共 8 行）。例如第一个自定义字符的字模地址为 01000000～01000111 八个地址。向这 8 个字节写入字母"C"的字模数据。如图 7-23 所示，然后将其字符码 00H 以数据方式发送给 DDRAM 即可显示。

表 7-9　　　　　　　　　　　　　　CGRAM 的指令编码

指令功能	指令编码										执行时间
	RS	R/W	D7	D6	D5	D4	D3	D2	D1	D0	
设置 CGRAM 地址	0	0	0	1	CGRAM 的地址						40μs

（6）LCD1602 常用操作指令见表 7-10。指令操作包括清屏，光标归位，置输入模式，显示开关控制，光标或字符移位控制等。

地址: 01000000　　　数据: 00010000
　　　01000001　　　　　00000110
　　　01000010　　　　　00001001
　　　01000011　　　　　00001000
　　　01000100　　　　　00001000
　　　01000101　　　　　00001001
　　　01000110　　　　　00000110
　　　01000111　　　　　00000000

图 7-23　CGRAM 自定义字符示意图

表 7-10　　　　　　　　　　　　　　　LCD1602 常用指令

指令	RS	RW	D7	D6	D5	D4	D3	D2	D1	D0	E-Cycle
清屏	0	0	0	0	0	0	0	0	0	1	1.64ms
光标归位	0	0	0	0	0	0	0	0	1	*	1.64ms
进入模式设置	0	0	0	0	0	0	0	1	ID	S	40μs
显示开关控制	0	0	0	0	0	0	1	D	C	B	40μs
光标或字符移位	0	0	0	0	0	1	SC	RL	*	*	40μs
功能设定	0	0	0	0	1	DL	N	F	*	*	40μs
置字符发生存储器地址	0	0	0	1	字符发生存储器地址						40μs
置数据存储器地址	0	0	1	显示数据寄存器地址							40μs
读取忙信号或 AC 地址	0	1	BF	计数器地址							40μs
写数据	1	0	要写的数据								40μs
读数据	1	1	读出的数据								40μs

1）清屏指令。清除液晶显示器，即将 DDRAM 中的内容全部填入 20H（空白字符），光标撤回显示屏左上方，将地址计数器（AC）设为 0，光标移动方向为从左向右，并且 DDRAM 的自增量为 1（I/D=1）。

2）光标归位指令。将地址计数器（AC）设为 00H，DDRAM 内容保持不变，光标移至左上脚。

3）进入模式设置指令。设定每次写入一个字符后光标是否移动以及移动方向。I/D=0 光标左移，DDRAM 地址自增 1；I/D=1 光标右移，DDRAM 地址自增 1（当从 CGRAM 中读取或写入数据时，CGRAM 操作与 DDRAM 相同）。SH=0 且 DDRAM 是读操作（CGRAM 读或写），整个屏幕不移动。SH=1 且 DDRAM 是写操作，整个屏幕移动，移动方向由 I/D 决定。

4）显示开关控制指令。D=1，显示功能开；D=0，显示功能关，但是 DDRAM 中的数据依然保留。C=1，有光标；C=0，没有光标。B=1，光标闪烁；B=0，光标不闪烁。

5）光标或字符移位指令，用于整屏的移动或光标移动。SC=0，RL=0 光标左移，地址计数器减 1（即显示内容和光标一起左移）；SC=0，RL=1 光标右移，地址计数器加 1（即显示内容和光标一起右移）。SC=1，RL=0 显示内容左移，光标不移动；SC=1，RL=1 显示内容右移，光标不移动。

6）功能设定指令。设定数据总线位数、显示的行数及字形。DL=1，8 位宽数据总线；DL=0，4 位宽数据总线。N=0，显示一行；N=1，显示两行。F=0，5×7 点阵/字符；F=1，5×11 点阵/字符。

7）读取忙信号或 AC 地址指令。如果 BF＝1 则表示忙碌，无法接收数据或指令，若 BF ＝0 则表示可以接收数据和指令。

（7）LCD1602 写操作时序。

LCD1602 写操作时序如图 7-24 所示，相关参数见表 7-11。

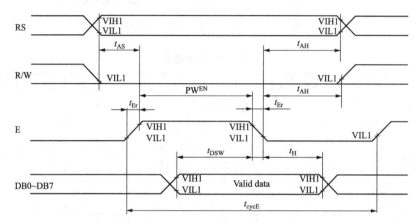

图 7-24　LCD1602 写操作时序

表 7-11　　　　　　　　　　　　　　　LCD1602 写时序相关参数

名称	符号	条件	最小值	最大值	单位
E 周期	t_{cycE}		1000		
E 脉宽	PW_{EN}		450		
E 上升/下降时间	t_{Er}	$V_{DD} = 5V \pm 5\%$		25	
地址设置时间	t_{AS}	$V_{SS} = 0V$	140		ns
地址保持时间	t_{AH}	$T_a = 25℃$	10		
数据设置时间	t_{DSW}		195	320	
数据保持时间	t_H		10		

4．实验内容

在 LCD1602 液晶屏第一行左侧第二位、第三位和第四位的位置显示 EDA 三个字母，如图 7-25 所示。

图 7-25　实验现象

5．实验步骤

（1）分析 LCD1602 显示控制的系统工作原理，画出控制状态流程图，如图 7-26 所示，并规划输入与输出端口。

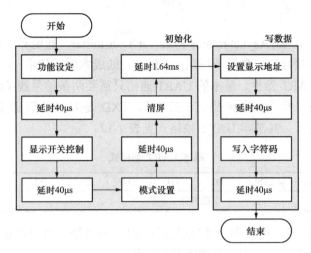

图 7-26 控制状态流程图

（2）完成工程创建、VHDL 程序文件输入（建议采用状态机的方式完成初始化和写数据的 VHDL 描述）、编译及仿真分析。

（3）完成引脚锁定、全局综合以及下载测试，分析设计结果。

6. 实验报告要求

（1）根据实验原理，分析控制状态流程图。

（2）给出程序分析报告、仿真波形图及其分析报告。

（3）硬件测试和详细实验过程并给出硬件测试结果。

（4）写出实验总结。

7.8 案例 8 基于 FPGA 的多路串口数据采集与传输系统设计

1. 实验目的

（1）掌握基于 FPGA 和 VHDL 语言的串行通信接口电路设计。

（2）掌握多串口数据采集系统逻辑电路设计。

2. 实验仪器设备

（1）PC 机一台。

（2）Quartus Ⅱ 开发软件一套。

（3）FPGA 实验开发系统一套。

3. 实验内容

（1）基于 VHDL 语言采用状态机的方式设计通用异步收发器（UART），通过实验板串口和 PC 机联机调试助手进行硬件测试和分析。在 FPGA 实验板端通过按键输入要发送的数据，发送数据到 PC 机，通过串口调试助手软件显示发送的数据；在 PC 机端通过串口调试助手软件发送数据到 FPGA 实验板并在数码管显示。

（2）设计一个多路串口数据采集与传输系统，在一个系统中提供 4 路串口通信资源，同时利用 FPGA 中的同步有限状态机，实现了 4 路数据以查询方式与 PC 机通信，将 4 路串口数据快速上传到 PC 机上。

4. 实验原理

（1）UART（Universal Asynchronous Receiver Transmitter，通用异步收发器）是一种应用广泛的短距离串行传输接口，常用于短距离、低速、低成本的通信中，8250、8251、NS16450等芯片都是常见的 UART 器件。基本的 UART 通信只需要两条信号线（RXD、TXD）就可以完成数据的相互通信，接收与发送是全双工形式。TXD 是 UART 发送端，为输出；RXD 是 UART 接收端，为输入。其基本 UART 帧格式见表 7-12。

表 7-12　　　　　　　　　　　　　　基本 UART 帧格式

START	D0	D1	D2	D3	D4	D5	D6	D7	P	STOP
起始位	数据位								校验位	停止位

1）在信号线上共有两种状态，可分别用逻辑 1（高电平）和逻辑 0（低电平）来区分。在发送器空闲时，数据线应该保持在逻辑高电平状态。

2）起始位：作为数据传输的开始，低电平是有效的状态，即在空闲时，由高电平降到低电平的时候，认为数据可以开始传输。

3）数据位：位于起始位之后，可进行 5～8 位的数据传输，一般情况下是由低位到高位传输。

4）校验位：数据位之后紧接着就是校验位。它对接收数据的正确性可以进行一个简单的判断，检验位是一个特殊的数据位。

5）停止位：传送数据的结束，与起始位有高低电平的差异，停止位高电平有效，而且一般为一个以上的电平来表示。

6）位时间：即每个位的时间宽度。起始位、数据位、校验位的位宽度是一致的，停止位有 0.5 位、1 位、1.5 位格式，一般为 1 位。

7）帧：从起始位开始到停止位结束的时间间隔称之为 1 帧。

8）波特率：UART 的传送速率，用于说明数据传送的快慢。在串行通信中，数据是按位进行传送的，因此传送速率用每秒钟传送数据位的数目来表示，称之为波特率。如波特率 9600＝9600bps（位/s）。

串行通信异步收发器主要由以下 3 个模块组成：UART 发送器模块、UART 接受器模块和波特率发生器模块组成。

UART 发送器模块：将准备输出的并行数据按照基本 UART 帧格式转化为 TXD 信号串行输出。UART 发送器模块框图如图 7-27 所示，由基准时钟模块产生 1 个 104μs 的时间，当要发送数据时，串行数据发送控制器把数据总线上的内容加上开始位和结束位，然后进行移位发送。

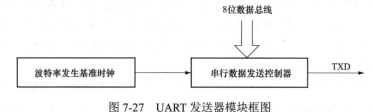

图 7-27　UART 发送器模块框图

当使用 48MHz 的振荡频率时，要求波特率为 9600 的计数周期为 5000，也就是说波特率基准的位时钟可以对 48MHz 的晶振进行 5000 次分频得到。

　　UART 接受器模块：接收 RXD 串行数据，并将其转化为并行数据。UART 接受器模块结构图如图 7-28 所示。由基准时钟产生 1 个 16 倍于波特率的频率，这样就把 1 个位的数据分为 16 份了，当检测到开始位的下降沿时，就开始进行数据采样。采样的数据为 1 个位的第 6、7、8 三个状态，然后 3 个里面取 2 个以上相同的值作为采样的结果，这样可以避免干扰。当开始位的采样结果不是 0 的时候就判定为接收为错，把串行数据接收控制器的位计数器复位。当接收完 10 位数据后就进行数据的输出，并把串行数据接收控制器的位计数器复位，等待下一数据的到来。

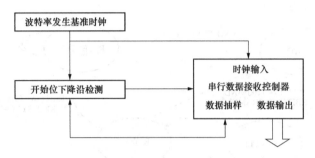

图 7-28　UART 接受器模块结构图

　　波特率发生器模块：根据给定的系统时钟频率和要求的波特率算出波特率分频因子，算出的波特率分频因子作为分频器的分频数。产生的基准时钟频率为 9600×16＝153600Hz。当使用 48MHz 振荡频率时，要求 153600Hz 的计数周期为 312.5，也就是说波特率基准的位时钟可以对 48MHz 的晶振进行 312.5 次分频得到，鉴于小数分频操作起来比较麻烦，所以这里进行取整，取 312 次分频，只要不超过最大允许误差（约 5%）就可以。

　　（2）多路串口数据采集与传输系统方案。

　　系统包括多通道数据采集模块（串转并模块、FIFO 数据缓存模块、PC 控制器模块）以及 RS232 串口输出模块两大部分，其系统方案结构图如图 7-29 所示。4 路并行的 RS232 数据为输入数据，通过 4 个串转并模块将串行数据转为并行数据保存到 4 个独立 FIFO 中。利用 FPGA 中的同步有限状态机，在 RS232 串口模块建模与设计，将 4 路数据以查询方式上传到 PC 机上，对数据进行分析。

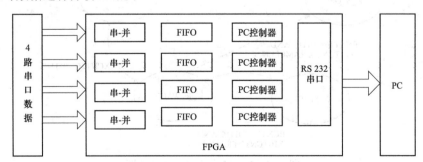

图 7-29　系统方案结构图

5. 实验步骤

（1）启动 Quartus Ⅱ建立一个空白工程，然后命名为 uart.qpf。

（2）新建 VHDL 源程序文件 rec.vhd 和 send.vhd，写出程序代码并保存，进行综合编译，若在编译过程中发现错误，则找出并更正错误，直至编译成功为止。

基于状态机设计 UART 接受器（见图 7-30）：接收器一共分成 5 个状态，即 R_start、R_CENTER、R_WAIT、R_SAMPAL、R_STOP。

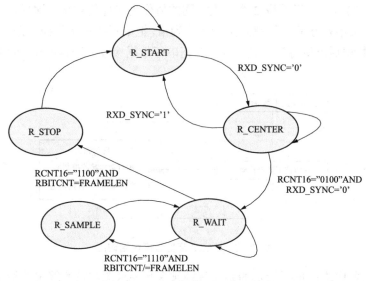

图 7-30　UART 接受器状态转移图

基于状态机设计 UART 发送器（见图 7-31）：发送器一共分成 5 个状态 X_idle、X_start、X_WAIT、X_SHIFT、X_STOP。

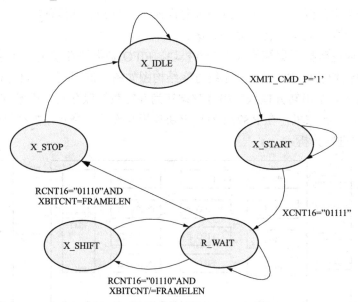

图 7-31　UART 发送器状态转移图

（3）建立波形仿真文件并进行仿真验证。

（4）新建图形设计文件进行硬件测试，命名为 uart.bdf 并保存。其顶层设计原理图如图 7-32 所示。

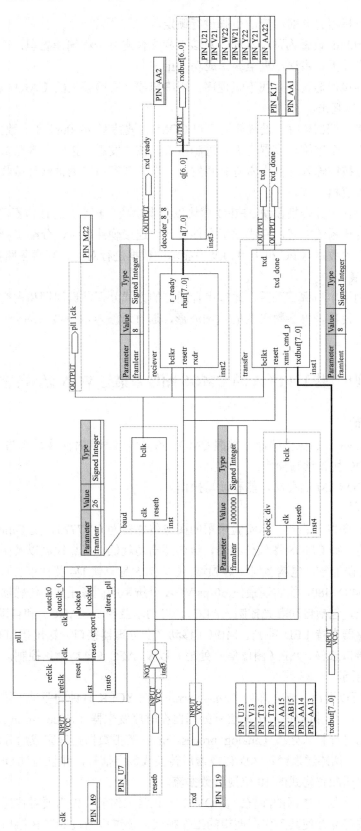

图 7-32 顶层设计原理图

（5）选择目标器件并对相应的引脚进行锁定。

（6）将 uart.bdf 设置为顶层实体。对该工程文件进行全程编译处理，若在编译过程中发现错误，则找出并更正错误，直至编译成功为止。

（7）硬件连接，通过下载线下载程序。用串口线将实验箱上的 UART 串口和 pc 机的串口（COM1）连接起来。

（8）打开串口调试软件，设置使用串口 COM1，波特率 9600us，8 位数据位和 1 位停位，在发送窗口输出一个字符，设置为十六进制格式，按"发送"按钮，观察数码管的状态。在实验系统上通过按键输入一位十六进制数发送，然后观察串口调试软件接收窗口的显示数据是否与按键输入值相一致。

（9）分别设计串并转换模块、FIFO 模块以及串口接口模块，进行仿真测试。根据多路串口数据采集与传输系统方案，完成顶层文件设计。连接硬件系统，分配引脚，下载测试。通过数字仪表显示的数据与 PC 机上串口助手显示的数据进行对比，观察各路数据的正确性。

6. 实验扩展

在 PC 端利用串口调试助手，通过串行通信的方式分别发送周期和占空比参数到可控脉冲发生器模块，使其输出参数可变的脉冲波形，通过示波器观察波形的变化情况是否和 PC 端发送的相一致。

7.9　案例 9　基于 FPGA 的 CMOS 图像采集与 VGA 显示逻辑电路设计

1. 实验目的

（1）熟悉 CMOS 图像传感器，掌握 CMOS 图像传感器实时图像采集与 VGA 显示。

（2）掌握 IIC 协议读写操作。

（3）掌握 SDRAM 的存储功能和读写操作。

2. 实验原理

（1）CMOS 图像传感器。本实验采用的图像传感器为 OV7725，是 OmniVision（豪威科技）公司生产的一颗 CMOS 图像传感器，该传感器功耗低、可靠性高以及采集速率快，主要应用在玩具、安防监控、电脑多媒体等领域。OV7725 是一款 1/4 英寸单芯片图像传感器，其感光阵列达到 640×480，能实现最快 60fps VGA 分辨率的图像采集。传感器内部集成了图像处理的相关功能，包括自动曝光控制（AEC）、自动增益控制（AGC）和自动白平衡（AWB）等。同时该传感器支持 LED 补光、MIPI（移动产业处理器接口）输出接口和 DVP（数字视频并行）输出接口选择、ISP（图像信号处理）以及 AFC（自动聚焦控制）等功能。其功能框图如图 7-33 所示。

由图 7-33 可以看出，感光阵列（image array）在 XCLK 时钟的驱动下进行图像采样，输出 640×480 阵列的模拟数据；模拟信号处理器在时序发生器（video timing generator）的控制下对模拟数据进行算法处理（analog processing）；模拟数据处理完成后分成 G（绿色）和 R/B（红色/蓝色）两路通道经过 AD 转换器后转换成数字信号，并且通过 DSP 进行相关图像处理，最后输出所配置格式的 10 位视频数据流。

（2）CMOS 图像传感器的配置。在 OV7725 正常工作前，先需要对传感器进行初始化，即通过配置相关寄存器使其工作在期望的工作模式，该过程通过 SCCB 接口完成，相关寄存器配置说明见表 7-13。SCCB（Serial Camera Control Bus，串行摄像头控制总线）是由 OV（OmniVision 的简称）公司定义和发展的三线式串行总线，该总线控制着摄像头大部分的功能，包括图像数据格式、分辨率以及图像处理参数等。OV7725 使用的是两线式接口总线，该接口总线包括 SIO_C 串行时钟输入线和 SIO_D 串行双向数据线，类似于 IIC 协议的 SCL 信号线和 SDA 信号线。因为 SCCB 的写传输协议和 IIC 几乎相同，因此可以直接使用 IIC 的驱动程序来配置摄像头。

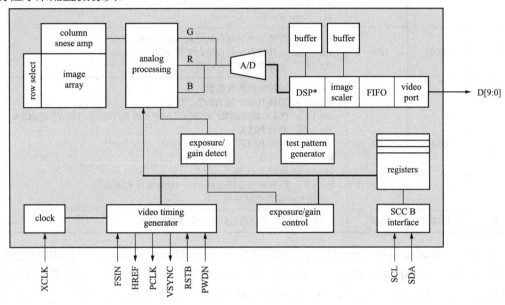

图 7-33　OV7725 功能框图

表 7-13　　　　　　　　　　　　　　OV7725 关键寄存器配置说明

地址（HEX）	寄存器	默认值（HEX）	详细说明
0C	COM3	10	Bit [7]：垂直图像翻转开关 Bit [6]：水平镜像开关 Bit [5]：交换 RGB 输出模式 B/R 位置 Bit [4]：交换 YUV 输出模式 Y/UV 位置 Bit [3]：交换 MSB/LSB 位置 Bit [2]：电源休眠期间输出时钟三态选择。0：三态 1：非三态 Bit [1]：电源休眠期间输出数据三态选择。0：三态 1：非三态 Bit [0]：彩条测试使能
0D	COM4	41	Bit [7：6]：PLL 频率控制 00：旁路 PLL（直通）；01：PLL 4x；10：PLL 6x 11：PLL 8x
11	CLKRC	00	Bit [6]：选择是否直接使用外部时钟 Bit [5：0]：内部 PLL 配置
12	COM7	00	Bit [7]：SCCB 寄存器复位 0：保持不变；1：复位所有寄存器 Bit [6]：0：VGA 分辨率输出；1：QVGA 分辨率输出

续表

地址 （HEX）	寄存器	默认值 （HEX）	详细说明
12	COM7	00	Bit [5]：BT.656 协议开关 Bit [3：2]：RGB 输出格式控制 00：GRB422；01：RGB565；10：RGB555；11：RGB444 Bit [1：0]：输出格式控制 00：YUV；01：Processed Bayer RAW；10：RGB 11：Bayer RAW
13	COM8	CF	Bit [2]：选择是否开启自动增益 AGC 功能 Bit [1]：选择是否开启自动白平衡 AWB 功能 Bit [0]：选择是否开启自动曝光 AEC 功能
15	COM10	00	Bit [7]：反转输出图像数据 Bit [6]：切换 HREF 到 HSYNC 信号 Bit [5]：PCLK 输出选项。0：PCLK 时钟有效 1：在行无有效信号时 PCLK 无效 Bit [4]：翻转 PCLK Bit [3]：翻转 HREF Bit [2]：无关位 Bit [1]：翻转 VSYNC Bit [0]：数据输出范围选择。0：10bit 图像数据输出 1：高 8bit 图像数据输出
9B	BRIGHT	00	亮度值补偿，可以通过此值提高像素的宽度

    IIC 即 Inter-Integrated Circuit（集成电路总线），是由 Philips 半导体公司在 20 世纪 80 年代初设计出来的一种简单、双向、二线制总线标准。多用于主机和从机在数据量不大且传输距离短的场合下使用的主从通信。IIC 总线由数据线 SDA 和时钟线 SCL 构成通信线路，数据的传输速率在标准模式下可达 100kbit/s，在快速模式下可达 400kbit/s，在高速模式下可达 3.4Mbit/s，各种被控器件均并联在总线上，通过器件地址来识别。当总线空闲时，这两条线路都处于高电平状态，当连到总线上的任一器件输出低电平，都将使总线拉低。如果主机（此处指 FPGA）想开始传输数据，只需在 SCL 为高电平时将 SDA 线拉低，产生一个起始信号，从机检测到起始信号后，准备接收数据，当数据传输完成，主机只需产生一个停止信号，告诉从机数据传输结束，停止信号的产生是在 SCL 为高电平时，SDA 从低电平跳变到高电平，从机检测到停止信号后，停止接收数据。IIC 通信时序图如图 7-34 所示。起始信号之前为空闲状态，起始信号之后到停止信号之前的这一段为数据传输状态，主机可以向从机写数据，也可以读取从机输出的数据，数据的传输由双向数据线（SDA）完成。停止信号产生后，总线再次处于空闲状态。

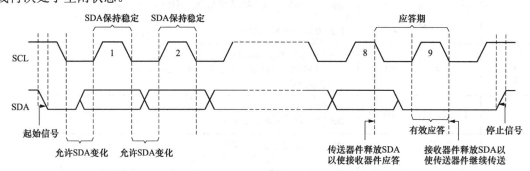

图 7-34　IIC 通信协议时序

在起始信号之后，主机开始发送传输的数据；在串行时钟线 SCL 为低电平状态时，SDA 允许改变传输的数据位，在 SCL 为高电平状态时，SDA 要求保持稳定，相当于一个时钟周期传输 1bit 数据，经过 8 个时钟周期后，传输了 8bit 数据。第 8 个时钟周期末，主机释放 SDA 以使从机应答，在第 9 个时钟周期，从机将 SDA 拉低以应答；如果第 9 个时钟周期，SCL 为高电平时，SDA 未被检测到为低电平，视为非应答，表明此次数据传输失败。第 9 个时钟周期末，从机释放 SDA 以使主机继续传输数据，如果主机发送停止信号，此次传输结束。

（3）COMS 图像传感器采集图像数据读取。由于摄像头采集的图像最终要通过 VGA 接口在显示器上显示，将 OV7725 摄像头输出的图像像素数据配置成 RGB565 格式，图像数据输出时序图如图 7-35 所示。

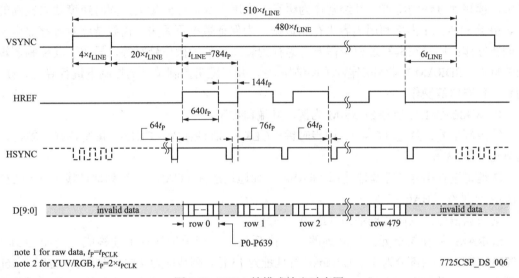

note 1 for raw data, $t_P = t_{PCLK}$
note 2 for YUV/RGB, $t_P = 2 \times t_{PCLK}$

7725CSP_DS_006

图 7-35　VGA 帧模式输出时序图

VSYNC：场同步信号，由摄像头输出，用于标志一帧数据的开始与结束。其中 VSYNC 的高电平作为一帧的同步信号，在低电平时输出的数据有效。

HREF/HSYNC：行同步信号，由摄像头输出，用于标志一行数据的开始与结束。图 7-35 中的 HREF 和 HSYNC 是由同一引脚输出的，只是数据的同步方式不一样，可以通过寄存器 COM10 Bit［6］进行配置。

D［9：0］：数据信号，由摄像头输出，在 RGB 格式输出中，只有高 8 位 D［9：2］是有效的。

t_{pclk}：一个像素时钟周期。

t_p：单个数据周期，这里需要注意的是上图中左下角标注的部分，在 RGB 模式中，t_p 代表两个 t_{pclk}（像素时钟）。以 RGB565 数据格式为例，RGB565 采用 16bit 数据表示一个像素点，而 OV7725 在一个像素周期（t_{pclk}）内只能传输 8bit 数据，因此需要两个时钟周期才能输出一个 RGB565 数据。

t_{line}：摄像头输出一行数据的时间，共 784 个 t_p，包含 640t t_p 个高电平和 144 t_p 个低电平，其中 640 t_p 为有效像素数据输出的时间。以 RGB565 数据格式为例，640 t_p 实际上是 640×2 ＝1280 个 t_{pclk}；由图 7-35 可知，VSYNC 的上升沿作为一帧的开始，高电平同步脉冲的时间

为 $4\times t_{line}$，紧接着等待 $18\times t_{line}$ 时间后，HREF 开始拉高，此时输出有效数据；HREF 由 $640t_p$ 个高电平和 $144t_p$ 个低电平构成；输出 480 行数据之后等待 $8\times t_{line}$ 时间一帧数据传输结束。所以输出一帧图像的时间实际上是 $t_{Frame}=(4+18+480+8)\times t_{line}=510t_{line}$。由此我们可以计算出摄像头的输出帧率，以 PCLK＝25MHz（周期为 40ns）为例，计算 OV7725 输出一帧图像所需的时间如下：$t_{Frame}=510\times t_{line}=31.9872ms$；摄像头输出帧率：1000ms/31.9872ms≈31Hz。如果把像素时钟频率提高到摄像头的最大时钟频率 48MHz，通过上述计算方法，摄像头的输出帧率约为 60Hz。

（4）SDRAM 的读写操作。

1）SDRAM 简介。SDRAM 是一种可以指定任意地址进行读写的存储器，它具有存储容量大，读写速度快的特点。其经常作为缓存，应用于数据存储量大，同时速度要求较高的场合。由于 SDRAM 内部利用电容来存储数据，为保证数据不丢失，需要持续对各存储电容进行刷新操作；同时在读写过程中需要考虑行列管理、各种操作延时等，导致了其控制逻辑复杂的特点。SDRAM 接收外部输入的控制命令，并在逻辑控制单元的控制下进行寻址、读写、刷新、预充电等操作。

以 W9825G6KH 型号 SDRAM 为例，其端口如下：

①控制信号：片选（CS#）、同步时钟（CLK）、时钟使能（CKE）、读写选择（RW）、数据掩码（DQW）。

②地址选择信号：行地址选择（RAS#）、列地址选择（CAS#）、行列地址线（A0～A12）、L-Bank 地址线（BA0～BA1）。

③数据信号：双向数据端口（DQ0～DQ15）。

SDRAM 的存储单元是以阵列的形式排列的，由行地址和列地址构成。例如 SDRAM W9825G6DH-6，内部分为 4 个 L-Bank，行地址为 13 位，列地址为 9 位，数据总线位宽为 16bit。故该 SDRAM 总的存储空间为：$4\times2^{13}\times2^9\times16bit=256Mbit$。SDRAM 常用操作指令如表 7-14 所示。

表 7-14　　　　　　　　　　　　SDRAM 常用操作指令

指令名称	CKE	CS#	RAS#	CAS#	RW
指令禁止	*	1	*	*	*
空操作指令（CMD_NOP）	1	0	1	1	1
预充电指令（CMD_PRE）	1	0	0	1	0
自动刷新指令（CMD_ATREF）	1	0	0	0	1
模式寄存器设置指令（CMD_MRS）	1	0	0	0	0
行激活指令（CMD_ACTIVE）	1	0	0	1	1
写操作指令（CMD_WRITE）	1	0	1	0	0
读操作指令（CMD_READ）	1	0	1	0	1
突发中止指令（CMD_BURST）	1	0	1	1	0

2）SDRAM 初始化。SDRAM 上电后必须对其进行初始化，初始化过程时序如图 7-36 所示。初始化过程可以分为 8 个状态。

①上电等待期：SDRAM 上电后，延时至少 100μs（取决于芯片型号）待 SDRAM 进入稳

定。期间需要向 SDRAM 发送空操作指令（CMD_NOP）。

②发送预充电指令：上电等待期结束后，需要对 SDRAM 的 L-Bank 进行预充电操作，这个状态需要向 SDRAM 发送预充电指令（CMD_PRE），发送命令时若地址线 A10 拉高表示对所有 L-Bank 预充电，否则由 Bank 地址线决定对某一个 L-Bank 预充电。

③等待预充电完成：发送预充电命令后，至少需要延时待 T_{RP} 预充电完成。这个状态需要向 SDRAM 发送空操作指令（CMD_NOP）。

④发送自动刷新指令：预充电完成后，需要对 SDRAM 进行自动刷新操作（刷新次数取决于芯片型号）。这个状态需要向 SDRAM 发送自动刷新指令（CMD_ATREF）。

⑤等待自动刷新完成：发送自动刷新指令后，至少需要延时 T_{RC} 待自动刷新完成。这个状态需要向 SDRAM 发送空操作指令（CMD_NOP）。

⑥模式寄存器设置：自动刷新完成后进入模式寄存器设置状态，对 SDRAM 的传输方式、突发长度以及 CAS 潜伏期等进行一些设置，通过 SDRAM 地址线完成，如图 7-36 所示。这个状态需要向 SDRAM 发送模式寄存器设置指令（CMD_MRS）。

⑦等待模式寄存器设置完成：发送模式寄存器指令以及相关设置参数后，需要延时 T_{RSC} 待模式寄存器设置完成。这个状态需要向 SDRAM 发送空操作指令（CMD_NOP）。

⑧初始化完成：等待模式寄存器设置完成后，整个 SDRAM 初始化过程结束，接下来就可以对 SDRAM 进行读写操作了。

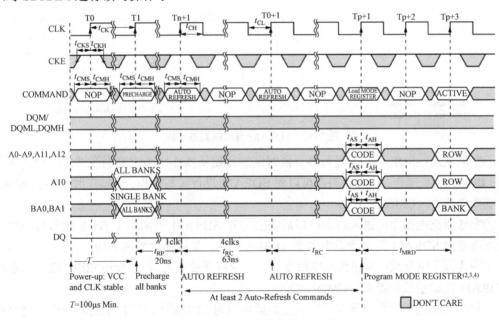

图 7-36　SDRAM 初始化时序图

3）SDRAM 自动刷新。SDRAM 有两种刷新操作：

①自动刷新模式：在 SDRAM 的正常操作过程中，为保证数据不丢失，自动刷新过程需要外部时钟的参与，但刷新行地址由内部刷新计数器控制，无需外部写入。

②自刷新模式：主要用于休眠模式低功耗状态下的数据保存，自刷新过程无需外部时钟参与，与自动刷新相同的是，刷新行地址由内部刷新计算器控制，无需外部写入。

两者操作指令相同，当 CKE 信号为高电平时，写入刷新指令，进入自动刷新模式；当

CKE 信号为低电平时，写入刷新指令，进入自刷新模式。自动刷新时序图如图 7-37 所示。自动刷新可以分为以下 6 个状态。

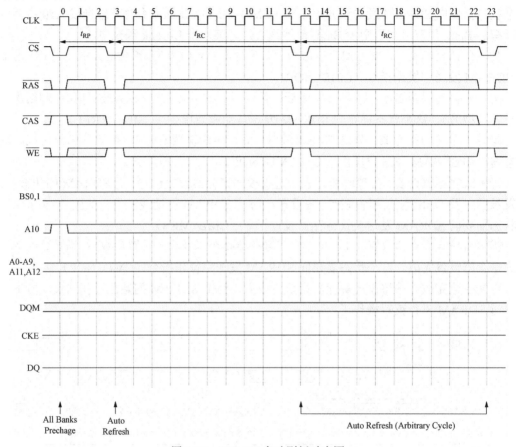

图 7-37　SDRAM 自动刷新时序图

①空闲状态：SDRAM 需要每隔一段时间进行刷新操作，当收到刷新请求时空闲状态结束，开始自动刷新操作。这个状态内可以对 SDRAM 进行读写操作，无操作时需要向 SDRAM 发送空操作指令（CMD_NOP）。

②发送预充电指令：进入自动刷新后需要先对 SDRAM 的所有 L-Bank 进行预充电。这个状态需要向 SDRAM 发送预充电命令（CMD_PRE）并拉高地址线 A10。

③等待预充电完成：发送预充电命令后，至少需要延时 T_{RP} 待预充电完成。这个状态需要向 SDRAM 发送空操作指令（CMD_NOP）。

④发送自动刷新指令：预充电完成后，就可以对 SDRAM 进行自动刷新操作。这个状态需要向 SDRAM 发送自动刷新指令（CMD_ATREF）。

⑤等待自动刷新完成：发送自动刷新指令后，至少需要延时 t_RC 待自动刷新完成。这个状态需要向 SDRAM 发送空操作指令（CMD_NOP）。

⑥自动刷新完成：刷新操作完成后进入空闲状态。

4）SDRAM 读写操作。

在完成对 SDRAM 的初始化之后，就可以对 SDRAM 进行读写操作了。其写操作时序图如图 7-38 所示。SDRAM 写操作可以分为 9 个状态：

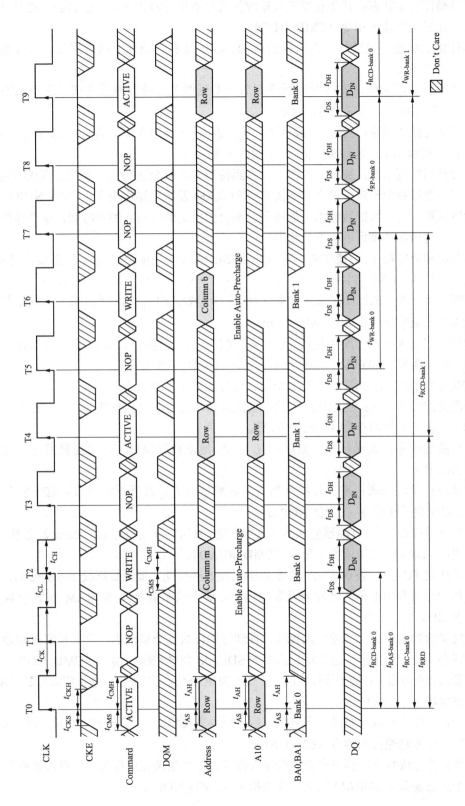

图 7-38 SDRAM 写操作时序图

①写操作初始状态：初始化结束且接收到写请求信号时进入行激活状态。这个状态需要向 SDRAM 发送空操作指令（CMD_NOP）。

②行激活状态：发送待写入数据的 L-Bank 地址和行地址，同时需要发送行激活命令（CMD_ACTIVE）。

③等待行激活完成：发送行激活指令后需要延时 T_{RCD} 待行激活完成。这个状态需要向 SDRAM 发送空操作指令（CMD_NOP）。

④发送写操作指令：行激活完成后进入该状态，发送待写入数据的 L-Bank 地址和列地址，同时需要向 SDRAM 发送写操作指令（CMD_WRITE）。

⑤突发写数据状态：突发写入数据，直到待写入数据全被写入，突发长度在初始化过程的模式寄存器设置中设定。这个状态需要向 SDRAM 发送空操作指令（CMD_NOP）。

⑥写回期：为了保证数据的可靠写入，都会留出足够的写入矫正时间，这个操作也被称为写回。待写回期结束后进入下一状态。

⑦发送预充电指令：写操作结束前，必须对 SDRAM 进行预充电。这个状态需要向 SDRAM 发送预充电指令（CMD_PRE）。

⑧等待预充电完成：发送预充电命令后，至少需要延时 T_{RP} 待预充电完成。这个状态需要向 SDRAM 发送空操作指令（CMD_NOP）。

⑨写操作完成状态：预充电完成后进入该状态，发送写完成标志，并进入写操作初始状态。这个状态需要向 SDRAM 发送空操作指令（CMD_NOP）。

SDRAM 读操作时序图如图 7-39 所示，也分为以下 9 个状态：

①读操作初始状态：初始化结束且接受到读请求信号时进入行激活状态。这个状态需要向 SDRAM 发送空操作指令（CMD_NOP）。

②行激活状态：发送待读出数据的 L-Bank 地址和行地址，同时需要发送行激活命令（CMD_ACTIVE）。

③等待行激活完成：发送行激活指令后需要延时 T_{RCD} 待行激活完成。这个状态需要向 SDRAM 发送空操作指令（CMD_NOP）。

④发送读操作指令：行激活完成后进入该状态，发送待读出数据的 L-Bank 地址和列地址，同时需要向 SDRAM 发送读操作指令（CMD_READ）。

⑤潜伏期（CAS）：发送读操作指令后需要经过潜伏期才能在数据线上读到数据，潜伏期长度在初始化过程中的模式寄存器设置中设定。这个状态需要向 SDRAM 发送空操作指令（CMD_NOP）。

⑥突发读数据状态：突发写入数据，直到待读出数据全被读出，突发长度在初始化过程的模式寄存器设置中设定。这个状态需要向 SDRAM 发送空操作指令（CMD_NOP）。

⑦发送预充电指令：读操作结束前，必须对 SDRAM 进行预充电。这个状态需要向 SDRAM 发送预充电指令（CMD_PRE）。

⑧等待预充电完成：发送预充电命令后，至少需要延时 T_{RP} 待预充电完成。这个状态需要向 SDRAM 发送空操作指令（CMD_NOP）。

⑨读操作完成状态：预充电完成后进入该状态，发送读完成标志，并进入读操作初始状态。这个状态需要向 SDRAM 发送空操作指令（CMD_NOP）。

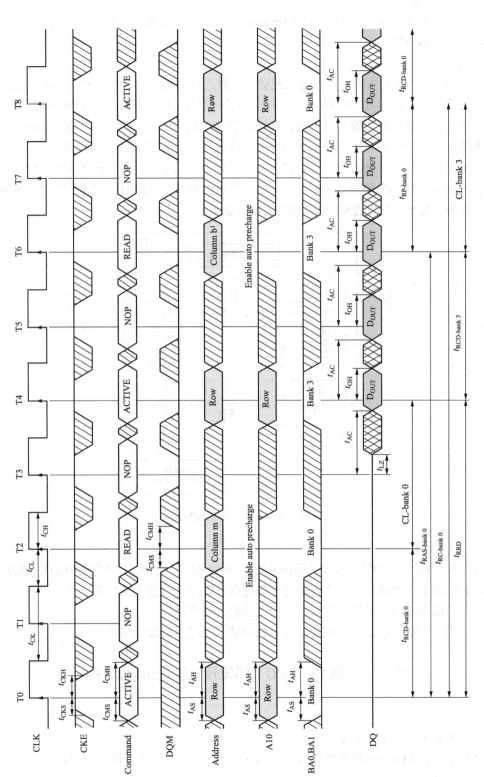

图 7-39 SDRAM 读操作时序图

3. 实验内容

使用 FPGA 开发系统（包含外扩 SDRAM）及 OV7725 摄像头实现图像采集，并通过 VGA 显示器实时显示图像。

4. 实验方案

OV7725 在正常工作之前必须通过配置寄存器进行初始化，而配置寄存器的 SCCB 协议和 I2C 协议在写操作时几乎一样，所以需要使用一个 I2C 驱动模块。为了使 OV7725 在期望的模式下运行并且提高图像显示效果，需要配置较多的寄存器，这么多寄存器的地址与参数需要单独放在一个模块，还需要一个寄存配置信息的 I2C 配置模块。在摄像头配置完成后，开始输出图像数据，因此需要一个摄像头图像采集模块来采集图像。外接 SDRAM 存储器需要设计 SDRAM 控制器模块。最后 VGA 驱动模块读取 SDRAM 缓存的数据以达到最终实时显示的效果。整个系统的逻辑结构框图如图 7-40 所示。

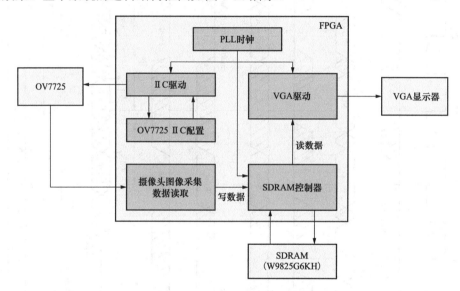

图 7-40　系统逻辑结构框图

5. 实验步骤

（1）根据系统工作原理，设计采集传输方案，规划系统子模块以及各个模块之间的数据接口。

（2）完成工程创建、各个子模块硬件描述语言程序文件输入及仿真分析。

（3）完成系统顶层硬件描述语言程序文件输入和编译。

（4）完成引脚锁定、全局综合以及下载测试，观察分析设计结果。

7.10　案例 10　FPGA 图像预处理逻辑电路设计

1. 实验目的

（1）熟悉 YUV 图像格式。

（2）掌握将 RGB565 格式的图像转化为 YUV 格式以及图像二值化处理。

2. 实验原理

（1）RGB565 格式转换为 YCbCr 格式。

YUV（YCbCr）是欧洲电视系统所采用的一种颜色编码方法。Y 表示明亮度（Luminance 或 Luma），也就是灰阶值；U 和 V 表示色度，用于描述影像的饱和度和色调。RGB 与 YUV 的转换实际上是色彩空间的转换，即将 RGB 的三原色色彩空间转换为 YUV 所表示的亮度与色度的色彩空间模型。YUV 主要应用在模拟系统中，而 YCbCr 是通过 YUV 信号的发展，并通过校正的主要应用在数字视频中的一种编码方法。YUV 适用于 PAL 和 SECAM 彩色电视制式，而 YCrCb 适用于计算机用的显示器。RGB 着重于人眼对色彩的感应，YUV 则着重于视觉对于亮度的敏感程度。使用 YUV 描述图像的好处在于，亮度（Y）与色度（U、V）是独立的；人眼能够识别数千种不同的色彩，但只能识别 20 多种灰阶值，采用 YUV 标准可以降低数字彩色图像所需的存容量。因而 YUV 在数字图像处理中是一种很常用的颜色标准。

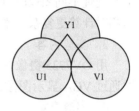

图 7-41　单个 V444 的素

1）YUV4:4:4：在 YUV4:4:4 格式中，YUV 三个信道的采样率相同，因此在生成的图像里，每个像素都有各自独立的三个分量，每个分量通常为 8bit，故每个像素占用 3 个字节。YUV444 单个像素的模型图，如图 7-41 所示，可以看出，每个 Y 都对应一组 U、V 数据，共同组成一个像素。

2）YUV4：2：2：在 YUV4：2:2 格式中，U 和 V 的采样率是 Y 的一半（两个相邻的像素共用一对 U、V 数据）。如图 7-42 所示，图中包含两个相邻的像素。第一个像素的三个 YUV 分量分别是 Y1、U1、V1，第二个像素的三个 YUV 分量分别是 Y2、U1、V1，两个像素共用一组 U1、V1。一般意义上 YCbCr 即为 YUV 信号，没有严格的划分。我们通常说的 YUV 就

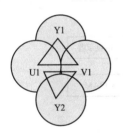

图 7-42　两个相邻 YUV422 的像素

是指 Ycbcr。CbCr 分别为蓝色色度分量、红色色度分量。如下为 RGB 与 YCbCr 色彩空间转换的算法公式，RGB 转 YCbCr 的公式

$$Y=0.299R+0587G+0114B$$
$$Cb=0.568(B-Y)+128=-0.172R-0.339G+0.511B+128$$
$$Cr=0713(R-Y)+128=0.511R-0.428G-0.083B+128$$

由于 Verilog HDL 无法进行浮点运算，因此使用扩大 256 倍，再向右移 8Bit 的方式来转换。

$$Y=(77\times R+150\times G+29\times B>>8)$$
$$Cb=[(-43\times R-85\times G+128\times B)>>8]+128$$
$$Cr=[(128\times R-107\times G-21\times B)>>8]+128$$

为了防止运算过程中出现负数，对上述公式进行进一步变换。

$$Y=(77\times R+150\times G+29\times B)>>8$$
$$Cb=(-43\times R-85\times G+128\times B+32768)>>8$$
$$Cr=(128\times R-107\times G-21\times B+32768)>>8$$

（2）图像的二值化处理。

图像二值化（Image Binarization）就是将图像上的像素点的灰度值设置为最大（白色）或最小（黑色），也就是将整个图像呈现出明显的黑白效果的过程。这里以 8bit 表示的灰度图像为例（灰度值的范围为 0~255），二值化就是通过选取适当的阈值，与图像中的 256 个亮度等级进行比较。亮度高于阈值的像素点设置为白色（255），低于阈值的像素点设置为黑色

（0），从而明显地反映出图像的整体和局部特征。在数字图像处理中，特别是在实时的图像处理中，二值图像占有非常重要的地位。要进行二值图像的处理与分析，首先要把灰度图像二值化，得到二值化图像，这样图像的集合性质只与像素值为 0 或 255 的点的位置有关，不再涉及像素的多级值，使处理变得简单，而且数据的处理和压缩量小。为了得到理想的二值图像，一般采用封闭、连通的边界定义不交叠的区域。所有灰度大于或等于阈值的像素被判定为属于特定物体，其灰度值为 255 表示，否则这些像素点被排除在物体区域以外，灰度值为 0，表示背景或者例外的物体区域。实现二值化有两种方法，一种是手动指定一个阈值，通过阈值来进行二值化处理；另一种是一个自适应阈值二值化方法。第一种方法计算量小速度快，但在处理不同图像时颜色分布差别很大；第二种方法适用性强，能直接观测出图像的轮廓，但相对计算更复杂。本实验将使用第一种方法来实现图像的二值化。

3. 实验内容

用 OV7725 摄像头采集 RGB565 数据，将数据转化成 Ycbcr 格式，然后进行灰度二值化，并通过 VGA 显示图像。

4. 实验方案

本实验在案例 9 的基础上添加了 rgb2ycbcr 模块和二值化模块，rgb2ycbcr 模块用于将摄像头采集到的 RGB565 数据转换成 YCbCr 格式数据，二值化模块用于实现灰度图像的二值化，并将转换后的数据写入 SDRAM。整个系统的逻辑结构框图如图 7-43 所示。

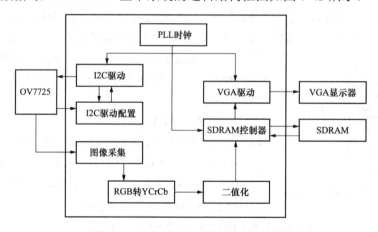

图 7-43　图像预处理系统逻辑结构框图

5. 实验步骤

（1）根据系统工作原理，设计采集传输方案，规划系统子模块以及模块之间的数据接口。

（2）完成工程创建、各个子模块硬件描述语言程序文件输入及仿真分析。

（3）完成系统顶层硬件描述语言程序文件输入和编译。

（4）完成引脚锁定、全局综合以及下载测试，观察分析设计结果。

7.11　实验 11　基于 FPGA 的 FFT IP 核频谱分析实验

1. 实验目的

（1）熟练掌握如何在 Quartus II 中调用和配置 IP 核。

（2）熟悉 FFT 的原理并了解其在数字信号处理中的应用。

2．实验原理

FFT 的英文全称是 Fast Fourier Transformation，即快速傅里叶变换，是 1965 年由 J.W.库利和 T.W.图像提出的，FFT 是根据离散傅里叶变换（DFT）的奇、偶、虚、实等特性，在离散傅里叶变换的基础上改进得到的。FFT 主要用于频谱分析，可以将时域信号转化为频域信号，在滤波、图像处理和数据压缩等领域具有普遍应用。有些信号在时域上很难看出什么特征，但是转换到频域之后，就很容易看出特征了，这就是分析快速傅里叶变换的原因。在实际应用中，一般的处理过程是先对一个信号在时域进行采集，比如通过 ADC，按照一定大小采样频率 F 去采集信号，采集 N 个点，那么通过对这 N 个点进行 FFT 运算，就可以得到这个信号的频谱特性。

采样定理的概念：在进行模数信号转换过程中，当采样频率 F 大于信号中最高频率 fmax 的 2 倍时，采样之后的数字信号就可以完整地保留了原始信号中的信息，采样定理又称奈奎斯特定理。假设采样频率为 F，对一个信号采样，采样点数为 N，那么 FFT 之后结果就是一个 N 点的复数，每一个点就对应着一个频率点（以基波频率为单位递增），这个点的模值［sqrt（实部＋虚部）］就是该频点频率值下的幅度特性。假设原始信号的峰值为 A，那么 FFT 的结果的每个点（除了第一个点直流分量之外）的模值就是 A 的 N/2 倍，而第一个点就是直流分量，它的模值就是直流分量的 N 倍。这里还有个基波频率，也叫频率分辨率的概念，就是如果按照 F 的采样频率去采集一个信号，一共采集 N 个点，那么基波频率（频率分辨率）就是 $fk=F/N$。这样，第 n 个点对应信号频率为：$F\times(n-1)/N$；其中 $n\geq1$，当 $n=1$ 时为直流分量。对于 FFT 的实现，可以调用 Quartus Ⅱ 软件提供的 FFT IP 核，也可以根据原理编写硬件描述语言程序实现。

3．实验内容

通过调用 Quartus Ⅱ 中 FFT IP 核实现一个正弦信号的快速傅里叶变换，分析其频谱，并利用 Matlab 来验证其正确性。

4．实验步骤

为了验证 FFT IP 核的正确性，实验采用 matlab 生成一个正弦信号的时域图，利用 Quartus 软件调用 FFT IP 核，使用 Modelsim 软件仿真验证 FFT IP 核的功能，输出其频谱图；利用 matlab 进行 FFT 变换，对比验证 FFT IP 核运算的正确性，具体步骤如下：

（1）首先，使用 Matlab 产生一个正弦信号（50Hz 和 200Hz 两个正弦信号的叠加后的信号），如图 7-44 所示。

（2）建立工程，调用 Quartus Ⅱ 中的 FFT IP 核。

1）建立 FFT IP 核的宏单元，配置 FFT IP 核，配置步骤分为三步：

①点击 parameterize，进入参数配置界面，设置采样点数，输入数据的位宽以及旋转因子的位宽。

②点击 Architecture，进行数据输入模式的配置，其中 FFT 有四种数据输入模式：分别为：流模式（Streaming）、缓存突发模式（Buffered Burst）、可变流模式（Variable Streaming）、突发模式（Burst）。流模式（Streaming）运算速度大于缓存突发模式（Buffered Burst），突发模式（Buffered Burst）运算速度大于突发模式（Burst），且占用资源也依次减少。Variable Streaming 模式可用于在线改变 Transform Length 的大小。速度和流模式差不多，资源占用更多，本实

验使用默认的流模式（Streaming）。

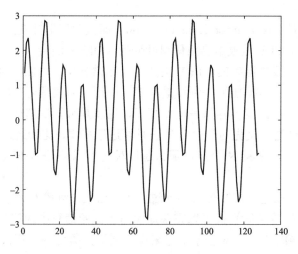

图 7-44　输入信号的时域图

③点击 Implementation Options 界面，本实验依然保留默认设置就好了，图中的配置说明 FFT 使用了 4 个乘法器以及 2 个加法器，以及 DSP 块和逻辑单元。FFT IP 核的配置界面，如图 7-45 所示。

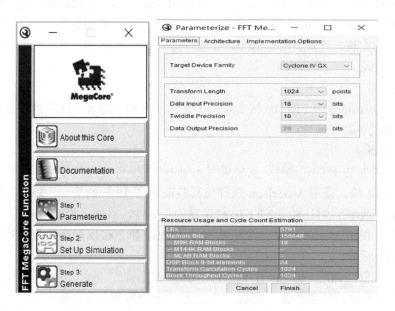

图 7-45　FFT IP 核配置界面

2）如果需要仿真 FFT IP 核，则需要勾选 Generate Simulation Model 选项。勾选这个选项后，就会依据选择的 language 来生成仿真 IP 核所需的一系列文件。

3）最后点击 Generate 选项，就会生成配置好的 FFT IP 核，若在生成的过程长时间卡顿，这个时候只需点击 Cancel 按钮，回到主界面再次点击 Generate 选项就可以。这样 FFT IP 核就配置好了，生成的 FFT IP 核的数据接口，见表 7-15。FFT IP 核生成的模型图。如图 7-46 所示。

表 7-15　　　　　　　　　　　　　　　　FFT IP 核的数据接口

系统信号端口		
clk	In	时钟信号
Reset_n	In	复位信号，低电平有效
inverse	In	FFT 的变换设置信号，0 为 FFT，1 为 IFFT
Sink 信号端口（输入数据端口）		
sink_valid	In	输入数据有效信号，在输入数据期间要保持有效，当 sink_valid 和 sink_ready 同时有效时，表示开始进行 FFT 运算
sink_sop	In	输入数据起始信号，与输入的第一个数据对齐，只需保持一个时钟周期的高电平
sink_eop	In	输入数据结束信号，与输入的最后一个数据对齐，只需保持一个时钟周期的高电平
sink_real	In	输入数据的实部
sink_imag	In	输入数据的虚部，当为 FFT 运算时为 0，当为 IFFT 运算时输入数据的虚部
sink_ready	Out	输入准备信号，此信号为高时表示可以输入新的数据，否则不能更新输入数据
sink_error	In	输入错误信号，一般置 0 就可以
Source 信号端口（输出数据端口）		
source_error	Out	输出错误信号，表示 FFT 转换出现错误
source_ready	In	可以接受输出数据信号
source_sop	Out	输出数据起始信号，与输出的第一个数据对齐，只需保持一个时钟周期的高电平
source_eop	Out	输出数据结束信号，与输出的最后一个数据对齐，只需保持一个时钟周期的高电平
source_valid	Out	输出数据有效信号
source_exp	Out	输出数据的缩放因子
source_real	Out	输出数据的实部
source_imag	Out	输出数据的虚部

（3）基于 VerilogHDL 编写测试主程序，验证 IP 核。在测试主程序编写的时候需要依据 FFT IP 核的数据输入时序原理，产生数据传输的控制信号，来驱动 FFT IP 核不断地进行 FFT 分析，本实验采用数据流模式进行数据的输入，数据输入的时序图如图 7-47 所示。

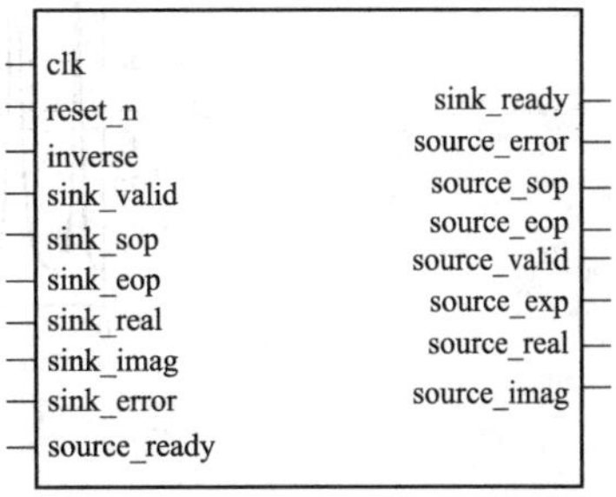

1）FFT 数据输入控制模块：在让 FFT IP 核工作之前，需要先让 IP 核复位一段时间，在复位操作完成后，需要先等 FFT IP 核拉高 sink_ready 信号（表示 IP 核可以接收数据），才能进行下一步操作，sink_ready 信号拉高后再给 FFT IP 核送数据的时候，需要同时拉高 sink_valid 信号，在发送第一个数据的时候，sink_sop 信（startofpacket，数据包的开始信号）需要拉高一个时钟周期。相应的，在发送最后一个数据的时候，需要拉高 fft_eop 信号（endofpacket，数据包的结束信号）一个时钟周期。当一包数据输入结束时，接着判断 sink_valid 信号是否为高电平，输入下一

图 7-46　FFT IP 核生成的模型图

包数据，这样周而复始下去。FFT 采样频率为 2kHz，采样点数 N 为 128。

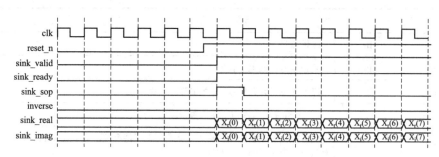

图 7-47　streaming 数据流输入时序

2）例化 FFT 主模块：根据 FFT IP 核的配置，进行 FFT 主模块的例化。

（4）建立 Quartus 与 Modelsim 的联合仿真。生成测试激励文件，修改激励文件的参数，选择需要观察的信号，运行 Modelsim 仿真，仿真结果输出如图 7-48 所示，左边是时域中的输入信号，右边是 FFT 变换输出频谱图。

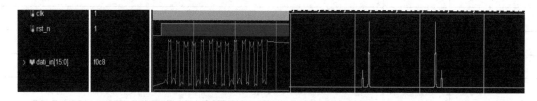

图 7-48　Modelsim 仿真图

（5）用 Matlab 函数分析原始的正弦信号，生成如图 7-49 所示的频谱图，将图 7-48 的频谱图与其进行观察对比。

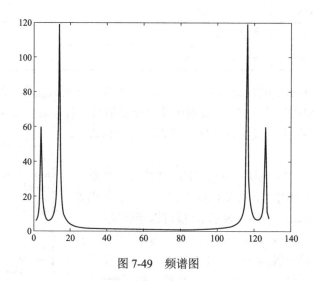

图 7-49　频谱图

5. 实验扩展

（1）实现一个正弦信号和余弦信号的叠加信号的傅里叶变换。

（2）实现任意一个含有干扰信号的傅里叶变换。

7.12　案例 12　FIR 数字滤波器设计

1. 实验目的

（1）熟悉 FIR 数字滤波器原理。

（2）掌握采用 FIR 数字滤波器（IP 核）进行设计应用。

2. 实验原理

数字滤波是数字信号处理中常用的功能，FIR 有限脉冲响应滤波器是数字滤波器的一种，它的特点是单位脉冲响应是一个有限长序列，系统函数一般可以记为如下形式

$$H(z)=\sum_{n=0}^{N-1}h[n]z^{-n}$$

其中，N 是 $h(n)$ 的长度，也即是 FIR 滤波器的抽头数。

FIR 滤波器的一个突出优点是其相位特性。常用的线性相位 FIR 滤波器的单位脉冲响应均为实数，且满足偶对称或奇对称的条件，即

$$h(n)=h(N-1-n) \text{ 或 } h(n)=-h(N-1-n)$$

因此描述一个 FIR 滤波器最简单的方法，就是用卷积和表示

$$y[n]=\sum_{n=0}^{N}h[k]x[n-k]$$

N 阶 FIR 直接型结构如图 7-50 所示。

图 7-50　N 阶 FIR 直接型结构

而线性 FIR 滤波器的实现结构可进一步简化如图 7-51 所示模型（以 N＝6 阶为例）。

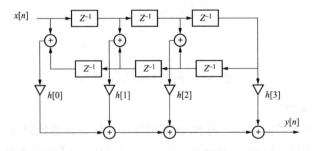

图 7-51　FIR 滤波器简化模型

根据图 7-51 所示直接型 FIR 滤波器结构，可以将 FIR 滤波器电路分为延时处理模块、乘法单元模块、累加计算模块等。FIR 实验电路结构如图 7-52 所示。

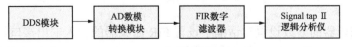

图 7-52　FIR 实验电路结构

利用 DDS 模块产生一个 0Hz 至 2MHz 的正弦扫频信号，通过 AD 转换器采集模拟信号，经过 FIR 数字滤波器输出。将滤波器设置成截止频率为 500kHz 的低通滤波器。当输入信号的频率超过 500kHz 时，输出信号的幅度将会大大衰减。

3. 实验内容

（1）安装 Altera 公司的 FIR IPCore，利用 Quartus Ⅱ软件完成 FIR 的参数设置。

（2）利用模数转换器采样模拟信号并将模拟信号送入 FIR 数字滤波器进行处理。

（3）利用嵌入式逻辑分析仪（Signal tap Ⅱ）观察输入输出数据的关系。

4. 实验步骤

（1）启动 Quartus Ⅱ软件建立一个空白工程。

（2）调用前面实验完成的 DDS 模块。

（3）建立 PLL 宏单元，设置 C0 输出频率（DA 时钟）和 C1 输出频率（AD 时钟）。

（4）FIR IP Core 的建立。

1）安装 megacore 并打开 FIR 编译器。本实验的 FIR 是在 Quartus Ⅱ软件中自带的，需要提前安装 FIR MegaCore。在安装好 FIR IP 核以后，如图 7-53 所示，新建 FIR 宏单元。

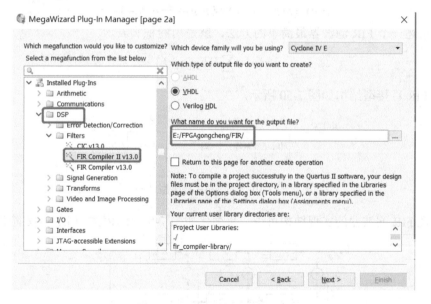

图 7-53　FIR IP 核新建向导图

2）设置 FIR 的参数。

①在如图 7-53 所示的向导中点击 Next 即可打开 FIR 编译器的向导，如图 7-54 所示。

②点击图 7-54 中的"Step 1：Parameterize"打开 FIR 编译器的参数设置对话框。

③点击 Edit Coefficient Set 按钮进行系数设置。如图 7-55 所示，将 FIR 滤波器设置为 32 阶低通滤波器（Low Pass），单速率采样（singlerate），采样频率 20MHz（2.0E7），截止频率 500kHz（5.0E5），窗类型选择 Hamming（海明窗），设置完毕后按 OK 按钮便会生成系数并保存设置。

④在 FIR 编译器的参数设置对话框中设置 FIR 滤波器的输入输出接口，输入为 8 位无符号二进制数（Unsiged Bnary），输出方式选择"Acual Coefficients"输出数据宽度选择"Full

Resolution",即不截取输出,如果输出要接 DA 的话,可以选择截取,比如截取高 10 位输出,滤波器的结构选择分布式算法并行结构(Fully Parallel Filter),其他参考默认不变。最后按"Finish"按钮完成设置。

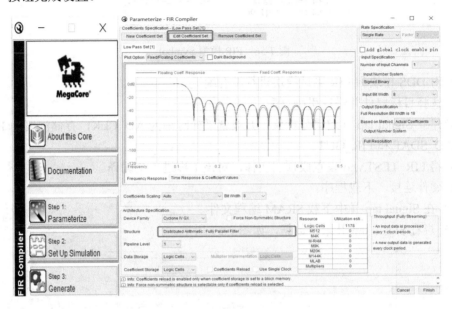

图 7-54　FIR 编译器

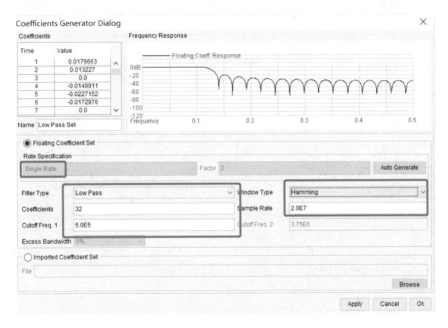

图 7-55　FIR 系数生成对话框

3)生成 FIR 模块。在如图 7-54 所示的向导中按"Step 2:Set Up Simulaion"按钮可以打开生成仿真文件的对话框,这里大家不需要生成仿真文件,所以可以跳过此步,直接按"Step 3:Generate"按钮,这样就可以生成所需要的 FIR 滤波器模块了,生成的模块如图 7-56 所示。注意,对于编译和下载,MegaCore 需要 License 的支持(注册文件),即向 Altera 申请或购买。

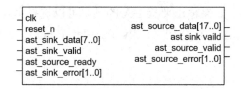

图 7-56   FIR 模型 Symbol

（5）对 DDS 模块和 FIR 测试模块进行综合编译。

（6）选择目标器件并进行引脚分配。

（7）建立 Signal tap Ⅱ逻辑分析仪，并设置采样时钟为 AD_CLK，存储深度为 1k，信号节点为 AD_SDAT 和 FIR_OUT。

（8）将 FIR_TEST.vhd 设置成顶层实体，对该工程进行全编译。

（9）硬件连接，下载程序。

（10）在 Signal tap Ⅱ中下载 SRAM 编程文件。

（11）查看 Signal tap Ⅱ采样数据，如图 7-57 所示。

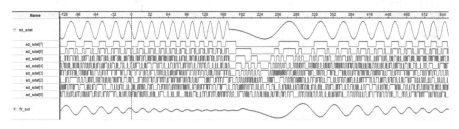

图 7-57   Signal tap Ⅱ采样数据图

附　　录

附录 A　DE0_CV FPGA 实验平台

1. DE0_CV 实验平台及扩展板

（1）针对 DE0_CV 实验平台，如附图 A-1 和附图 A-2 所示，使用时注意两点：

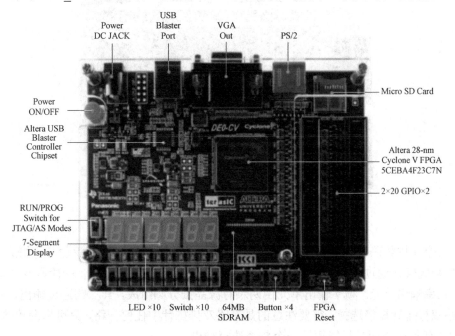

附图 A-1　DE0_CV 实验平台

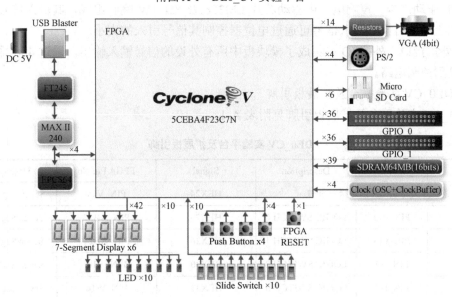

附图 A-2　DE0_CV 实验平台结构示意图

1）6 个独立数码管都是共阳极接法。

2）SW10 这个逻辑开关，向上推，实验板工作在 JTAG 实验调试模式；向下推，实验板工作在 AS 主动配置模式。实验时将 SW10 其向上推。

（2）针对实验扩展板，如附图 A-3 所示，使用时注意四点：

附图 A-3　实验扩展板

1）二个 4 位数码管集成块。数码管模块由两颗集成 4 位数码管及驱动芯片组成，数码管为共阴型数码管，通过驱动芯 TXS0108E 及 74HC245A 控制二位数码管的段码及位码。

2）频率输出单元。频率输出单元由两颗有源晶振分频组成，其三路通道输出，输出频率通过三路双排排针短接选择，需要注意的是三路双排排针中任何一路，只可横向短接且 clk1、clk2、clk3 任何一路同时只能短接一个频率选择输出。

3）带驱动声响。声响电路由驱动芯片 LM386 及 8Ω 1W 喇叭组成，其输入信号外引至 40P IO 口上及铜钉上，输入信号可通过电位器控制其信号引入的大小。

4）外扩接口。外接 IO 口集成了模块板中所有外设的信号输入输出，通过 40p 排线或单股线连接到控制电路。

2. DE0_CV 实验平台及扩展板引脚

DE0_CV 实验平台及扩展板引脚见附表 A-1。

附表 A-1　　　　　　　　　　DE0_CV 实验平台及扩展板引脚

Signal	FPGA Pin No	Description	Signal	FPGA Pin No	Description
逻辑开关与 FPGA 的连接及引脚			HEX24	PIN_V14	Seven Seg 2 [4]
SW0	PIN_u13	LOGIC SWITCH 0	HEX25	PIN_AB22	Seven Seg2 [5]
SW1	PIN_v13	LOGIC SWITCH 1	HEX26	PIN_AB21	Seven Seg2 [6]
SW2	PIN_t13	LOGIC SWITCH 2	HEX30	PIN_Y16	Seven Seg3 [0]
SW3	PIN_t12	LOGIC SWITCH 3	HEX31	PIN_W16	Seven Seg3 [1]
SW4	PIN_aa15	LOGIC SWITCH 4	HEX32	PIN_Y17	Seven Seg 3 [2]

Signal	FPGA Pin No	Description	Signal	FPGA Pin No	Description
SW5	PIN_ab15	LOGIC SWITCH 5	HEX33	PIN_V16	Seven Seg3 [3]
SW6	PIN_aa14	LOGIC SWITCH 6	HEX34	PIN_U17	Seven Seg3 [4]
SW7	PIN_aa13	LOGIC SWITCH 7	HEX35	PIN_V18	Seven Seg3 [5]
SW8	PIN_ab13	LOGIC SWITCH 8	HEX36	PIN_V19	Seven Seg3 [6]
SW9	PIN_ab12	LOGIC SWITCH 9	HEX40	PIN_U20	Seven Seg4 [0]
LED 指示灯与 FPGA 的连接及引脚			HEX41	PIN_Y20	Seven Seg4 [1]
LED0	PIN_AA2	LEDR0	HEX42	PIN_V20	Seven Seg4 [2]
LED1	PIN_AA1	LEDR1	HEX43	PIN_U16	Seven Seg4 [3]
LED2	PIN_W2	LEDR2	HEX44	PIN_U15	Seven Seg4 [4]
LED3	PIN_Y3	LEDR3	HEX45	PIN_Y15	Seven Seg4 [5]
LED4	PIN_N2	LEDR4	HEX46	PIN_P9	Seven Seg4 [6]
LED5	PIN_N1	LEDR5	HEX50	PIN_N9	Seven Seg5 [0]
LED6	PIN_U2	LEDR6	HEX51	PIN_M8	Seven Seg5 [1]
LED7	PIN_U1	LEDR7	HEX52	PIN_T14	Seven Seg 5 [2]
LED8	PIN_L2	LEDR8	HEX53	PIN_P14	Seven Seg 5 [3]
LED9	PIN_L1	LEDR9	HEX54	PIN_C1	Seven Seg5 [4]
六位静态数码管与 FPGA 的连接及引脚			HEX55	PIN_C2	Seven Seg5 [5]
HEX00	PIN_U21	Seven Seg 0 [0]	HEX56	PIN_W19	Seven Seg 5 [6]
HEX01	PIN_V21	Seven Seg 0 [1]	时钟电路及引脚		
HEX02	PIN_W22	Seven Seg 0 [2]	CLOCK_50	PIN_M9	50 MHz input
HEX03	PIN_W21	Seven Seg 0 [3]	CLOCK2_50	PIN_H1β	50 MHz input
HEX04	PIN_Y22	Seven Seg 0 [4]	CLOCK3_50	PIN_E10	50 MHz input
HEX05	PIN_Y21	Seven Segt 0 [5]	CLOCK4_50	P9N_V15	50 MHz input
HEX06	PIN_AA22	Seven Seg 0 [6]	扩展板与 FPGA 的连接及引脚		
HEX10	PIN_AA20	Seven Seg 1 [0]	out BT [7]	PIN_L8	Smguan BIT 7
HEX11	PIN_AB20	Seven Seg 1 [1]	out BT [6]	PIN_A15	Smguan BIT 6
HEX12	PIN_AA19	Seven Seg1 [2]	out BT [5]	PIN_J11	Smguan BIT 5
HEX13	PIN_AA18	Seven Seg 1 [3]	out BT [4]	PIN_H10	Smguan BIT 4
HEX14	PIN_AB18	Seven Seg 1 [4]	out BT [3]	PIN_G11	Smguan BIT 3
HEX15	PIN_AA17	Seven Seg1 [5]	out BT [2]	PIN_J19	Smguan BIT 2
HEX16	PIN_U22	Seven Seg1 [6]	out BT [1]	PIN_J18	Smguan BIT 1
HEX20	PIN_Y19	Seven Seg2 [0]	out BT [0]	PIN_H18	Smguan BIT 0
HEX21	PIN_AB17	Seven Seg2 [1]	out SG [6]	PIN_G18	Seven Seg [6]
HEX22	PIN_AA10	Seven Seg 2 [2]	out SG [5]	PIN_D13	Seven Seg [5]
HEX23	PIN_Y14	Seven Seg2 [3]	out SG [4]	PIN_C13	Seven Seg [4]

续表

Signal	FPGA Pin	Description	Signal	FPGA Pin	Description
out SG [3]	PIN_B13	Seven Seg [3]	NC		NO USE
out SG [2]	PIN_A13	Seven Seg [2]	NC		NO USE
out SG [1]	PIN_B12	Seven Seg [1]	NC		NO USE
out SG [0]	PIN_A12	Seven Seg [0]	NC		NO USE
Clk1	PIN_H16	Clk1 INPUT	NC		NO USE
Clk2	PIN_E14	Clk2 INPUT	NC		NO USE
Clk3	PIN_H15	Clk3 INPUT	NC		NO USE
Speaker	PIN_B15	Speaker Output	GPIO 1		
GPIO 0			1	PIN_H16	GPIO_1_D0
1	PIN_N16	GPIO_0_D0	2	PIN_A12	GPIO_1_D1
2	PIN_B16	GPIO_0_D1	3	PIN_H15	GPIO_1_D2
3	PIN_M16	GPIO_0_D2	4	PIN_B12	GPIO_1_D3
4	PIN_C16	GPIO_0_D3	5	PIN_A13	GPIO_1_D4
5	PIN_D17	GPIO_0_D4	6	PIN_B13	GPIO_1_D5
6	PIN_K20	GPIO_0_D5	7	PIN_C13	GPIO_1_D6
7	PIN_K21	GPIO_0_D6	8	PIN_D13	GPIO_1_D7
8	PIN_K22	GPIO_0_D7	9	PIN_G18	GPIO_1_D8
9	PIN_M20	GPIO_0_D8	10	PIN_G17	GPIO_1_D9
10	PIN_M21	GPIO_0_D9	11	VCC5	
11	VCC5		12	GND	
12	GND		13	PIN_H18	GPIO_1_D10
13	PIN_N21	GPIO_0_D10	14	PIN_J18	GPIO_1_D11
14	PIN_R22	GPIO_0_D11	15	PIN_J19	GPIO_1_D12
15	PIN_R21	GPIO_0_D12	16	PIN_G11	GPIO_1_D13
16	PIN_T22	GPIO_0_D13	17	PIN_H10	GPIO_1_D14
17	PIN_N20	GPIO_0_D14	18	PIN_J11	GPIO_1_D15
18	PIN_N19	GPIO_0_D15	19	PIN_H14	GPIO_1_D16
19	PIN_M22	GPIO_0_D16	20	PIN_A15	GPIO_1_D17
20	PIN_P19	GPIO_0_D17	21	PIN_J13	GPIO_1_D18
21	PIN_L22	GPIO_0_D18	22	PIN_L8	GPIO_1_D19
22	PIN_P17	GPIO_0_D19	23	PIN_A14	GPIO_1_D20
23	PIN_P16	GPIO_0_D20	24	PIN_B15	GPIO_1_D21
24	PIN_M18	GPIO_0_D21	25	PIN_C15	GPIO_1_D22
25	PIN_L18	GPIO_0_D22	26	PIN_E14	GPIO_1_D23
26	PIN_L17	GPIO_0_D23	27	PIN_E15	GPIO_1_D24
27	PIN_L19	GPIO_0_D24	28	PIN_E16	GPIO_1_D25
28	PIN_K17	GPIO_0_D25	29	VCC3P3	

续表

Signal	FPGA Pin	Description	Signal	FPGA Pin	Description
29	VCC3P3		30	GND	
30	GND		31	PIN_F14	GPIO_1_D26
31	PIN_L19	GPIO_0_D26	32	PIN_F15	GPIO_1_D27
32	PIN_P18	GPIO_0_D27	33	PIN_F13	GPIO_1_D28
33	PIN_R15	GPIO_0_D28	34	PIN_F12	GPIO_1_D29
34	PIN_R17	GPIO_0_D29	35	PIN_G16	GPIO_1_D30
35	PIN_R16	GPIO_0_D30	36	PIN_G15	GPIO_1_D31
36	PIN_T20	GPIO_0_D31	37	PIN_G13	GPIO_1_D32
37	PIN_T19	GPIO_0_D32	38	PIN_G12	GPIO_1_D33
38	PIN_T18	GPIO_0_D33	39	PIN_J17	GPIO_1_D34
39	PIN_T17	GPIO_0_D34	40	PIN_K16	GPIO_1_D35
40	PIN_T15	GPIO_0_D35			

Signal	FPGA Pin No	Description	Signal	FPGA Pin No	Description
			DRAM_DQ7	PIN_AA12	SDRAM Data [7]
			DRAM_DQ8	PIN_AA9	SDRAM Data [8]
			DRAM_DQ9	PIN_AB8	SDRAM Data [9]
			DRAM_DQ10	PIN_AA8	SDRAM Data [10]
			DRAM_DQ11	PIN_AA7	SDRAM Data [11]
			DRAM_DQ12	PIN_V10	SDRAM Data [12]
VGA 与 FPGA 的连接及引脚			DRAM_DQ13	PIN_V9	SDRAM Data [13]
VGA_R0	PIN_A9	VGA Red [0]	DRAM_DQ14	PIN_U10	SDRAM Data [14]
VGA_R1	PIN_B10	VGA Red [1]	DRAM_DQ15	PIN_T9	SDRAM Data [15]
VGA_R2	PIN_C9	VGA Red [2]	DRAM_BA0	PIN_T7	Address [0]
VGA_R3	PIN_A5	VGA Red [3]	DRAM_BA1	PIN_AB7	Address [1]
VGA_G0	PIN_L7	VGA Green [0]	DRAM_LDQM	PIN_U12	byte Data Mask [0]
VGA_G1	PIN_K7	VGA Green [1]	DRAM_UDQM	PIN_N8	byte Data Mask [1]
VGA_G2	PIN_J7	VGA Green [2]	DRAM_RAS_N	PIN_AB6	Row Address
VGA_G3	PIN_J8	VGA Green [3]	DRAM_CAS_N	PIN_V6	Column Address
VGA_B0	PIN_B6	VGA Blue [0]	DRAM_CKE	PIN_R6	Clock Enable
VGA_B1	PIN_B7	VGA Blue [1]	DRAM_CLK	PIN_AB11	SDRAM Clock
VGA_B2	PIN_A8	VGA Blue [2]	DRAM_WE_N	PIN_AB5	Write Enable
VGA_B3	PIN_A7	VGA Blue [3]	DRAM_CS_N	PIN_U6	Chip Select
VGA_HS	PIN_H8	VGA H_SYNC	PS2 与 FPGA 的连接及引脚		
VGA_VS	PIN_GB	VGA V_SYNC	PS2_CLK	PIN_D3	PS/2 Clock
SDRAM 与 FPGA 的连接及引脚			PS2_DAT	PIN_G2	PS/2 Data
DRAM	PIN_W8	Address [0]	PS2_CLK2	PIN_E2	PS/2 Clock

续表

Signal	FPGA Pin	Description	Signal	FPGA Pin	Description
DRAM	PIN_T8	Address [1]	PS2_DAT2	PIN_G1	PS/2 Data
DRAM	PIN_U11	Address [2]	SD 卡与 FPGA 的连接及引脚		
DRAM	PIN_Y10	Address [3]	SD_CLK	PIN_H11	Serial Clock
DRAM	PIN_N6	Address [4]	SD_CMD	PIN_B11	Command
DRAM	PIN_AB10	Address [5]	SD_DATA0	PIN_K9	Serial Data 0
DRAM	PIN_P12	Address [6]	SD_DATA1	PIN_D12	Serial Data 1
DRAM	PIN_P7	Address [7]	SD_DATA2	PIN_E12	Serial Data 2
DRAM	PIN_P8	Address [8]			
DRAM	PIN_R5	Address [9]			
DRAM	PIN_U8	Address [10]			
DRAM	PIN_P6	Address [11]			
DRAM	PIN_R7	Address [12]			
DRAM_DQ0	PIN_Y9	SDRAM Data [0]			
DRAM_DQ1	PIN_T10	SDRAM Data [1]			
DRAM_DQ2	PIN_R9	SDRAM Data [2]			
DRAM_DQ3	PIN_Y11	SDRAM Data [3]			
DRAM_DQ4	PIN_R10	SDRAM Data [4]			
DRAM_DQ5	PIN_R11	SDRAM Data [5]			
DRAM_DQ6	PIN_R12	SDRAM Data [6]			

附录 B　GW48 EDA/SOPC 实验平台

1. EDA/SOPC 实验系统由主系统的原理和使用方法

EDA/SOPC 实验系统由主系统和适配板两大部分组成，主板系统如附图 B-1 所示。

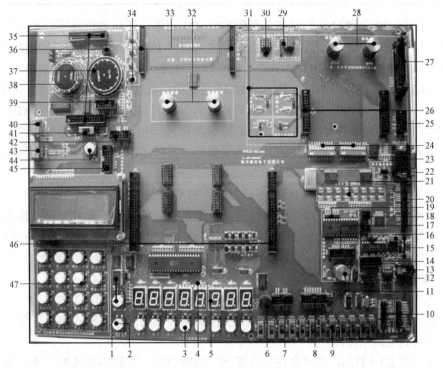

附图 B-1　GW48-PK2 主板系统

（1）选择键及模式数码显示：按动按键，数码显示"1-B"，该电路结构能仅通过一个键，完成纯电子切换，Multi-task Reconfiguration 电路结构（多功能重配置结构）选择十余种不同的实验系统硬件电路连接结构，大大提高了实验系统的连线灵活性，但又不影响系统的工作速度（手工插线方式虽然灵活，但会影响系统速度和电磁兼容性能，不适合高速 FPGA/SOPC 等电子系统实验设计）。该系统的实验电路结构是可控的。即可通过控制接口键，使之改变连接方式以适应不同的实验需要。因而，从物理结构上看，实验板的电路结构是固定的，但其内部的信息流在主控器的控制下，电路结构将发生变化重配置。这种"多任务重配置"设计方案的目的有 3 个：

1）适应更多的实验与开发项目；

2）适应更多的 PLD 公司的器件；

3）适应更多的不同封装的 FPGA 和 CPLD 器件。关于电路模式选择用法详见第二节。

模式切换使用举例：若模式键选中了"实验电路结构图 NO.1"，这时的 GW48 系统板所具有的接口方式变为：FPGA/CPLD 端口 PI/O31～28（即 PI/O31、PI/O30、PI/O29、PI/O28）、PI/O27～24、PI/O23～20 和 PI/O19～16，共 4 组 4 位二进制 I/O 端口分别通过一个全译码型 7 段译码器输向系统板的 7 段数码管。这样，如果有数据从上述任一组 4 位输出，就能在数码管上显示出相应的数值，其数值对应范围见附表 B-1。

附表 B-1   **模式切换数据输出数值对应表**

FPGA/CPLD 输出	0000	0001	0010	…	1100	1101	1110	1111
数码管显示	0	1	2	…	C	D	E	F

端口 I/O32～39 分别与 8 个发光二极管 D8～D1 相连，可作输出显示，高电平亮。还可分别通过键 8 和键 7，发出高低电平输出信号进入端口 I/O49 和 48；键控输出的高低电平由键前方的发光二极管 D16 和 D15 显示，高电平输出为亮。此外，可通过按动键 4 至键 1，分别向 FPGA/CPLD 的 PIO0～PIO15 输入 4 位 16 进制码。每按一次键将递增 1，其序列为 1，2，…9，A，…F。注意，对于不同的目标芯片，其引脚的 I/O 标号数一般是同 GW48 系统接口电路的 "PIO" 标号是一致的（这就是引脚标准化），但具体引脚号是不同的，而在逻辑设计中引脚的锁定数必须是该芯片的具体的引脚号。具体对应情况需要参考第四节的引脚对照表。

（2）"系统复位键"，在对 FPGA 下载以后，按动此键，起到稳定系统作用；在实验中，当选中某种模式后，要按一下右侧的复位键，以使系统进入该结构模式工作。注意此复位键仅对实验系统的监控模块复位，而对目标器件 FPGA 没有影响，FPGA 本身没有复位的概念，上电后即工作，在没有配置前，FPGA 的 I/O 口是随机的，故可以从数码管上看到随机闪动，配置后的 I/O 口才会有确定的输出电平。

（3）键 1～键 8：为实验信号控制键，此 8 个键受 "多任务重配置" 电路控制，它在每一张电路图中的功能及其与主系统的连接方式随模式选择键的选定的模式而变，使用中需参照第二节中的实验电路结构图。

（4）发光管 D1～D16：受 "多任务重配置" 电路控制，它们的连线形式也需参照第二节的实验电路结构图。

（5）数码管 1～8，左侧跳线冒跳 "ENAB" 端受 "多任务重配置" 电路控制，它们的连线形式也需参照第二节的实验结构电路图。跳 "CLOSE" 端，8 数码管为动态扫描模式，具体引脚请参考第二节附图 B-13。

（6）扬声器：与目标芯片的 "SPEAKER" 端相接，通过此口可以进行奏乐或了解信号的频率，它与目标器件具体引脚号，应该查阅附表 B-1。

（7）十芯口：FPGA IO 口输出端，可用康芯提供的十芯线或单线外引，IO 引脚名在其边上标出，GW48-PK2/4 和 GW48-PK3 标引的 IO 口不同一一对应再根据芯片型号查找表。注意，此 IO 口受多任务重配置控制，在模式控制下或 "9" 选用了这些脚，在此就不能复用。

（8）十四芯口：和 "7" 相同。

（9）电平控制开关：作为 IO 口输入控制，每个开关 IO 口锁定引脚在其上方已标出引脚名，用法和其他 IO 口查表用法一样，注意 1，此 IO 口受多任务重配置控制，在模式控制下或 "7、8"，选用了这些脚，在此就不能复用。注意 2，这些开关在闲置时必须打到上面，高电平上 "H"。

（10）"时钟频率选择"：通过短路帽的不同接插方式，使目标芯片获得不同的时钟频率信号。对于 "CLOCK0"，同时只能插一个短路帽，以便选择输向 "CLOCK0" 的一种频率：

信号频率范围：0.5～20MHz。由于 CLOCK0 可选的频率比较多，所以比较适合于目标芯片对信号频率或周期测量等设计项目的信号输入端。右侧座分 3 个频率源组，它们分别对应 3 组时钟输入端：CLOCK2、CLOCK5、CLOCK9。例如，将 3 个短路帽分别插于对应座的 2Hz、1024Hz 和 12MHz，则 CLOCK2、CLOCK5、CLOCK9 分别获得上述 3 个信号频率。需要特别注意的是，每一组频率源及其对应时钟输入端，分别只能插 1 个短路帽。也就是说最多只能提供 4 个时钟频率输入 FPGA：CLOCK0、CLOCK2、CLOCK5、CLOCK9，这 4 组对应的 FPGA IO 口请查询附表 B-1。

（11）AD0809 模拟信号输入端电位器：转动电位器，通过它可以产生 0～+5V 幅度可调的电压，输入通道 AD0809 IN0。

（12）比较器 LM311 控制口。可用单线连接，若与 D/A 电路相结合，可以将目标器件设计成逐次比较型 A/D 变换器的控制器。

（13）DA0832 模拟信号插孔输出方式。

（14）DA0832 的数字信号输入口，8 位控制口在边上已标出，可用十芯线和"7"相连，进行 FPGA 产生数字信号对其控制实验。

（15）DA0832 模拟信号钩针输出方式。

（16）10k 的电位器，可对 DA0832 所产生的模拟信号进行幅度调谐。

（17）AD0809 的控制端口，控制端口名在两边已标出，可用十四芯线与"8"相连，FPGA 对其控制。

（18）CPLD EPM3032 编程端口，可用随机提供的 ByteBlasterMV 编程器进行对其编程。

（19）AD0809 模拟输入口，其中 IN0 和"11"电位调谐器相连，转动。

（20）CPLD EPM3032 的 IO 口，可外引，引脚在边上已标出，一一对应就是。

（21）16 个 LED 发光管，引脚在其下方标出，注意，此 IO 口受多任务重配置控制，在模式控制下选用了这些脚，在此就不能复用。

（22）数字温度测控脚，可用单线连接。

（23）VGA 端口，其控制端口在左边已标出：PK2/PK4：R：PIO68、G：PIO69、B：PIO70、HS：PIO71、VS：PIO73。PK3：R：PIO31、G：PIO28、B：PIO29、HS：PIO26、VS：PIO27。

（24）两组拨码开关，用于 PK4 彩色 LCD 控制端口连接，在控制 LCD 实验时，拨码开关拨到下方，以此 FPGA 与 LCD 端口相连，引脚在两侧已标出，一一对应查表。具体可查询第五章。注意，此 IO 口受多任务重配置控制，不能重复使用。不做此实验时，必须把拨码开关拨到上方。

（25）DDS 模块上 FPGA EP1C3 的 IO 口，此口可与 DA0832 数据口"14"相连，可提供 DDS 的模拟参考信号 B 通道波形输出。

（26）DDS 模块插座。

（27）FPGA 与 PC 机并口通信口，FPGA 引脚在两侧已标出。

（28）DDS 模块 A 通道的幅度和偏移调谐旋钮。

（29）E 平方串行存储器的控制端口。可用单线连接。

（30）I2C 总线控制端口，可用单线连接。

（31）DDS 模块信号输入输出脚，每个功能在边上已经标出。

（32）配右边 DDS 模块同"28"。

（33）模拟可编程器件扩展区。

（34）配右边 DDS 模块同"31"。

（35）右边 DDS 模块插座。

（36）红外测直流电机座，控制脚在"39""CNT"。

（37）直流电机控制脚在"39"。

（38）四项八拍步进电机，控制脚在"39"。

（39）十芯口，直流电机、步进电机和红外测速控制端口，"AP、BP、CP、DP"分别是步进电机控制端口，"DM1、DM2"分别是直流电机控制端口，"CNT"是红外测速控制端口，此口可与"42"或"7"连接，完成控制电机实验。

（40）PS2 键盘接口，控制脚在其下方已经标出。

（41）+/-12V 开关，一般用到 DA 时，打开此开关，未用到+/-12V 时，请务必关闭，拨到左边为关，右边为开。

（42）FPGA IO 口，可外接。

（43）PS2 鼠标接口，控制脚在其下方已经标出。

（44）IP8051 核的复位键。

（45）字符液晶 2004/1602 和 4×4 矩阵键盘控制端口，可与 DDS 模块十四芯口相连，或用于适配板上提供十四芯口相连，完成 IP8051/8088 核实验或与 DDS 模块相连，构成 DDS 功能模块。

（46）FPGA/CPLD 万能插座可插不同型号目标芯片于主系统板上的适配座。可用的目标芯片包括目前世界上最大的六家 FPGA/CPLD 厂商几乎所有 CPLD、FPGA 和所有 ispPAC 等模拟 EDA 器件。每个脚本厂家已经定义标准化，附表 B-2 列出多种芯片对系统板引脚的对应关系，以便在实验时经常查用。

（47）4X4 矩阵键盘，控制端口在"45"中已经标出。

2. 实验电路结构图说明

（1）实验电路信号资源符号图说明。

以下对实验电路结构图中出现的信号资源符号功能做出一些说明，如附图 B-2 所示。

1）附图 B-2（a）是 16 进制 7 段全译码器，它有 7 位输出，分别接 7 段数码管的 7 个显示输入端：a、b、c、d、e、f 和 g；它的输入端为 D、C、B、A，D 为最高位，A 为最低位。例如，若所标输入的口线为 PIO19～16，表示 PIO19 接 D、18 接 C、17 接 B、16 接 A。

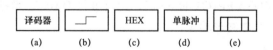

附图 B-2　实验电路信号资源符号图

（a）16 进制 7 段全译码器；（b）高低电平发生器；（c）16 进制码（8421 码）发生器；

（d）单次脉冲发生器；（e）琴键式信号发生器

2）附图 B-2（b）是高低电平发生器，每按键一次，输出电平由高到低，或由低到高变化一次，且输出为高电平时，所按键对应的发光管变亮，反之不亮。

3）附图 B-2（c）是 16 进制码（8421 码）发生器，由对应的键控制输出 4 位二进制构成的 1 位 16 进制码，数的范围是 0000～1111，即^H0 至^HF。每按键一次，输出递增 1，输出进入目标芯片的 4 位二进制数将显示在该键对应的数码管上。

4）附图 B-2（d）是单次脉冲发生器。每按一次键，输出一个脉冲，与此键对应的发光管也会闪亮一次，时间 20ms。

5）附图 B-2（e）是琴键式信号发生器，当按下键时，输出为高电平，对应的发光管发亮；当松开键时，输出为高电平，此键的功能可用于手动控制脉冲的宽度。具有琴键式信号发生器的实验结构图是 NO.3。

（2）各实验电路结构图特点与适用范围简述。

1）结构图 NO.0，如附录 B-3 所示：目标芯片的 PIO16 至 PIO47 共 8 组 4 位二进制码输出，经外部的 7 段译码器可显示于实验系统上的 8 个数码管。键 1 和键 2 可分别输出 2 个四位二进制码。一方面这 4 位输入目标芯片的 PIO11～PIO8 和 PIO15～PIO12，另一方面，可以观察发光管 D1～D8 来了解输入二进制的数值。例如，当键 1 控制输入 PIO11～PIO8 的数为"B"时，则发光管 D4 和 D2 亮，D3 和 D1 灭。电路的键 8 至键 3 分别控制一个高低电平信号发生器向目标芯片的 PIO7 至 PIO2 输入高电平或低电平，扬声器接在"SPEAKER"上，具体接在哪一引脚要看目标芯片的类型，这需要查引脚对照表附表 B-2。如目标芯片为 EPEC6/12，则扬声器接在"174"引脚上。目标芯片的时钟输入未在图上标出，也需查阅引脚对照表 B-2。例如，目标芯片为 EP1C6，则输入此芯片的时钟信号有 CLOCK0 或 CLOCK9，共 4 个可选的输入端，对应的引脚为 28 或 29。具体的输入频率，可参考主板频率选择模块。此电路可用于设计频率计、周期计、计数器等等。

2）结构图 NO.1，如附录 B-4 所示：适用于作加法器、减法器、比较器或乘法器等。例如，加法器设计，可利用键 4 和键 3 输入 8 位加数；键 2 和键 1 输入 8 位被加数，输入的加数和被加数将显示于键对应的数码管 4-1，相加的和显示于数码管 6 和 5；可令键 8/7 控制此加法器的最低位进位。

3）结构图 NO.2，如附录 B-5 所示：直接与 7 段数码管相连的连接方式的设置是为了便于对 7 段显示译码器的设计学习。如图 B-5 所标"PIO46-PIO40 接 g、f、e、d、c、b、a"表示 PIO46、PIO45..PIO40 分别与数码管的 7 段输入 g、f、e、d、c、b、a 相接。

可用于作 VGA 视频接口逻辑设计，或使用数码管 8 至数码管 5 共 4 个数码管作 7 段显示译码方面的实验；而数码管 4 至数码管 1，4 个数码管可作译码后显示，键 1 和键 2 可输入高低电平。

4）结构图 NO.3，如附图 B-6 所示：特点是有 8 个琴键式键控发生器，可用于设计八音琴等电路系统。也可以产生时间长度可控的单次脉冲。该电路结构同结构图 NO.0 一样，有 8 个译码输出显示的数码管，以显示目标芯片的 32 位输出信号，且 8 个发光管也能显示目标器件的 8 位输出信号。

5）结构图 NO.4，如附图 B-7 所示：适合于设计移位寄存器、环形计数器等。电路特点是，当在所设计的逻辑中有串行二进制数从 PIO10 输出时，若利用键 7 作为串行输出时钟信号，则 PIO10 的串行输出数码可以在发光管 D8 至 D1 上逐位显示出来，这能很直观地看到串出的数值。

6）结构图 NO.5，如附图 B-8 所示：8 键输入高低电平功能，目标芯片的 PIO19 至 PIO44 共 8 组 4 位二进制码输出，经外部的 7 段译码器可显示于实验系统上的 8 个数码管。

7）结构图 NO.6，如附图 B-9 所示：此电路与 NO.2 相似，但增加了两个 4 位二进制数发生器，数值分别输入目标芯片的 PIO7～PIO4 和 PIO3～PIO0。例如，当按键 2 时，输入 PIO7～PIO4 的数值将显示于对应的数码管 2，以便了解输入的数值。

8）结构图 NO.7，如附图 B-10 所示：此电路适合于设计时钟、定时器、秒表等。因为可利用键 8 和键 5 分别控制时钟的清零和设置时间的使能；利用键 7、5 和 1 进行时、分、秒的设置。

9）结构图 NO.8，如附图 B-11 所示：此电路适用于作并进/串出或串进/并出等工作方式的寄存器、序列检测器、密码锁等逻辑设计。它的特点是利用键 2、键 1 能序置 8 位 2 进制数，而键 6 能发出串行输入脉冲，每按键一次，即发一个单脉冲，则此 8 位序置数的高位在前，向 PIO10 串行输入一位，同时能从 D8 至 D1 的发光管上看到串形左移的数据，十分形象直观。

10）结构图 NO.9，如附图 B-12 所示：若欲验证交通灯控制等类似的逻辑电路，可选此电路结构。

11）当系统上的"模式指示"数码管显示"A"时，系统将变成一台频率计，数码管 8 将显示"F"，"数码 6"至"数码 1"显示频率值，最低位单位是 Hz。测频输入端为系统板右下侧的插座。

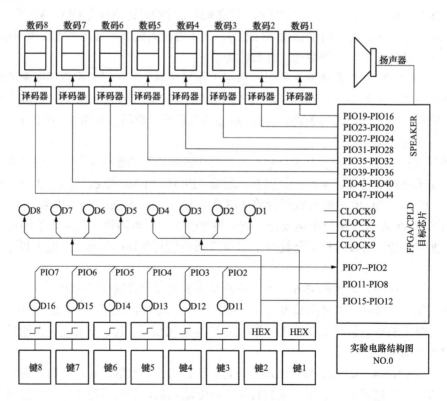

附图 B-3　实验电路结构图 NO.0

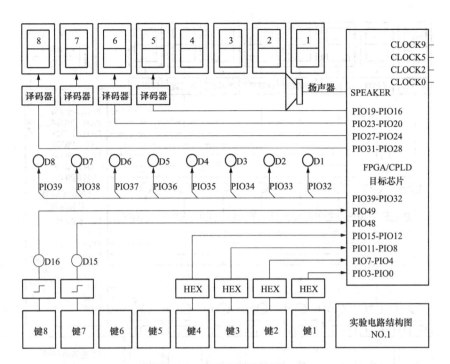

附图 B-4　实验电路结构图 NO.1

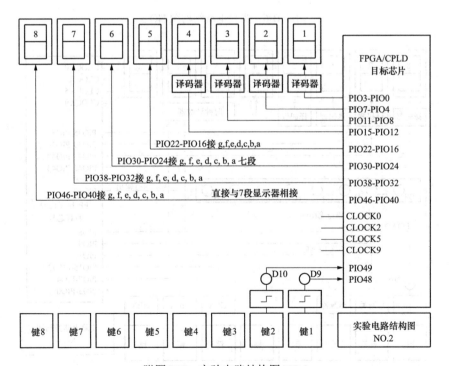

附图 B-5　实验电路结构图 NO.2

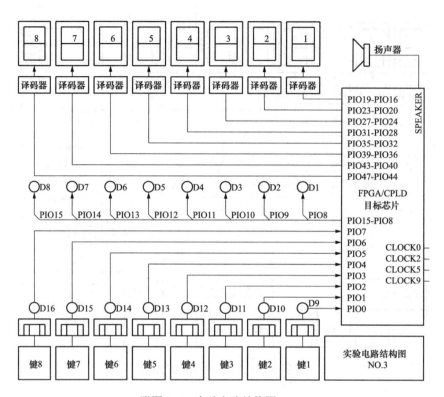

附图 B-6　实验电路结构图 NO.3

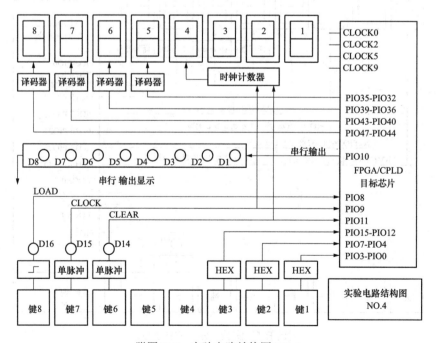

附图 B-7　实验电路结构图 NO.4

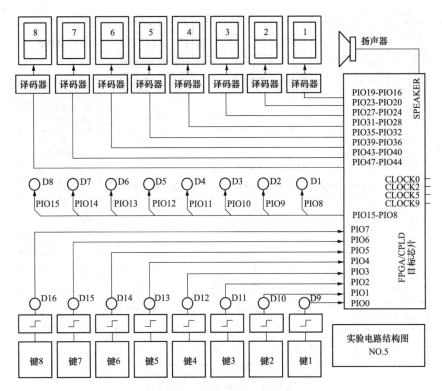

附图 B-8　实验电路结构图 NO.5

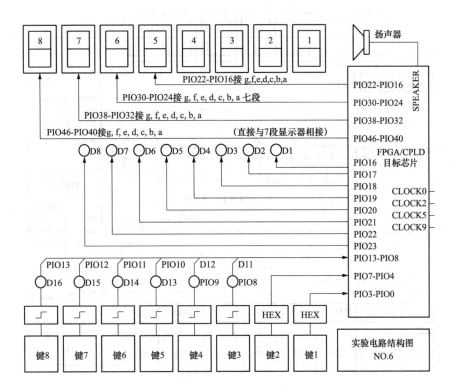

附图 B-9　实验电路结构图 NO.6

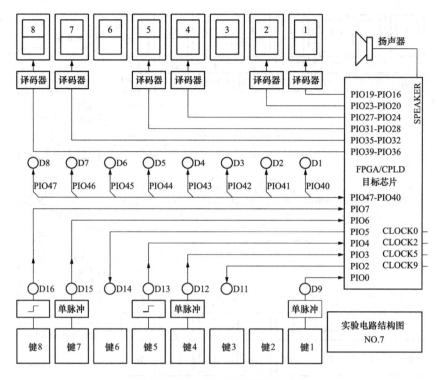

附图 B-10　实验电路结构图 NO.7

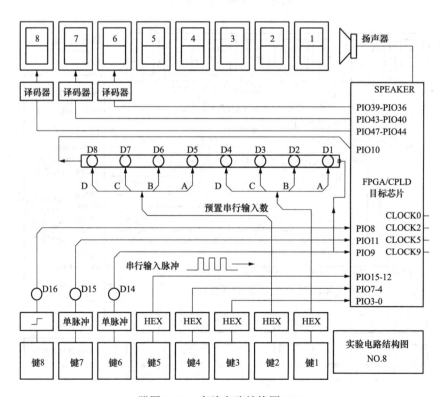

附图 B-11　实验电路结构图 NO.8

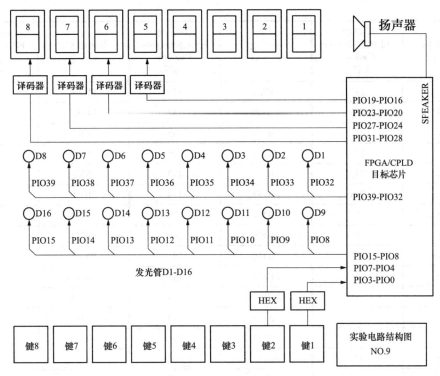

附图 B-12　实验电路结构图 NO.9

GW48-PK2/3/4 上扫描显示模式时的连接方式，如附图 B-13 所示：8 数码管扫描式显示，输入信号高电平有效。

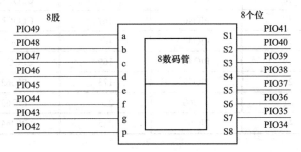

附图 B-13　GW48-PK2 系统板扫描显示模式时 8 个数码管 I/O 连接图

3. GW48/PK2/系统万能接插口与结构图信号/与芯片引脚对照表

GW48/PK2/系统万能接插口与结构图信号/与芯片引脚对照表见附表 B-2。

附表 B-2　　　　GW48/PK2/系统万能接插口与结构图信号/与芯片引脚对照表

结构图上的信号名	GWAC6 EP1C6/12Q240 Cyclone 引脚号	结构图上的信号名	GWAC6 EP1C6/12Q240 Cyclone 引脚号	结构图上的信号名	GWAC6 EP1C6/12Q240 Cyclone 引脚号
PIO0	233	PIO26	128	PIO62	224
PIO1	234	PIO27	132	PIO63	223

结构图上的 信号名	GWAC6 EP1C6/12Q240 Cyclone 引脚号	结构图上的 信号名	GWAC6 EP1C6/12Q240 Cyclone 引脚号	结构图上的 信号名	GWAC6 EP1C6/12Q240 Cyclone 引脚号
PIO2	235	PIO28	133	PIO64	222
PIO3	236	PIO29	134	PIO65	219
PIO4	237	PIO30	135	PIO66	218
PIO5	238	PIO31	136	PIO67	217
PIO6	239	PIO32	137	PIO68	180
PIO7	240	PIO33	138	PIO69	181
PIO8	1	PIO34	139	PIO70	182
PIO9	2	PIO35	140	PIO71	183
PIO10	3	PIO36	141	PIO72	184
PIO11	4	PIO37	158	PIO73	185
PIO12	6	PIO38	159	PIO74	186
PIO13	7	PIO39	160	PIO75	187
PIO14	8	PIO40	161	PIO76	216
PIO15	12	PIO41	162	PIO77	215
PIO16	13	PIO42	163	PIO78	188
PIO17	14	PIO43	164	PIO79	195
PIO18	15	PIO44	165	SPEAKER	174
PIO19	16	PIO45	166	CLOCK0	28
PIO20	17	PIO46	167	CLOCK2	153
PIO21	18	PIO47	168	CLOCK5	152
PIO22	19	PIO48	169	CLOCK9	29
PIO23	20	PIO49	173	PIO62	224
PIO24	21	PIO60	226	PIO63	223
PIO25	41	PIO61	225	PIO64	222

附录 C　部分实验参考程序

第 6 章实验 1 参考程序：

```
library ieee;
use ieee.std_logic_1164.all;
use ieee.std_logic_arith.all;
use ieee.std_logic_unsigned.all;
------------------------------------------------------------------
entity pulse is
  port( Clk : in   std_logic;
        Rst : in   std_logic;
       NU,ND : in   std_logic;
       MU,MD : in   std_logic;
        Fout : out std_logic  );
end pulse;
------------------------------------------------------------------
architecture behave of pulse is
  signal N_Buffer,M_Buffer : std_logic_vector(10 downto 0);
  signal N_Count :std_logic_vector(10 downto 0);
  signal clkin : std_logic;
  signal Clk_Count : std_logic_vector(12 downto 0);
  begin
process(Clk)
    begin
      if(Clk'event and Clk='1')then
        if(N_Count=N_Buffer)then
          N_Count<="00000000000";
        else
          N_Count<=N_Count+1;
        end if;
      end if;
    end process;
process(Clk)
    begin
      if(Clk'event and Clk='1')then
        if(N_Count<M_Buffer)then
          Fout<='1';
        elsif(N_Count>M_Buffer and N_Count<N_Buffer)then
          Fout<='0';
        end if;
      end if;
    end process;
    process(Clk)
     begin
      if(Clk'event and Clk='1')then
        Clk_Count<=Clk_Count+1;
      end if;
      clkin<=Clk_Count(12);
```

```
    end process;
process(clkin)
    begin
        if(clkin'event and clkin='0')then
            if(Rst='1')then
                M_Buffer<="01000000000";
                N_Buffer<="10000000000";
            elsif(NU='1')then
                N_Buffer<=N_Buffer+1;
            elsif(ND='1')then
                N_Buffer<=N_Buffer-1;
            elsif(MU='1')then
                M_Buffer<=M_Buffer+1;
            elsif(MD='1')then
                M_Buffer<=M_Buffer-1;
            end if;
        end if;
    end process;
end behave;
```

第 6 章实验 2 参考程序：

```
library ieee;
use ieee.std_logic_1164.all;
use ieee.std_logic_arith.all;
use ieee.std_logic_unsigned.all;
-------------------------------------------------------------------------
entity pwm is
  port( Clk :  in  std_logic;
        Mode:  in  std_logic;
        P,N :  in std_logic_vector(3 downto 0);
Fout :  out  std_logic );
end pwm;
-------------------------------------------------------------------------
architecture behave of pwm is
  signal M_Buffer,N_Buffer :std_logic_vector(4 downto 0);
  signal N_Count : std_logic_vector(4 downto 0);
  signal m_Mode  : std_logic_vector(1 downto 0);
  signal Clk_Count1 : std_logic_vector(3 downto 0);
  signal Clk_Count2 : std_logic_vector(12 downto 0);
  signal clkin1,clkin2: std_logic;
  begin
    process(P,N)
      begin
        M_Buffer<='0'&P;
        N_Buffer<=('0'&P)+('0'&N);
    end process;
    process(Clk)
      begin
        if(Clk'event and Clk='1')then
          Clk_Count1<=Clk_Count1+1;
        end if;
```

```vhdl
      clkin1<=Clk_Count1(3);
   end process;
process(clkin1)
   begin
      if(clkin1'event and clkin1='1')then
         if(N_Count=N_Buffer)then
            N_Count<="00000";
         else
            N_Count<=N_Count+1;
         end if;
      end if;
   end process;
process(Clk)
   begin
      if(N_Count<M_Buffer)then
         if(m_Mode=1)then
            Fout<=Clk;
         else
            Fout<='1';
         end if;
      elsif(N_Count>=M_Buffer and N_Count<N_Buffer)then
         if(m_Mode=2)then
            Fout<=Clk;
         else
            Fout<='0';
         end if;
      end if;
   end process;
   process(clkin1)
      begin
         if(clkin1'event and clkin1='1')then
            Clk_Count2<=Clk_Count2+1;
         end if;
         clkin2<=Clk_Count2(12);
      end process;
process(clkin2)
   begin
      if(clkin2'event and clkin2='0')then
         if(Mode='1')then
            m_Mode<=m_Mode+1;
         end if;
      end if;
   end process;
end behave;
```

第 6 章实验 3 参考程序:

```vhdl
LIBRARY IEEE;   --正弦信号发生器源文件
USE IEEE.STD_LOGIC_1164.ALL;
USE IEEE.STD_LOGIC_UNSIGNED.ALL;
--------------------------------------------------------------------
ENTITY SINGT IS
```

```
PORT ( CLK : IN STD_LOGIC;
      DOUT : OUT STD_LOGIC_VECTOR (7 DOWNTO 0));
END;
-----------------------------------------------------------------------
ARCHITECTURE DACC OF SINGT IS
COMPONENT data_rom          --调用波形数据存储器 LPM_ROM 文件:data_rom.vhd 声明
PORT(address : IN STD_LOGIC_VECTOR (5 DOWNTO 0);   --6 位地址信号
     inclock : IN STD_LOGIC ;                        --地址锁存时钟
          q : OUT STD_LOGIC_VECTOR (7 DOWNTO 0));
END COMPONENT;
SIGNAL Q1 : STD_LOGIC_VECTOR (5 DOWNTO 0);        --设定内部节点作为地址计数器
BEGIN
PROCESS(CLK )                                      --LPM_ROM 地址发生器进程
BEGIN
IF CLK'EVENT AND CLK = '1' THEN  Q1<=Q1+1;    --Q1 作为地址发生器计数器
END IF;
END PROCESS;
u1 : data_rom PORT MAP(address=>Q1, q => DOUT,inclock=>CLK);
END;
```

第 6 章实验 7 参考程序:

```
library ieee;
use ieee.std_logic_1164.all;
use ieee.std_logic_unsigned.all;
use IEEE.STD_LOGIC_ARITH.ALL;

entity xianshi1 is
     port(clk:in std_logic;
          rst:in std_logic;
           Q1:in integer  RANGE 0 TO 59;
           Q2:in integer  RANGE 0 TO 59;
          BT:out std_logic_vector(3 downto 0);
          SG:out std_logic_vector(7 downto 0));
end;
architecture behav of xianshi1 is
     signal CNT4: STD_LOGIC_VECTOR(1 DOWNTO 0);
     signal num : STD_LOGIC_VECTOR(3 DOWNTO 0);
     signal  Q11: STD_LOGIC_VECTOR(7 DOWNTO 0);
     signal  Q22: STD_LOGIC_VECTOR(7 DOWNTO 0);
     signal a_one,a_ten,b_one,b_ten:std_logic_vector(3 downto 0);
                    ---a_one 是东西方向的个位,a_ten 是东西方向的十位
BEGIN
-----------------------------将 A 和 B 的计分值的个位和十位分别转换成 BCD 码
        process(Q1,Q2)
            begin
                case Q1 is
                    when 0|10|20|30|40|50 => a_one <= "0000";
                    when 1|11|21|31|41|51 => a_one <= "0001";
                    when 2|12|22|32|42|52 => a_one <= "0010";
                    when 3|13|23|33|43|53 => a_one <= "0011";
                    when 4|14|24|34|44|54 => a_one <= "0100";
```

```
                    when 5|15|25|35|45|55 => a_one <= "0101";
                    when 6|16|26|36|46|56 => a_one <= "0110";
                    when 7|17|27|37|47|57 => a_one <= "0111";
                    when 8|18|28|38|48|58 => a_one <= "1000";
                    when 9|19|29|39|49|59 => a_one <= "1001";
                    when others => null;
                end case;
                case Q1 is
                    when 0|1|2|3|4|5|6|7|8|9 => a_ten<="0000";
                    when 10|11|12|13|14|15|16|17|18|19=>a_ten<="0001";
                    when 20|21|22|23|24|25|26|27|28|29=>a_ten<="0010";
                    when 30|31|32|33|34|35|36|37|38|39=>a_ten<="0011";
                    when 40|41|42|43|44|45|46|47|48|49=>a_ten<="0100";
                    when 50|51|52|53|54|55|56|57|58|59=>a_ten<="0101";
                    when others => null;
                end case;
                case Q2 is
                    when 0|10|20|30|40|50 => b_one <= "0000";
                    when 1|11|21|31|41|51 => b_one <= "0001";
                    when 2|12|22|32|42|52 => b_one <= "0010";
                    when 3|13|23|33|43|53 => b_one <= "0011";
                    when 4|14|24|34|44|54 => b_one <= "0100";
                    when 5|15|25|35|45|55 => b_one <= "0101";
                    when 6|16|26|36|46|56 => b_one <= "0110";
                    when 7|17|27|37|47|57 => b_one <= "0111";
                    when 8|18|28|38|48|58 => b_one <= "1000";
                    when 9|19|29|39|49|59 => b_one <= "1001";
                    when others => null;
                end case;
                case Q2 is
                    when 0|1|2|3|4|5|6|7|8|9 => b_ten<="0000";
                    when 10|11|12|13|14|15|16|17|18|19=>b_ten<="0001";
                    when 20|21|22|23|24|25|26|27|28|29=>b_ten<="0010";
                    when 30|31|32|33|34|35|36|37|38|39=>b_ten<="0011";
                    when 40|41|42|43|44|45|46|47|48|49=>b_ten<="0100";
                    when 50|51|52|53|54|55|56|57|58|59=>b_ten<="0101";
                    when others => null;
                end case;
            end process;
--------------------------4位数码管动态扫描显示
    P1: PROCESS( CNT4 ) --4位数码管位选
        BEGIN
          CASE  CNT4 IS
              WHEN "00" =>  BT <= "1110" ; num <= a_ten;
              WHEN "01" =>  BT <= "1101" ; num <= a_one;
              WHEN "10" =>  BT <= "1011" ; num <= b_ten;
              WHEN "11" =>  BT <= "0111" ; num <= b_one;
              WHEN OTHERS =>  NULL ;
          END CASE ;
        END PROCESS P1;
```

```
  P2: PROCESS(clk)--CNT4 累加
    BEGIN
      IF clk'EVENT AND clk = '1' THEN
          CNT4 <= CNT4 + 1;
      END IF;
  END PROCESS P2 ;
  P3: PROCESS( num )--七段数码管译码显示
    BEGIN
    CASE  num  IS
WHEN "0000"  => SG <= "00111111";  WHEN "0001"  => SG <= "00000110";
WHEN "0010"  => SG <= "01011011";  WHEN "0011"  => SG <= "01001111";
WHEN "0100"  => SG <= "01100110";  WHEN "0101"  => SG <= "01101101";
WHEN "0110"  => SG <= "01111101";  WHEN "0111"  => SG <= "00000111";
WHEN "1000"  => SG <= "01111111";  WHEN "1001"  => SG <= "01101111";
WHEN OTHERS  =>  NULL ;
END CASE ;
END PROCESS P3;
END;
```

第 6 章实验 10 参考程序：

```
LIBRARY IEEE;
USE IEEE.STD_LOGIC_1164.ALL;
USE IEEE.STD_LOGIC_UNSIGNED.ALL;
--------------------------------------------------------------------
ENTITY SXKZ IS
  PORT(xuanze_KEY:IN STD_LOGIC;
    CLK_IN:IN STD_LOGIC;
       CLR:IN STD_LOGIC;
       CLK:OUT STD_LOGIC);
END ENTITY SXKZ;
--------------------------------------------------------------------
ARCHITECTURE ART OF SXKZ IS
  SIGNAL CLLK:STD_LOGIC;
    BEGIN
     PROCESS (CLK_IN,CLR,xuanze_KEY)IS
     VARIABLE TEMP:STD_LOGIC_VECTOR(2 DOWNTO 0);
     BEGIN
      IF CLR='1' THEN
CLLK<='0';TEMP:="000";
        ELSIF RISING_EDGE(CLK_IN)THEN
            IF xuanze_KEY='1' THEN
                IF TEMP="001" THEN
                    TEMP:="000";
                      CLLK<=NOT CLLK;
                  ELSE
                    TEMP:=TEMP+'1';
                  END IF;
              ELSE
```

```
                IF TEMP="111" THEN
                    TEMP:="000";
                      CLLK<=NOT CLLK;
                  ELSE
                      TEMP:=TEMP+'1';
                  END IF;
                END IF;
            END IF;
        END PROCESS;
        CLK<=CLLK;
END ARCHITECTURE ART;
```

第 6 章实验 16 参考程序：

```
LIBRARY IEEE;
USE IEEE.STD_LOGIC_1164.ALL;
USE IEEE.STD_LOGIC_Arith.ALL;
USE IEEE.STD_LOGIC_Unsigned.ALL;
------------------------------------------------------------------
ENTITY pwm_logic IS
PORT(
clock_48M:      IN  STD_LOGIC;
duty_cycle: IN  STD_LOGIC_VECTOR(3 DOWNTO 0);
pwm_en:      IN  STD_LOGIC;
pwm_out:     OUT STD_LOGIC   ;
);
END;
------------------------------------------------------------------
ARCHITECTURE one OF pwm_logic  IS
SIGNAL pwm_out_io: STD_LOGIC;
SIGNAL count:        STD_LOGIC_VECTOR(15 DOWNTO 0);
BEGIN
pwm_out<=pwm_out_io;

PROCESS(clock_48M)
BEGIN
        IF RISING_EDGE(clock_48M)THEN
            IF  pwm_en ='1' THEN
                count<=count+1;
            END IF;
        END IF;
END PROCESS;

PROCESS(clock_48M)
BEGIN
        IF RISING_EDGE(clock_48M)THEN
            IF  pwm_en ='1' AND count(15 DOWNTO 12)<=duty_cycle THEN
                pwm_out_io<='1';
            ELSE
                pwm_out_io<='0';
            END IF;
```

```
        END IF;
END PROCESS;
END ;
```

第 6 章实验 17 参考程序：

```
LIBRARY IEEE;
USE IEEE.STD_LOGIC_1164.ALL;
---------------------------------------------------------------------
ENTITY qdLOCK IS
  PORT( CLEAR :IN STD_LOGIC;
          WARN : IN STD_LOGIC;
             S: IN STD_LOGIC_VECTOR(3 DOWNTO 0);
          STATES : OUT STD_LOGIC_VECTOR(3 DOWNTO 0);
                STOP : OUT STD_LOGIC;
                  LED : OUT STD_LOGIC_VECTOR(3 DOWNTO 0));
END qdLOCK;
---------------------------------------------------------------------
ARCHITECTURE ONE OF qdLOCK IS
SIGNAL G:STD_LOGIC_VECTOR(3 DOWNTO 0);
SIGNAL STOP0:STD_LOGIC;
BEGIN
  PROCESS (CLEAR,S,WARN)
   BEGIN
    IF CLEAR='1' THEN G<="0000";LED<="0000";
        ELSIF(WARN='0' AND STOP0='0')THEN
          G<=s;
      END IF;
     STOP0<=G(0)OR G(1)OR G(2)OR G(3);
         LED<=G;
CASE  G IS
  when "0001"=>STATES<="0001";
  when "0010"=>STATES<="0010";
  when "0100"=>STATES<="0011";
  when "1000"=>STATES<="0100";
  when OTHERS=>STATES<="0000";
END CASE;
END PROCESS;
STOP<=STOP0;
END ARCHITECTURE ONE;
```

第 7 章实验 1 参考程序：

数据转换部分：
```
LIBRARY IEEE;
USE IEEE.STD_LOGIC_1164.ALL;
USE IEEE.STD_LOGIC_UNSIGNED.ALL;
USE IEEE.STD_LOGIC_ARITH.ALL;
---------------------------------------------------------------------
ENTITY bcd2 IS
        PORT (datain : IN STD_LOGIC_VECTOR(7 DOWNTO 0);
            q1,q2,q3,q4:OUT STD_LOGIC_VECTOR(3 DOWNTO 0));
END bcd2;
```

```
---------------------------------------------------------------
ARCHITECTURE behave OF bcd2 IS
    SIGNAL data0,data1:STD_LOGIC_VECTOR(15 DOWNTO 0);
    SIGNAL sum1,sum2,sum3,sum4:STD_LOGIC_VECTOR(4 DOWNTO 0);
    SIGNAL q11,q22,q33,q44:STD_LOGIC_VECTOR(4 DOWNTO 0);
    SIGNAL c1,c2,c3:STD_LOGIC_VECTOR(4 DOWNTO 0);
  BEGIN
    data1<="0000000000000000"WHEN datain(7 DOWNTO 4)="0000" ELSE
          "0000001100010100"WHEN datain(7 DOWNTO 4)="0001" ELSE
            "0000011000100111"WHEN datain(7 DOWNTO 4)="0010" ELSE
            "0000100101000001"WHEN datain(7 DOWNTO 4)="0011" ELSE
            "0001001001010101"WHEN datain(7 DOWNTO 4)="0100" ELSE
            "0001010101101001"WHEN datain(7 DOWNTO 4)="0101" ELSE
            "0001100010000010"WHEN datain(7 DOWNTO 4)="0110" ELSE
            "0010000110010110"WHEN datain(7 DOWNTO 4)="0111" ELSE
            "0010010100010000"WHEN datain(7 DOWNTO 4)="1000" ELSE
            "0010100000100100"WHEN datain(7 DOWNTO 4)="1001" ELSE
            "0011000100110111"WHEN datain(7 DOWNTO 4)="1010" ELSE
            "0011010001010001"WHEN datain(7 DOWNTO 4)="1011" ELSE
            "0011011101100101"WHEN datain(7 DOWNTO 4)="1100" ELSE
            "0100000001111000"WHEN datain(7 DOWNTO 4)="1101" ELSE
            "0100001110010010"WHEN datain(7 DOWNTO 4)="1110" ELSE
            "0100011100000110"WHEN datain(7 DOWNTO 4)="1111" ELSE
            "0000000000000000";
        data0<="0000000000000000"WHEN datain(3 DOWNTO 0)="0000" ELSE
          "0000000000100000"WHEN datain(3 DOWNTO 0)="0001" ELSE
            "0000000000111001"WHEN datain(3 DOWNTO 0)="0010" ELSE
            "0000100101011001"WHEN datain(3 DOWNTO 0)="0011" ELSE
            "0000000001111000"WHEN datain(3 DOWNTO 0)="0100" ELSE
            "0000000001011000"WHEN datain(3 DOWNTO 0)="0101" ELSE
            "0001100100011000"WHEN datain(3 DOWNTO 0)="0110" ELSE
            "0000000100110111"WHEN datain(3 DOWNTO 0)="0111" ELSE
            "0000000101010111"WHEN datain(3 DOWNTO 0)="1000" ELSE
            "0000000101110110"WHEN datain(3 DOWNTO 0)="1001" ELSE
            "0000000110010110"WHEN datain(3 DOWNTO 0)="1010" ELSE
            "0000001000010110"WHEN datain(3 DOWNTO 0)="1011" ELSE
            "0000001000110101"WHEN datain(3 DOWNTO 0)="1100" ELSE
            "0100001001010101"WHEN datain(3 DOWNTO 0)="1101" ELSE
            "0100001001110101"WHEN datain(3 DOWNTO 0)="1110" ELSE
            "0000000101000100"WHEN datain(3 DOWNTO 0)="1111" ELSE
            "0000000000000000";
  sum1<=('0'&data1(3 DOWNTO 0))+('0'&data0(3 DOWNTO 0));
   c1<="00000"WHEN sum1 < "01010" ELSE
       "00001";
  sum2<=('0'&data1(7 DOWNTO 4))+('0'&data0(7 DOWNTO 4))+c1;
   c2<="00000"WHEN sum2 < "01010" ELSE
       "00001";
  sum3<=('0'&data1(11 DOWNTO 8))+('0'&data0(11 DOWNTO 8))+c2;
   c3<="00000"WHEN sum3 < "01010" ELSE
       "00001";
  sum4<=('0'&data1(15 DOWNTO 12))+('0'&data0(15 DOWNTO 12))+c3;
```

```
Process(sum1)
  Begin
      If sum1>9 then
        q11<=sum1+6;
    Else q11<=sum1;
      End if;
End process;
Process(sum2)
  Begin
     If sum2>9 then
        q22<=sum2+6;
   Else q22<=sum2;
     End if;
End process;

Process(sum3)
  Begin
   If sum3>9 then
        q33<=sum3+6;
    Else q33<=sum3;
     End if;
End process;
Process(sum4)
  Begin
   If sum4>9 then
        q44<=sum4+6;
    Else q44<=sum4;
     End if;
End process;
 q1<=q11(3 DOWNTO 0); q2<=q22(3 DOWNTO 0);
 q3<=q33(3 DOWNTO 0); q4<=q44(3 DOWNTO 0);
END behave;
```

第 7 章实验 3 参考程序：

```
library ieee;
use ieee.std_logic_1164.all;
use ieee.std_logic_unsigned.all;
-------------------------------------------------------------------
entity taxi is
port( clk : in std_logic;
     start: in std_logic;
     stop: in std_logic;
     pause: in std_logic;
   speedup: in std_logic_vector(1 downto 0);
     money:out integer range 0 to 8000;
  distance:out integer range 0 to 8000);
end taxi;
-------------------------------------------------------------------
architecture one of taxi is
begin
process(clk,start,stop,pause,speedup)
```

```vhdl
variable money_reg,distance_reg:integer range 0 to 8000;
variable num:integer range 0 to 9;
variable dis:integer range 0 to 100;
variable d:std_logic;
begin
if stop='1' then
    moncy_reg:=0; distance_reg:=0; dis:=0; num:=0;
elsif start='1' then
    money_reg:=600;
    distance_reg:=0; dis:=0; num:=0;
elsif clk'event and clk='1' then
    if start='0' and speedup="00" and pause='0' and stop='0' then
        if num=9 then
          num:=0;
            distance_reg:=distance_reg+1; dis:=dis+1;
        else num:=num+1;
        end if;
elsif start='0' and speedup="01" and pause='0' and stop='0' then
        if num=9 then
          num:=0;
              distance_reg:=distance_reg+2; dis:=dis+2;
        else num:=num+1;
        end if;
elsif start='0' and speedup="10" and pause='0' and stop='0' then
        if num=9 then
            num:=0;
            distance_reg:=distance_reg+5; dis:=dis+5;
        else num:=num+1;
        end if;
elsif start='0' and speedup="11" and pause='0' and stop='0' then
          distance_reg:=distance_reg+1;
          dis:=dis+1;
end if;
if dis>=100 then
   d:='1'; dis:=0;
else d:='0';
end if;
if distance_reg >=300 then
    if money_reg<2000 and d='1' then
        money_reg:=money_reg+120;
    elsif money_reg>=2000 and d='1' then
        money_reg:=money_reg+180;
    end if;
end if;
end if;
money<=money_reg;
distance<=distance_reg;
end process;
end one;
```

第 7 章实验 4 参考程序：

```
library ieee;
use ieee.std_logic_1164.all;
use ieee.std_logic_arith.all;
use ieee.std_logic_unsigned.all;
------------------------------------------------------------------
entity shop is
port (clk : in std_logic;
      set,get,sal,finish: in std_logic;
      coin1,coin2: in std_logic;
       price,quantity: in std_logic_vector (3 downto 0);
      item0,act: out std_logic_vector (3 downto 0);
       seg7: out std_logic_vector (6 downto 0);
       scan : out std_logic_vector (2 downto 0);
       act10,act5:out std_logic) ;
end shop;
------------------------------------------------------------------
architecture one of shop is
type ram_type is array (3 downto 0) of std_logic_vector (7 downto 0);
   signal ram:ram_type;
   signal clk1kHz,clk1Hz:std_logic;
   signal item:std_logic_vector (1 downto 0);
   signal coin:std_logic_vector (3 downto 0);
   signal pri,qua:std_logic_vector (3 downto 0);
   signal y0,y1,y2:std_logic_vector (6 downto 0);
begin
process (clk)
  variable count :integer range 0 to 9999;
begin
if clk'event and clk='1' then
     if count=9999 then clk1kHz<=not clk1kHz;count:=0;
       else  count:=count+1;
         end if;
     end if;
end process;
process (clk1kHz)
variable count :integer range 0 to 499;
begin
if clk1kHz'event and clk1kHz='1' then
       if count=499 then clk1Hz<=not clk1Hz;count:=0;
       else count:=count+1;
       end if;
     end if;
end process;
process (set,clk1Hz,price,quantity,item)
variable count :integer range 0 to 9999;
begin
if set='1' then
     ram (conv_integer (item)) <=price&quantity;
                       act<="0000";
```

```
    elsif clk1hz'event and clk1hz='1' then
            act5<='0'; act10<='0';
  if coin1='1'  then
  if coin <"1001" then
                coin<=coin+1;
          else coin<="0000";
          end if;
  elsif coin2='1'  then
  if coin <"1001" then
            coin<=coin+2;
        else coin<="0000";
        end if;
  elsif sal='1' then
          item<=item+1;
  elsif get='1' then
  if qua>"0000" and coin>=pri  then
  coin<=coin-pri; qua<=qua-1;
              ram (conv_integer (item)) <=pri&qua;
      if item="00" then act<="1000";
        elsif item="01" then act<="0100";
        elsif item="10" then act<="0010";
        elsif item="11" then act<="0001";
        end if;
    end if;
  elsif finish ='1' then
  if coin>"0001" then
        act10<='1';
          coin<=coin-2;
  elsif coin="0000" then
          act5<='1';
            coin<=coin-1;
      else
            act10<='0';  act5<='0';
        end if;
  elsif get='0' then
        act<="0000";
  for i in 0 to 3 loop
  pri (i) <=ram (conv_integer (item)) (4+i) ;
  qua (i) <=ram (conv_integer (item)) (i) ;
  end loop;
  end if;
end if;
  end process;
  process (item)
  begin
  case item is
  when "00" => item0<="0111";
  when "01" => item0<="1011";
  when "10" => item0<="1101";
  when "11" => item0<="1110";
  end case;
```

```
end process;
process (coin)
begin
case coin is
when "0000" => y0<="1111110";
when "0001" => y0<="0110000";
when "0010" => y0<="1101101";
when "0011" => y0<="1111001";
when "0100" => y0<="1110011";
when "0101" => y0<="1011010";
when "0110" => y0<="1011111";
when "0111" => y0<="1110000";
when "1000" => y0<="1111111";
when "1001" => y0<="1111011";
when others=> y0<="0000000";
end case;
end process;
process (qua)
begin
case qua is
when "0000" => y1<="1111110";
when "0001" => y1<="0110000";
when "0010" => y1<="1101101";
when "0011" => y1<="1111001";
when "0100" => y1<="1110011";
when "0101" => y1<="1011010";
when "0110" => y1<="1011111";
when "0111" => y1<="1110000";
when "1000" => y1<="1111111";
when "1001" => y1<="1111011";
when others=> y1<="0000000";
end case;
end process;
process (pri)
begin
case pri is
when "0000" => y2<="1111110";
when "0001" => y2<="0110000";
when "0010" => y2<="1101101";
when "0011" => y2<="1111001";
when "0100" => y2<="1110011";
when "0101" => y2<="1011010";
when "0110" => y2<="1011111";
when "0111" => y2<="1110000";
when "1000" => y2<="1111111";
when "1001" => y2<="1111011";
when others=> y2<="0000000";
end case;
end process;
process (clk1kHz,y0,y1,y2)
variable cnt:integer range 0 to 2;
```

```
begin
if clk1khz'event and clk1kHz='1' then
        cnt:=cnt+1;
      end if;
case cnt is
      when 0 => scan <="001"; seg7<=y0;
      when 1 => scan <="010"; seg7<=y1;
      when 2 => scan <="100"; seg7<=y2;
      when others=>null;
end case;
end process;
end one;
```

第 7 章实验 5 参考程序：

```
LIBRARY  IEEE;
USE      IEEE.STD_LOGIC_1164.ALL;
USE      IEEE.STD_LOGIC_UNSIGNED.ALL;
USE      IEEE.STD_LOGIC_ARITH.ALL;

ENTITY vga IS
PORT(
      clock:    IN  STD_LOGIC;
      disp_dato: OUT STD_LOGIC_VECTOR(7 DOWNTO 0);
      hsync:    OUT STD_LOGIC;
      vsync:    OUT STD_LOGIC);
END;

ARCHITECTURE one OF vga IS
COMPONENT pll
    PORT
    (
        inclk0: IN STD_LOGIC := '0';
         c0 : OUT STD_LOGIC );
END COMPONENT;

SIGNAL hcount:    STD_LOGIC_VECTOR(9 DOWNTO 0);
SIGNAL vcount:    STD_LOGIC_VECTOR(9 DOWNTO 0);
SIGNAL data:      STD_LOGIC_VECTOR(7 DOWNTO 0);
SIGNAL h_dat:     STD_LOGIC_VECTOR(7 DOWNTO 0);
SIGNAL v_dat:     STD_LOGIC_vECTOR(7 DOWNTO 0);
SIGNAL timer:     STD_LOGIC_VECTOR(9 DOWNTO 0);
SIGNAL flag:      STD_LOGIC;
SIGNAL hcount_ov: STD_LOGIC;
SIGNAL vcount_ov: STD_LOGIC;
SIGNAL dat_act:   STD_LOGIC;
SIGNAL hsync_r:   STD_LOGIC;
SIGNAL vsync_r:   STD_LOGIC;
SIGNAL vga_clk:   STD_LOGIC;
CONSTANT hsync_end: STD_LOGIC_VECTOR(9 DOWNTO 0):="0001011111";--95
CONSTANT hdat_begin: STD_LOGIC_VECTOR(9 DOWNTO 0):="0010001111";--143
CONSTANT hdat_end:   STD_LOGIC_VECTOR(9 DOWNTO 0):="1100001111";--783
CONSTANT hpixel_end: STD_LOGIC_VECTOR(9 DOWNTO 0):="1100011111";--799
CONSTANT vsync_end:  STD_LOGIC_VECTOR(9 DOWNTO 0):="0000000001";--1
CONSTANT vdat_begin:STD_LOGIC_VECTOR(9 DOWNTO 0):="0000100010";--34
```

```
CONSTANT vdat_end:     STD_LOGIC_VECTOR(9 DOWNTO 0):="1000000010";--514
CONSTANT vline_end:    STD_LOGIC_VECTOR(9 DOWNTO 0):="1000001100";--524

BEGIN
U1: pll PORT MAP(inclk0=>clock,c0=>vga_clk);
PROCESS(vga_clk)
BEGIN
    IF  RISING_EDGE(vga_clk)   THEN
        IF hcount_ov='1' THEN
            hcount<=B"00_0000_0000";
        ELSE
            hcount<=hcount+1;
        END IF;
    END IF;
END PROCESS;
hcount_ov<='1'    WHEN hcount=hpixel_end    ELSE '0';
PROCESS(vga_clk)
BEGIN
    IF  RISING_EDGE(vga_clk)   THEN
        IF hcount_ov='1' THEN
            IF vcount_ov='1' THEN
                vcount<=B"00_0000_0000";
            ELSE
                vcount<=vcount+1;
            END IF;
        END IF;
    END IF;
END PROCESS;
vcount_ov<='1'    WHEN vcount=vline_end ELSE '0';
dat_act<='1'  WHEN ((hcount>=hdat_begin)AND (hcount<hdat_end))AND ((vcount>=vdat_begin)
          AND(vcount<vdat_end))ELSE '0';
hsync_r  <= '1'    WHEN hcount>hsync_end ELSE '0';
vsync_r  <= '1'    WHEN vcount>vsync_end ELSE '0';
disp_dato<=data    WHEN dat_act='1'    ELSE X"00";
----------------------------------------------------
PROCESS(vga_clk)
BEGIN
    IF  RISING_EDGE(vga_clk)THEN
        flag<=vcount_ov;
        IF (vcount_ov='1' AND  (NOT flag='1'))THEN
            timer<=timer+1;
        END IF;
    END IF;
END PROCESS;

PROCESS(vga_clk)
BEGIN
    IF  RISING_EDGE(vga_clk)THEN
        CASE timer(9 DOWNTO 8)     IS
            WHEN "00"=>  data<=h_dat;
            WHEN "01"=> data<=v_dat;
            WHEN "10"=> data<=(v_dat XOR h_dat);
            WHEN "11"=> data<=(v_dat XOR NOT h_dat);
        END CASE;
    END IF;
END PROCESS;
```

```
PROCESS(vga_clk)
BEGIN
    IF  RISING_EDGE(vga_clk)THEN
        IF hcount<223 THEN
            v_dat<=X"FF";
        ELSIF hcount<303 THEN
            v_dat<=X"FC";
        ELSIF hcount<383 THEN
            v_dat<=X"1f";
        ELSIF hcount<463 THEN
            v_dat<=X"1c";
        ELSIF hcount<543 THEN
            v_dat<=X"e3";
        ELSIF hcount<623 THEN
            v_dat<=X"e0";
        ELSIF hcount<703 THEN
            v_dat<=X"03";
        ELSE
            v_dat<=X"00";
        END IF;
    END IF;
END PROCESS;

PROCESS(vga_clk)
BEGIN
    IF  RISING_EDGE(vga_clk)THEN
        IF   vcount<=94    THEN
            h_dat<=X"ff";
        ELSIF    vcount<154 THEN
            h_dat<=X"FC";
        ELSIF vcount<214 THEN
            h_dat<=X"1f";
        ELSIF vcount<274 THEN
            h_dat<=X"1c";
        ELSIF vcount<334 THEN
            h_dat<=X"e3";
        ELSIF vcount<394 THEN
            h_dat<=X"e0";
        ELSIF vcount<454 THEN
            h_dat<=X"03";
        ELSE
            h_dat<=X"00";
        END IF;
    END IF;
END PROCESS;

hsync<=hsync_r;
vsync<=vsync_r;

END;
```

参 考 文 献

［1］潘松，黄继业. EDA 技术与 VHDL［M］. 北京：清华大学出版社，2009.

［2］杨旭，刘盾. EDA 技术基础与实践教程［M］. 北京：清华大学出版社，2010.

［3］李桂林. 数字系统设计与综合实验教程［M］. 南京：东南大学出版社，2011.

［4］王金明. 数字系统设计与 Verilog HDL［M］. 北京：电子工业出版社，2011.

［5］陈忠平，高金定. EDA 技术与应用［M］. 北京：中国电力出版社，2013.

［6］刘延飞，郭锁利. 基于 Altera FPGA/CPLD 的电子系统设计及工程实践［M］. 北京：人民邮电出版社，2013.

［7］张文爱，张博. EDA 技术与 FPGA 应用设计［M］. 北京：电子工业出版社，2016.

［8］秦进平. 数字电子与 EDA 技术［M］. 北京：中国电力出版社，2013.

［9］周润景. 基于 Quartus Prime 的 FPGA/CPLD 数字系统设计实例［M］. 北京：电子工业出版社，2016.

［10］杨军，蔡光卉. 基于 FPGA 的数字系统设计与实践［M］. 北京：电子工业出版社，2014.

［11］李莉，张磊，黄秀则. Altera FPGA 系统设计使用教程［M］. 北京：清华大学出版社，2014.

［12］张文爱，张博. EDA 技术与 FPGA 应用设计［M］. 北京：电子工业出版社，2016.

［13］王术群，肖健平，杨丽. 数字电路实验教程（基于 FPGA 平台）［M］. 武汉：华中科技大学出版社，2020.

［14］周立功. EDA 实验与实践［M］. 北京：北京航空航天大学出版社，2007.

［15］赵建华. 电子技术实验指导教程［M］. 北京：中国电力出版社，2017.